视频自学版

Excel 2016

办公专家

恒盛杰资讯 编著

从入门到精通

U0296435

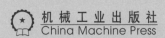

机械工业出版社
China Machine Press

图书在版编目（CIP）数据

Excel 2016办公专家从入门到精通：视频自学版/恒盛杰资讯编著. —北京：机械工业出版社，2018.3

ISBN 978-7-111-58896-2

Ⅰ. ①E… Ⅱ. ①恒… Ⅲ. ①表处理软件 Ⅳ. ① TP391.13

中国版本图书馆 CIP 数据核字（2018）第 003102 号

Excel 已是当今应用最广泛的办公软件之一，熟练使用 Excel 也成为职场人士必备的职业素养。本书以最新的 Excel 2016 为平台，站在初学者的角度，以"从入门到精通"为思路，对 Excel 的功能和操作进行了详细讲解，帮助读者快速成长为名副其实的办公专家。

全书共 16 章，可分为 3 个部分。第 1 部分为 Excel 基本操作，主要讲解工作簿、工作表与单元格的基本操作，数据的输入、修改、保护与共享，工作表的格式化等。第 2 部分为 Excel 进阶操作，主要讲解数据的处理、公式与函数的运用、使用图表和数据透视表分析数据、条件格式和数据分析工具的应用及数据的批处理。第 3 部分为 Excel 综合应用，以实例的形式讲解了员工档案资料表、员工业绩评估系统、生产管理系统的制作，帮助读者巩固前面所学的知识。

本书内容涵盖全面，讲解深入浅出，实例针对性和适用性强，除适合 Excel 初级用户进行入门学习外，还适合有一定基础的读者学习和掌握更多的实用技能，也可作为大专院校或社会培训机构的教材。

Excel 2016 办公专家从入门到精通（视频自学版）

出版发行：机械工业出版社（北京市西城区百万庄大街 22 号　邮政编码：100037）

责任编辑：杨　倩		责任校对：庄　瑜		
印　　刷：北京天颖印刷有限公司		版　　次：2018 年 3 月第 1 版第 1 次印刷		
开　　本：184mm×260mm　1/16		印　　张：19		
书　　号：ISBN 978-7-111-58896-2		定　　价：59.80 元		

前言 Preface

Excel 已是当今应用最广泛的办公软件之一，熟练使用 Excel 也成为职场人士必备的职业素养。本书以最新的 Excel 2016 为平台，循序渐进地讲解 Excel 的各种操作，帮助读者快速成长为名副其实的办公专家。

内容结构

全书共 16 章，可分为 3 个部分。

第 1 部分为 Excel 基本操作，包括第 1 ～ 5 章，主要讲解工作簿、工作表与单元格的基本操作，数据的输入、修改、保护与共享，工作表的格式化等。

第 2 部分为 Excel 进阶操作，包括第 6 ～ 13 章，主要讲解数据的处理、公式与函数的运用、使用图表和数据透视表分析数据、条件格式和数据分析工具的应用及数据的批处理。

第 3 部分为 Excel 综合应用，包括第 14 ～ 16 章，以实例的形式讲解了员工档案资料表、员工业绩评估系统、生产管理系统的制作，帮助读者巩固前面所学的知识。

编写特色

■ **层层递进易掌握：**全书按由易到难的学习规律安排内容，在主体内容中还穿插了"知识补充"，不断地总结和活用所学知识，使读者对知识点的掌握更加清晰、扎实。

■ **实例精练固知识：**第 1、2 部分几乎每一章都通过 1 ～ 3 个"实例精练"对几个小节的知识点进行总结和综合运用，让读者在实践中及时巩固所学知识。

■ **专家支招开眼界：**第 1、2 部分的每章最后通过"专家支招"概括性地介绍与本章有关的难点，既开拓了读者的眼界，又有助于读者举一反三地灵活运用 Excel 的功能。

■ **手机扫码看视频：**书中的大部分知识点和实例都支持"扫码看视频"的学习方式。使用手机微信或其他二维码识别 App 扫描相应内容旁边的二维码，即可直接在线观看高清学习视频，自学更加方便。

改版说明

本书自 2016 年 5 月首次面市后，收获了诸多好评。本次改版进行了结构精简和内容修订，增加了手机扫描二维码在线观看学习视频的功能，结构更加紧凑，内容更加实用，学习方式更加灵活，希望能够更好地满足广大读者的学习需求。

读者对象

本书除适合 Excel 初级用户进行入门学习外，还适合有一定基础的读者学习和掌握更多的实用技能，也可作为大专院校或社会培训机构的教材。

由于编者水平有限，在编写本书的过程中难免有不足之处，恳请广大读者指正批评，除了扫描二维码添加订阅号获取资讯以外，也可加入 QQ 群 227463225 与我们交流。

编者
2018 年 1 月

如何获取云空间资料

 扫描关注微信公众号

在手机微信的"发现"页面中点击"扫一扫"功能，如右一图所示，进入"二维码/条码"界面，将手机对准右二图中的二维码，扫描识别后进入"详细资料"页面，点击"关注"按钮，关注我们的微信公众号。

 获取资料下载地址和密码

点击公众号主页面左下角的小键盘图标，进入输入状态，在输入框中输入本书书号的后6位数字"588962"，点击"发送"按钮，即可获取本书云空间资料的下载地址和访问密码。

 打开资料下载页面

方法1：在计算机的网页浏览器地址栏中输入获取的下载地址（输入时注意区分大小写），如右图所示，按Enter键即可打开资料下载页面。

方法2：在计算机的网页浏览器地址栏中输入"wx.qq.com"，按Enter键后打开微信网页版的登录界面。按照登录界面的操作提示，使用手机微信的"扫一扫"功能扫描登录界面中的二维码，然后在手机微信中点击"登录"按钮，浏览器中将自动登录微信网页版。在微信网页版中单击左上角的"阅读"按钮，如右图所示，然后在下方的消息列表中找到并单击刚才公众号发送的消息，在右侧便可看到下载地址和相应密码。将下载地址复制、粘贴到网页浏览器的地址栏中，按Enter键即可打开资料下载页面。

 输入密码并下载资料

在资料下载页面的"请输入提取密码"下方的文本框中输入步骤2中获取的访问密码（输入时注意区分大小写），再单击"提取文件"按钮。在新页面中单击打开资料文件夹，在要下载的文件名后单击"下载"按钮，即可将其下载到计算机中。如果页面中提示选择"高速下载"还是"普通下载"，请选择"普通下载"。下载的资料如为压缩包，可使用7-Zip、WinRAR等软件解压。

> **提示**：若由于云服务器提供商的故障导致扫码看视频功能暂时无法使用，可通过上面介绍的方法下载视频文件包在计算机上观看。在下载和使用云空间资料的过程中如果遇到自己解决不了的问题，请加入QQ群227463225，下载群文件中的详细说明，或找群管理员提供帮助。

目录 Contents

第1章 初识Excel 2016

Excel 2016 是微软公司推出的新一代办公软件套装 Office 2016 的组件之一，用于录入、编辑、计算和分析数据，本章就来认识一下这款升级后的程序。

1.1 Excel 2016的主要新增功能

Excel 是 Office 软件套装中的一个功能强大的电子表格处理软件，可以对表格中的数据进行计算、排序、筛选、分类、统计等各项操作。它还拥有强大的数据库功能，可以进行各类数据分析，并可用柱形图、折线图和趋势图等图形来清晰、准确地显示数据。此外，Excel 还提供了大量的函数，可以方便地对数据进行统计分析、模拟运算、财务管理等操作，是广大用户从事办公工作的得力助手。

Excel 2016 与 Excel 2013 的界面相似，但是新增了部分功能，使用时更加得心应手。Excel 2016 新增的功能大多体现在各个选项卡下的功能组中，功能组中的某些按钮的下拉列表内容也发生了变化，总之，新增的功能越来越贴近用户的工作和生活。本节主要介绍 Excel 2016 的新增功能。

1.1.1 新增图表类型

在 Excel 2016 中，除了以前常见的柱形图、折线图和饼图等图表类型外，还新增了树状图、旭日图、直方图、箱形图和瀑布图，使得用户在表现数据时又多了几种选择，如下图所示。

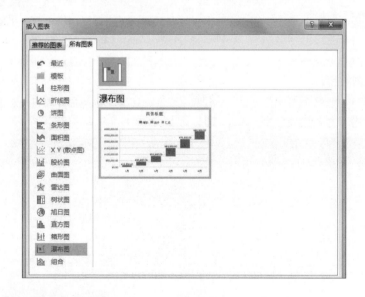

1.1.2 新增三维地图功能

在 Excel 2016 中，除了新增了一些图表类型外，在图表组后的演示功能组中还增加了三维地图功能。其实在 Excel 2013 中该功能就已经存在了，只不过并没有直接显示在功能组中，需要自定义添加才能使用，而在 Excel 2016 中，用户可直接使用。如下图所示就是打开的三维地图面板。

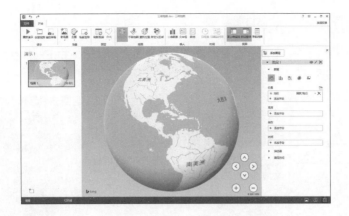

1.1.3 新增预测函数

在 Excel 2016 的函数库中，新增了 5 个预测函数，如下图所示。

1.1.4 新增数据工具

Excel 2016 的"数据"选项卡下还新增了"获取和转换"组，如下左图所示。而在"数据工具"组中则新增了"管理数据模型"功能，在"预测"组中新增了"预测工作表"功能，如下右图所示。

1.2 ▶ Excel 2016的启动与退出

要使用 Excel 2016，需要先将其安装到计算机上。作为 Office 软件中的一个程序，安装 Excel 2016 就需要安装 Office 2016。

1.2.1 Excel 2016的启动

安装好 Office 程序后，就可以使用 Excel 了。Excel 的启动方法有 3 种："开始"屏幕、桌面快捷图标以及任务栏打开。

1 在"开始"屏幕中启动的方法

在键盘上按【WIN】键或单击显示屏左下角的"开始"按钮，打开"开始"屏幕，找到 Excel 2016 程序图标，单击即可启动，如下左图所示。

2 使用桌面快捷图标启动的方法

安装 Excel 2016 后，一般情况下会在桌面显示快捷方式图标，双击 Excel 快捷方式图标，即可启动 Excel 2016，如下右图所示。

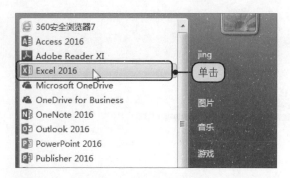
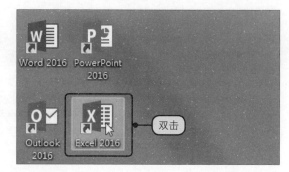

3 使用任务栏打开的方法

如果用户经常使用 Excel 2016，那么可以将其固定到任务栏中，然后单击任务栏的图标即可，如下图所示。

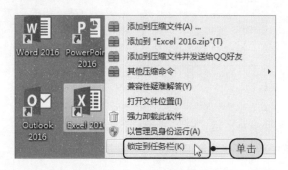

1.2.2 Excel 2016的退出

当使用 Excel 2016 将文档处理完毕以后，只需要对执行操作的文档进行保存，就可以关闭 Excel 程序，退出操作界面。下面介绍几种退出 Excel 程序的方法。

1 通过"关闭"按钮退出

单击 Excel 2016 标题栏右上角的"关闭"按钮，如下左图所示。

2 通过"关闭"命令退出

右击标题栏，在弹出的快捷菜单中单击"关闭"命令，如下右图所示。

3 通过菜单命令退出

　　单击"文件"按钮，在弹出的视图菜单中单击"关闭"命令，如下左图所示。

4 通过关闭程序退出

　　在 Windows 任务栏中右击要关闭的 Excel 2016 工作簿图标，在弹出的快捷菜单中单击"关闭窗口"命令，如下右图所示。

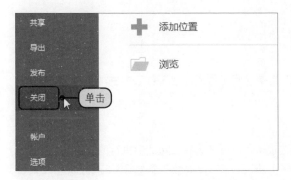 

1.3 Excel 2016工作窗口

　　Excel 的工作窗口与 Office 其他组件的工作窗口有很多的相同点，都是由"文件"按钮、选项卡、功能区和组、快速访问工具栏、用户账户区等部分组成。Excel 2016 的工作窗口如下图所示。

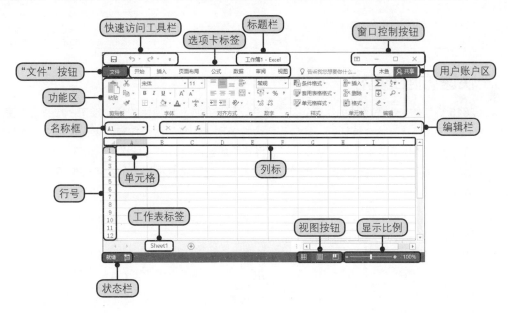

1.3.1 "文件"按钮

　　单击 Excel 窗口界面左上角的"文件"按钮，可弹出"文件"菜单。"文件"菜单中包含多个命令按钮，包括信息、新建、打开、保存、另存为、打印、共享、导出、关闭、账户和选项命令。通过这些命令，可完成保护工作簿、新建工作簿、打开工作簿、保存工作簿、打印工作簿中的数据、共享工作簿、关闭工作簿等操作。例如，在"信息"选项面板中，可保护工作簿、检查工作簿、管理工作簿，还可以查看并修改工作簿的相关属性，如标题、作者等，如下图所示。

单击"返回"按钮或按【Esc】键，可从"文件"菜单返回工作表，对工作表中的数据进行操作。

1.3.2　选项卡、功能区和组

功能区由组和组中的命令组成。功能区的上方为选项卡，选项卡为在 Excel 中执行的一组核心任务。默认情况下，Excel 2016 包括开始、插入、页面布局、公式、数据、审阅、视图 7 个选项卡，也可通过"Excel 选项"对话框的"自定义功能区"选项自定义更多的选项卡。每个选项卡包含很多组，每个组包含一组相关命令，以"开始"选项卡为例，包括剪贴板、字体、对齐方式、数字、样式、单元格、编辑等组，其中"字体"组又包含字体、字号等命令，如下图所示。

1.3.3　快速访问工具栏

Excel 2016 界面的左上角区域为快速访问工具栏，用于存放频繁使用的命令按钮，方便用户使用。默认的存放按钮有"保存"命令按钮、"撤销"命令按钮和"恢复"命令按钮。单击自定义快速访问工具栏按钮，可在弹出的快捷菜单中单击命令，从而将其添加到快速访问工具栏中，如下左图所示。此外，在"Excel 选项"对话框的"快速访问工具栏"选项卡下，还可将其他需要的命令按钮添加到快速访问工具栏中，如下右图所示。

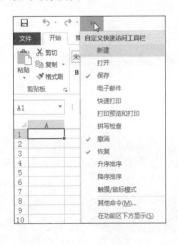

1.3.4　用户账户区

和 Excel 2013 版本界面相比，Excel 2016 界面右上角的窗口控制按钮下方添加了用户账户区。用户单击"登录"按钮，可使用邮箱登录 Excel 程序，快速保存工作簿到云端。当用户设置 Excel 操作环境后，在其他计算机上使用账户登录可看到保存的操作环境。登录后的效果如右图所示，单击登录账户名可执行更多相关操作。

1.3.5　单元格

单元格是Excel中最小的单位，是指工作表中的每一个方格。每个单元格都是由行号（1、2、3、4……）和列标（A、B、C、D……）唯一确定的，用户可在其中输入文本、数字、公式等内容。单元格是 Excel 中很重要的概念，大部分的操作都是以单元格为基础的。

正在编辑的单元格称为活动单元格，当选定一个单元格后，用户可在名称框中查看该单元格的地址，在编辑栏中查看该单元格的内容，若为公式将显示公式。例如，选择第 2 列和第 5 行交叉处的单元格 B5，名称框和编辑栏的效果如右图所示。

1.3.6　工作表与工作簿

工作表是 Excel 中的主要操作对象，由单元格组成，也称为电子表格。用户可以在工作表中进行数据处理、图表绘制等操作。Excel 工作簿中可以有很多工作表。默认情况下，新建的 Excel 空白工作簿只包含一个空白工作表，用户可手动创建更多的工作表。正在操作中的工作表称为活动工作表。

工作表的名称在工作表标签中显示，用户可在工作表标签中修改工作表的名称，还可以为工作表标签设置特别的颜色，使其突出显示，如下左图所示。

Excel 工作簿是计算和存储数据的文件，由多个工作表组成，每个 Excel 文件其实就是一个工作簿，如下右图所示。

1.4　Excel文件的打印

Excel 建立的工作表文件都是可以打印的，但往往需要经过设置才可以得到满意的打印效果，本节就介绍一些打印 Excel 文件的方法。

1.4.1　设置工作表的页眉与页脚

　　设置打印工作表的页眉与页脚可以使工作表更加美观与实用。Excel 2016 提供了多种页眉和页脚样式，用户可以根据需要在"页眉和页脚元素"组中选择要添加到页眉和页脚的内容。

原始文件：下载资源\实例文件\第1章\原始文件\员工培训安排表.xlsx
最终文件：下载资源\实例文件\第1章\最终文件\设置工作表的页眉和页脚.xlsx

扫码看视频

步骤01 插入页眉和页脚。打开原始文件，在"插入"选项卡下单击"文本"组中的"页眉和页脚"按钮，如下图所示。

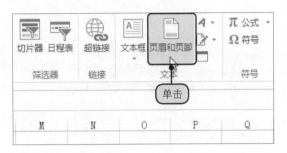

步骤02 查看插入的页眉。此时即可看到显示的页眉编辑区，光标在页眉编辑区的中间闪烁，如下图所示。

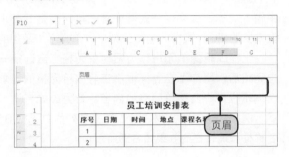

步骤03 选择合适的页眉预设样式。❶切换至"页眉和页脚工具-设计"选项卡，单击"页眉"按钮，❷在展开的列表中可选择合适的页眉预设选项，如下图所示。

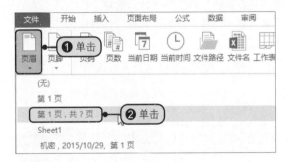

步骤04 查看添加页眉后的效果。选择后即可看到插入页眉后的效果，如下图所示。

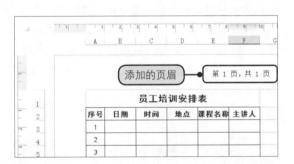

步骤05 选择要添加页脚的位置。❶在要添加页脚的位置单击，❷单击"页眉和页脚元素"组中的"当前日期"按钮，如下图所示。

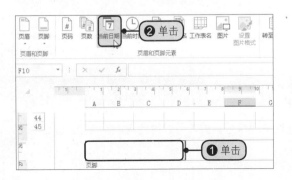

步骤06 查看添加页脚后的效果。单击表格中的任意单元格，可以看到在单击的位置处插入当前日期后的效果，如下图所示。

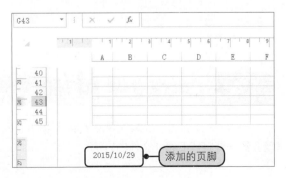

　　Excel 2016 的页面布局视图中，页眉和页脚被分为左、中、右3个部分，用户可根据要添加的页眉和页脚的位置，选择左、中、右的3个文本框。

1.4.2　设置打印区域和页边距

　　默认情况下，Excel 会打印全部的工作表，而有时用户并不需要将工作表全部打印出来，而只需要打印其中的一部分，这时就需要设置打印区域。通过设置页边距，可以调整数据表格和纸张页边之间的距离，使页面更加美观。页边距包括上、下、左、右四个边以及页眉和页脚。

原始文件： 下载资源\实例文件\第1章\原始文件\员工培训安排表1.xlsx
最终文件： 下载资源\实例文件\第1章\最终文件\设置打印区域和页边距.xlsx

扫码看视频

步骤01 设置打印区域。打开原始文件，❶选择单元格区域A1:F17，切换至"页面布局"选项卡，❷单击"打印区域"按钮，❸在展开的列表中单击"设置打印区域"选项，如下图所示。

步骤02 显示设置打印区域后的效果。此时在单元格区域四周显示灰色线条，如下图所示，表示打印区域。

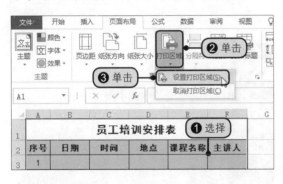

　　设置打印区域后，也可以将打印区域取消。切换至"页面布局"选项卡，单击"打印区域"下三角按钮，在展开的下拉列表中选择"取消打印区域"选项即可。

步骤03 设置页边距。❶切换至"页面布局"选项卡，单击"页边距"按钮，❷在展开的列表中选择合适的页边距样式，如右图所示。

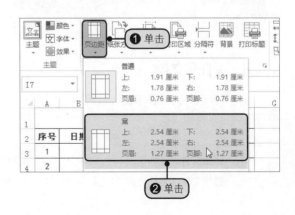

　　若需要自定义页边距的大小，可单击"页边距"下三角按钮，在展开的下拉列表中单击"自定义边距"选项，弹出"页面设置"对话框，在"页边距"选项卡下输入要定义的大小即可。

1.4.3　打印预览

打印工作表之前可以应用打印预览功能查看打印效果，调整打印的格式，从而使打印出来的文件更理想、更美观。

 原始文件：下载资源\实例文件\第1章\原始文件\员工培训安排表2.xlsx
最终文件：无

步骤01 启动对话框启动器。打开原始文件，切换至"页面布局"选项卡，单击"页面设置"组中的对话框启动器，如下图所示。

步骤02 单击"打印预览"按钮。弹出"页面设置"对话框，在下方单击"打印预览"按钮，如下图所示。

步骤03 打印预览。此时在选项面板右侧可以看到打印预览的效果，如右图所示。

> **知识补充**
>
> 查看打印预览效果后，若要再次对页面进行设置，可单击选项面板下方的"页面设置"选项链接。

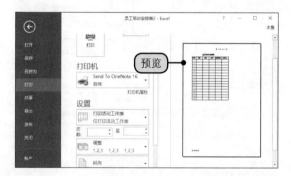

> **知识补充**
>
> 要使表格在页面中居中显示，打开"页面设置"对话框，在"页边距"选项卡下勾选"水平"和"垂直"复选框即可。

1.4.4　打印文件

预览工作表并对工作表进行设置后，就可以打印文件了。在打印之前可以对文件再次进行调整，以使打印内容与页面协调。

 原始文件：下载资源\实例文件\第1章\原始文件\员工培训安排表3.xlsx
最终文件：下载资源\实例文件\第1章\最终文件\打印文件.xlsx

步骤01 单击"文件"按钮。打开原始文件，单击"文件"按钮，如下图所示。

步骤02 单击"打印"命令。在弹出的视图菜单中单击"打印"命令，如下图所示，切换到"打印"面板。

步骤03 设置纸张大小。❶单击"A4"右侧的下三角按钮，❷在展开的列表中选择合适的纸张大小，如下图所示。

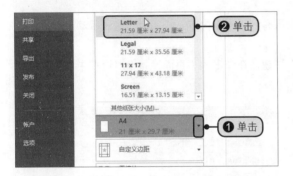

步骤04 设置页边距。❶单击"自定义边距"按钮，❷在展开的列表选择合适的边距，如下图所示。

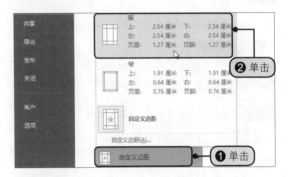

步骤05 打印预览。调整完毕后可在预览窗口中看到调整后的效果，如下图所示。

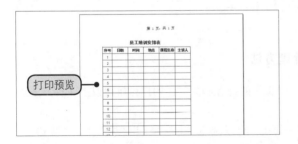

步骤06 设置打印机和打印份数。❶选择打印机，❷设置打印份数，❸单击"打印"按钮，如下图所示，即可打印文件。

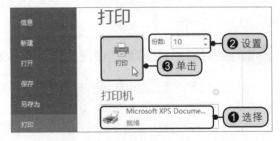

专家支招

1 打印批注

默认情况下，打印 Excel 工作表中的内容时是不会打印批注的，如果要求在打印的工作表上显示批注，就需要在"页面设置"对话框中进行设置。

切换至"页面布局"选项卡，单击"页面设置"组中的对话框启动器。弹出"页面设置"对话框，切换至"工作表"选项卡，单击"批注"右侧的下三角按钮，在展开的下拉列表中选择合适的选项，单击"打印预览"按钮即可查看效果，如下图所示。

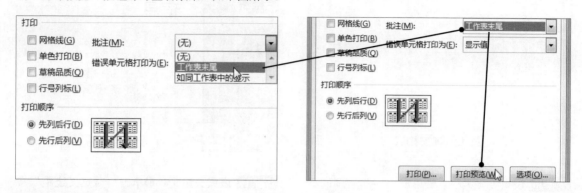

2 每页打印出标题行

当一份表格有多页内容时，在每页都打印出标题行有利于查看内容。打印时可通过手动设置在每页都打印出标题行。

切换至"页面布局"选项卡，单击"打印标题"按钮，在弹出的"页面设置"对话框中设置顶端标题行或左端标题列区域即可，如下图所示。

3 某些行和列打印到了错误的页面上的处理方法

列宽、行高、页边距和分页符决定了可以打印在一页中的行数和列数，用户可以用以下4种方法进行调整。

（1）缩小页边距：如果某些行或列将打印到下一页上，可以减小"上""下""左""右"页边距。

（2）调整分页符：用户可以在打印文档前移动分页符，即在"视图"选项卡下的"工作簿视图"组中单击"分页预览"按钮，此时 Excel 用蓝色的粗线显示手动分页符，而自动分页符显示为虚线，用户可以用鼠标拖动调整手动分页符的位置。

（3）设置工作表按一页宽度打印：如果用户需要使工作表只有一页宽，而不考虑页数，可以将其限制为一页的宽度。

（4）更改纸张方向：如果需要在同一页中打印多列，可将纸张方向改为横向。

第2章 工作簿、工作表与单元格的基本操作

在使用 Excel 2016 之前，需要了解工作簿、工作表和单元格这 3 个重要的概念以及它们之间的关系，同时还需要了解关于工作簿、工作表和单元格的基础操作。

2.1 工作簿的基本操作

工作簿是 Excel 工作区中一个或多个工作表的集合，其扩展名为 xlsx（这里指 Excel 2016 的工作簿扩展名）。工作簿的基本操作包括新建、打开和保存 3 种。

2.1.1 新建工作簿

Excel 2016 的开始界面显示了大量模板，用户可以选择这些模板来新建工作簿，也可以选择新建空白工作簿。

1 新建空白工作簿

顾名思义，空白工作簿就是指没有任何内容的工作簿，用户创建空白工作簿后，可以根据需要随心所欲地制作出满意的表格。

扫码看视频

步骤01 选择空白工作簿。启动 Excel 2016 组件，在开始屏幕中单击"空白工作簿"缩略图，如下图所示。

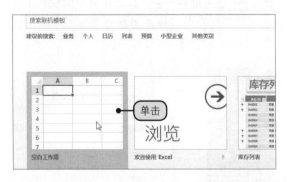

步骤02 查看新建的空白工作簿。此时便可看到新建的空白工作簿，默认名称为"工作簿1"，如下图所示。

> **知识补充**
>
> 启动 Excel 2016 组件后，直接按【Ctrl+N】组合键即可自动新建空白工作簿。

2 利用模板新建工作簿

Excel 自带了大量的模板，例如年度财务报告、费用趋势预算以及库存列表等。如果用户需要创建类似的工作表，可以直接利用这些模板实现快速创建。

原始文件：无

最终文件：下载资源\实例文件\第2章\最终文件\客户联系人列表1.xlsx

步骤01 选择模板。启动Excel 2016组件，在开始屏幕中双击"客户联系人列表"模板，如下图所示。

步骤02 查看新建的工作簿。此时可看到Excel根据所选模板创建的工作簿，默认名称为"客户联系人列表1"，如下图所示。

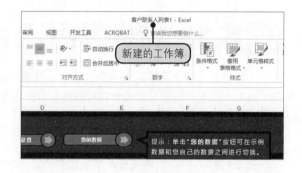

2.1.2 打开工作簿

在 Excel 2016 中打开工作簿时，既可以选择打开保存在计算机中的工作簿，又可以打开保存在 Microsoft OneDrive 中的工作簿。无论打开哪里的工作簿，其操作方法都是一样的。

原始文件：下载资源\实例文件\第2章\原始文件\库存列表.xlsx

最终文件：无

步骤01 单击"文件"按钮。打开一个空白的工作簿，单击工作簿窗口左上角的"文件"按钮，如下图所示。

步骤02 输入标题文本。在弹出的视图菜单中选择"打开"命令，单击面板右侧界面中的"浏览"按钮，如下图所示。

步骤03 选择要打开的工作簿。弹出"打开"对话框，❶选择工作簿的保存位置，❷在列表框中选择要打开的工作簿，❸单击"打开"按钮，如下左图所示。

步骤04 查看打开的工作簿。返回工作表中，此时可看到打开的"库存列表"工作簿，如下右图所示。

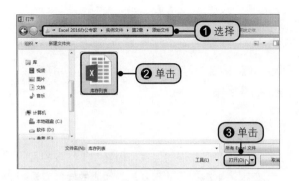

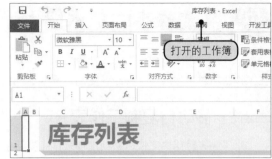

2.1.3 保存工作簿

为了防止当前编辑的工作簿因为突然关机而导致数据丢失，用户需要保存当前工作簿。无论当前工作簿是新建的工作簿还是计算机中已有的工作簿，都需要做好保存操作。

原始文件：无

最终文件：下载资源\实例文件\第2章\最终文件\员工考勤表.xlsx

步骤01 保存工作簿。打开一个空白的工作簿，❶在任意工作表中输入需要的数据，❷单击快速访问工具栏中的"保存"按钮，如下图所示。

步骤02 单击"浏览"按钮。自动切换至"另存为"面板，单击"浏览"按钮，如下图所示。

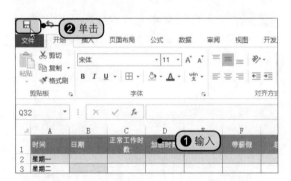

步骤03 设置保存位置和文件名。弹出"另存为"对话框，❶在路径中选择当前工作簿的保存位置，❷在"文件名"文本框中输入工作簿名称"员工考勤表"，❸单击"保存"按钮，如下图所示。

步骤04 查看保存后的工作簿。找到保存工作簿的位置，可看到保存好的工作簿，如下图所示。

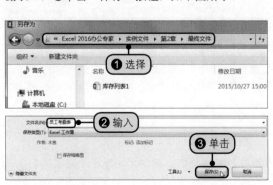

2.2 工作表的基本操作

工作簿中的每张表格称为工作表。工作簿如同活页夹，工作表如同其中的一张张活页纸，用户可以在工作簿中对工作表进行移动、复制、插入、删除和重命名等操作。

2.2.1 移动与复制工作表

对于大多数用户来说，移动工作表的主要目的可能是为了调整工作表的位置，而复制工作表的目的则可能是为了创建副本工作表，无论是出于哪种目的，用户都需要掌握移动与复制工作表的操作方法。在 Excel 2016 中，用户既可以实现在同一工作簿中移动与复制工作表，又可以实现在不同工作簿间移动与复制工作表。

1 在同一工作簿中移动与复制工作表

在同一工作簿中移动与复制工作表的操作比较简单，通过拖动操作即可实现，拖动时按住【Ctrl】键可复制工作表，不按住【Ctrl】键可移动工作表。

扫码看视频

原始文件： 下载资源\实例文件\第2章\原始文件\分公司第1季度销售业绩表.xlsx
最终文件： 下载资源\实例文件\第2章\最终文件\在同一工作簿中移动与复制工作表.xlsx

步骤01 切换至中文输入法。打开原始文件，❶单击选中需要移动的Sheet1工作表标签，❷选中后按住鼠标左键不放，将其拖至Sheet2工作表标签与Sheet3工作表标签之间，如下图所示。

步骤02 输入标题文本。释放鼠标后便可看到Sheet1工作表已移至Sheet2工作表与Sheet3工作表之间，如下图所示。

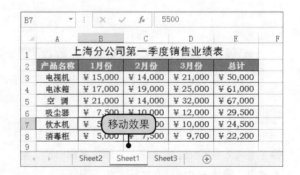

💡 **知识补充**

利用【Ctrl】键在同一工作簿中复制工作表时，无论是在拖动操作之前还是在拖动过程中按住【Ctrl】键均可，但是必须要在释放鼠标左键后才能释放【Ctrl】键。

2 在不同工作簿间移动与复制工作表

在不同工作簿间移动与复制工作表不是简单的拖动操作就能完成的，此时可利用移动或复制功能来实现。

原始文件：下载资源\实例文件\第2章\原始文件\分公司第1季度销售业绩表.xlsx、
成都分公司第1季度销售业绩表.xlsx

最终文件：下载资源\实例文件\第2章\最终文件\在不同工作簿间移动与复制
工作表.xlsx

扫码看视频

步骤01 复制工作表。打开原始文件，❶右击"成都分公司第1季度销售业绩表.xlsx"工作簿中的Sheet1工作表标签，❷在弹出的快捷菜单中单击"移动或复制"命令，如下图所示。

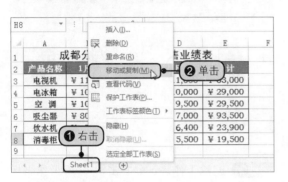

步骤02 选择要移动至的工作簿。弹出"移动或复制工作表"对话框，在"将选定工作表移至工作簿"下拉列表中选择"分公司第1季度销售业绩表.xlsx"，如下图所示。

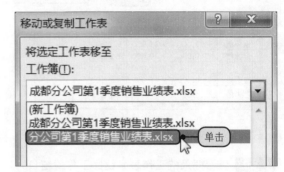

步骤03 设置移动位置。❶在"下列选定工作表之前"列表框中单击"（移至最后）"选项，❷勾选"建立副本"复选框，❸单击"确定"按钮，如下图所示。

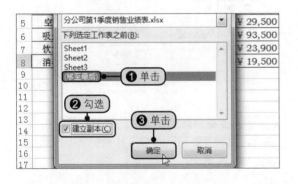

步骤04 查看复制后的工作表。返回工作簿窗口，可看到"成都分公司第1季度销售业绩表.xlsx"工作簿中的Sheet1工作表已经移至"分公司第1季度销售业绩表.xlsx"工作簿中，并且名称默认为"Sheet1(2)"，如下图所示。

> **知识补充**
>
> 这里介绍的是在不同工作簿间复制工作表的操作，要实现在不同工作簿间移动工作表，基本操作相同，唯一的区别就是在"移动或复制工作表"对话框中取消勾选"建立副本"复选框。

2.2.2　插入与删除工作表

插入与删除工作表是 Excel 中关于工作表相对应的操作，插入工作表是指在工作簿中新增工作表，而删除工作表则是指将已有的工作表从工作簿中删除，删除的同时，工作表中的数据也将被删除。

步骤01 插入工作表。打开原始文件，❶右击 Sheet1(2)工作表标签，❷在弹出的快捷菜单中单击"插入"命令，如下图所示。

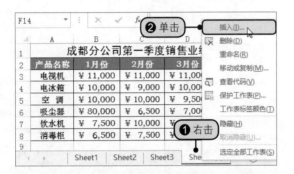

步骤02 选择插入的工作表。弹出"插入"对话框，选择插入的工作表选项，如下图所示，单击"确定"按钮。

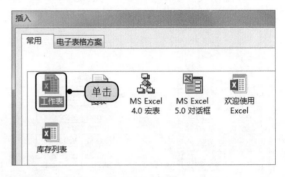

步骤03 查看插入的工作表。返回工作簿窗口，此时可看到插入的工作表位于Sheet1(2)工作表左侧，默认名称为Sheet4，如下图所示。

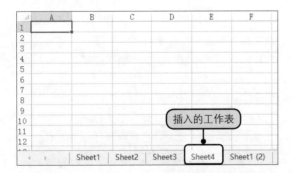

步骤04 删除工作表。❶右击Sheet3工作表标签，❷在弹出的快捷菜单中单击"删除"命令，如下图所示。

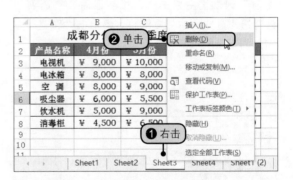

步骤05 确认删除工作表。弹出提示框，提示用户删除工作表的操作不可逆，确定删除后单击"删除"按钮，如下图所示。

步骤06 查看删除工作表后的效果。返回工作簿窗口，此时可看到Sheet3工作表已从工作簿中删除，如下图所示。

知识补充

Excel 提供了 4 种插入工作表的方法，除了 2.2.2 小节介绍的操作方法外，还有其他 3 种：第 1 种是单击工作表标签右侧的"新工作表"按钮；第 2 种是单击"开始"选项卡"单元格"组中的"插入工作表"右侧的下三角按钮，在展开的下拉列表中单击"插入工作表"选项；第 3 种则是利用【Shift+F11】组合键。

2.2.3　重命名工作表

重命名工作表是指为工作表重新设置名称，Excel 默认以 Sheet1、Sheet2、Sheet3 的方式来为工作表命名，该种命名方式的弊端是在实际工作中经常无法快速区分和查看指定工作表，基于此，用户可以选择手动重命名工作表，为工作表取一个更易记住和区分的名字。除此之外，用户还可以为工作表标签添加颜色，通过颜色来区分工作表。

> **原始文件**：下载资源\实例文件\第2章\原始文件\分公司第1季度销售业绩表2.xlsx
> **最终文件**：下载资源\实例文件\第2章\最终文件\重命名工作表.xlsx

扫码看视频

步骤01 单击"重命名"命令。打开原始文件，❶右击Sheet1工作表标签，❷在弹出的快捷菜单中单击"重命名"命令，如下图所示。

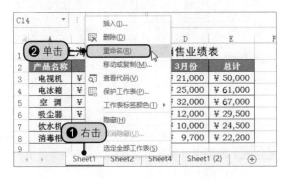

步骤02 重命名工作表。❶输入工作表名称"上海分公司"，❷接着使用相同的方法将其他工作表分别命名为"南京分公司""分公司总计"以及"成都分公司"，如下图所示。

步骤03 为工作表标签添加颜色。❶右击"上海分公司"工作表标签，❷在弹出的快捷菜单中单击"工作表标签颜色"命令，❸接着在展开的级联列表中选择"浅蓝"，如下图所示。

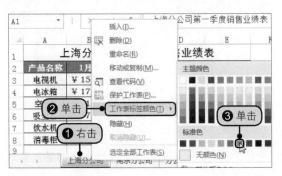

步骤04 为其他工作表标签添加颜色。使用相同的方法为其他工作表标签添加颜色，如下图所示。

2.3 单元格的基本操作

单元格是 Excel 工作簿中的最小单位，它是工作表中行与列的交叉部分，工作簿中所有数据的编辑操作都是在单元格中进行的。单元格的基本操作主要包括选定、移动、复制、插入、删除、合并、清除等。

2.3.1 选定单元格

单元格选定操作是所有单元格操作中最基本的一种，只有选中单元格，才能进行插入、删除和合并等操作。在 Excel 中，单元格的选定包括选定单个单元格、选定单元格区域、选定行或列、选定不连续的单元格区域以及选定全部单元格 5 种。

原始文件： 下载资源\实例文件\第2章\原始文件\成都分公司第1季度销售业绩表.xlsx
最终文件： 无

步骤01 选定单个单元格。打开原始文件，若要选中单元格D3，只需单击D列与第3行的交叉处即可，如下图所示。

步骤02 选定单元格区域。若要选定单元格区域A2:E8，❶选中单元格A2，❷拖动鼠标至单元格E8，如下图所示。也可首先选中单元格A8，然后拖动鼠标至单元格E2处。

步骤03 选定行。若要选定第3行，只需单击显示行号3即可，如下图所示。

步骤04 选定列。若要选定B列，只需单击显示列号B即可，如下图所示。

步骤05 选定不连续的单元格区域。选定不连续的单元格区域，需要借助【Ctrl】键来实现。❶选中某个单元格或单元格区域，❷按住【Ctrl】键不放，然后再选取其他单元格或单元格区域。下左图所示为选定单元格A2与单元格区域C5:E8。

步骤06 选定全部单元格。只需单击工作表左上角的"全选"按钮，即可选定指定工作表中的全部单元格。选中后工作表中的所有单元格均呈灰色显示，如下右图所示。

2.3.2 移动与复制单元格

移动和复制单元格可以借助拖动和单击操作来实现，其中单击操作用于选择单元格，而拖动操作用于移动或复制所选单元格（若是复制单元格则需要利用【Ctrl】键来实现）。

原始文件：下载资源\实例文件\第2章\原始文件\产品销售信息.xlsx

最终文件：下载资源\实例文件\第2章\最终文件\移动与复制单元格.xlsx

扫码看视频

步骤01 选中要移动的单元格。打开原始文件，选中要移动的单元格C8，将鼠标指针移至该单元格边缘处，使鼠标指针呈双向的十字箭头状，如下图所示。

步骤02 移动单元格。按住鼠标左键不放，将其拖至单元格C2处，如下图所示。

步骤03 查看移动后的效果。释放鼠标左键后可看到原单元格C8中的内容已被移至单元格C2中，同时原单元格C8中的内容已经消失了，如右图所示。

> **💡 知识补充**
>
> 用户还可以使用快捷键来移动和复制单元格，选中要移动或复制的单元格，按【Ctrl+X】组合键可剪切单元格，按【Ctrl+C】组合键可复制单元格，按【Ctrl+V】组合键可粘贴单元格。

2.3.3 插入与删除单元格

在工作表中插入与删除单元格时，都会引起周围单元格的变动，因此用户在执行插入和删除单元格操作时，需要准确选择周围单元格的移动方向。

原始文件：下载资源\实例文件\第2章\原始文件\产品销售信息1.xlsx

最终文件：下载资源\实例文件\第2章\最终文件\插入与删除单元格.xlsx

扫
码
看
视
频

步骤01 插入单元格。打开原始文件，若在E4单元格上方插入单元格，❶右击E4单元格，❷在弹出的快捷菜单中单击"插入"命令，如下图所示。

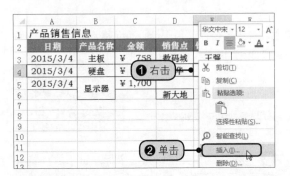

步骤02 选中"活动单元格下移"。弹出"插入"对话框，❶单击"活动单元格下移"单选按钮，即插入单元格后自动将E4及与E4同列的下方单元格向下移动，❷然后单击"确定"按钮，如下图所示。

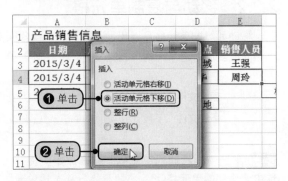

步骤03 移动单元格。此时可看到单元格E4的内容自动下移，❶选中单元格F5，❷将其拖至单元格E4中，如下图所示。

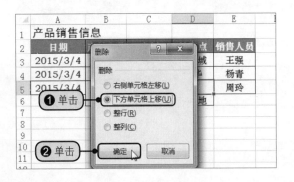

步骤04 删除单元格。若要删除单元格D5，❶选择单元格D5并右击，❷在弹出的快捷菜单中单击"删除"命令，如下图所示。

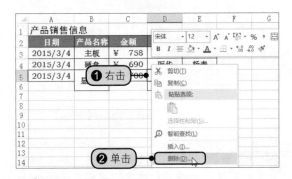

步骤05 选中下方单元格上移。弹出"删除"对话框，❶单击"下方单元格上移"单选按钮，即删除单元格D5后自动将D6及与D6同列的下方单元格向上移动，❷单击"确定"按钮，如下图所示。

步骤06 查看插入与删除单元格后的效果。返回工作簿窗口，此时可看到D6及与D6同列的下方单元格自动向上移动了，如下图所示。

2.3.4　合并与取消单元格合并

合并单元格是指将 2 个或 2 个以上的单元格合并成 1 个单元格，而取消合并单元格则是指取消处于合并状态的单元格，取消合并状态后，该单元格将会恢复到合并前的状态。

原始文件： 下载资源\实例文件\第2章\原始文件\产品销售信息2.xlsx
最终文件： 下载资源\实例文件\第2章\最终文件\合并与取消单元格合并.xlsx

步骤01 选中要合并的单元格区域。打开原始文件，选择单元格区域A1:E1，如下图所示。

步骤02 合并单元格。❶选择"开始"选项卡，在"对齐方式"组中单击"合并后居中"右侧的下三角按钮，❷在展开的列表中单击"合并后居中"选项，如下图所示。此时可看到单元格区域A1:E1自动合并为1个单元格，并且原单元格A1中的文本居中显示。

步骤03 选中要取消合并的单元格。选中要取消合并的单元格B5，如下图所示。

步骤04 取消单元格合并。❶单击"合并后居中"右侧的下三角按钮，❷在展开的列表中单击"取消单元格合并"选项，如下图所示。

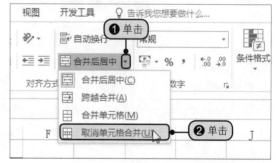

> **💡 知识补充**
>
> 合并单元格时，除了合并后居中外，用户还可以选择跨越合并和合并单元格。跨越合并是指将所选的单元格区域逐行合并，而合并单元格与合并后居中的功能基本一致，只是合并单元格不会更改合并前文本的对齐方式。

步骤05 查看取消合并后的显示效果。此时可看到原单元格B5变成了两个单元格，如右图所示。

	A	B	C	D	E
1	产品销售信息				
2	日期	产品名称	金额	销售点	销售人员
3	2015/3/4	主板	¥ 758	数码城	王强
4	2015/3/4	硬盘	¥ 690	丽华	杨青
5	2015/3/4	显示器		取消合并的效果	周玲
6					

2.3.5 清除单元格

在 Excel 中，清除单元格既可以选择清除单元格中的内容，又可以选择清除单元格中的格式，同时还可以选择清除单元格中的所有内容，即全部清除。

1 清除内容

清除内容是指只清除单元格中的内容，而保持单元格中原有的格式，例如边框、底纹等。

原始文件： 下载资源\实例文件\第2章\原始文件\产品销售信息3.xlsx
最终文件： 下载资源\实例文件\第2章\最终文件\清除内容.xlsx

扫码看视频

步骤01 清除内容。打开原始文件，❶选择单元格B6，❷单击"开始"选项卡中的"清除"按钮，❸在展开的列表中单击"清除内容"选项，如下图所示。

步骤02 查看清除内容后的效果。此时可看到单元格B6中的内容已被清除，但是仍然保留了黑色边框，如下图所示。

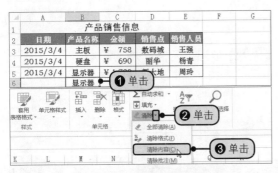

	A	B	C	D	E
1	产品销售信息				
2	日期	产品名称	金额	销售点	销售人员
3	2015/3/4	主板	¥ 758	数码城	王强
4	2015/3/4	硬盘	¥ 690	丽华	杨青
5	2015/3/4	显示器	¥ 1,700	新大地	周玲
6					
7			清除内容效果		
8					
9					
10					

> **知识补充**
>
> 清除单元格中的内容还有其他两种方法：第一种是右击要清除内容的单元格，在弹出的快捷菜单中单击"清除内容"命令；第二种是选中要清除内容的单元格，直接按【Delete】键。

2 清除格式

清除格式是指只清除单元格中的边框、底纹和字体等单元格格式，而保持单元格中原有的内容。

原始文件： 下载资源\实例文件\第2章\原始文件\产品销售信息3.xlsx
最终文件： 下载资源\实例文件\第2章\最终文件\清除格式.xlsx

扫码看视频

步骤01 清除格式。打开原始文件，❶选择要清除格式的单元格B6，❷单击"开始"选项卡中的"清除"按钮，❸在展开的列表中单击"清除格式"选项，如下图所示。

步骤02 查看清除格式后的效果。此时可看到单元格B6中的内容仍然保留，但是原有的边框、字体和文本对齐方式均被清除，如下图所示。

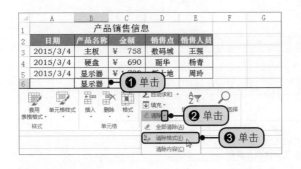

3 全部清除

全部清除是指清除单元格的所有内容，不仅清除单元格中的内容和格式，如果单元格中含有批注和超链接，同样会被清除。

原始文件：下载资源\实例文件\第2章\原始文件\产品销售信息3.xlsx

最终文件：下载资源\实例文件\第2章\最终文件\全部清除.xlsx

扫码看视频

步骤01 全部清除。打开原始文件，❶选中要清除所有内容的单元格B6，❷单击"开始"选项卡中的"清除"按钮，❸在展开的列表中单击"全部清除"选项，如下图所示。

步骤02 查看全部清除后的效果。此时可以看到单元格B6中的内容、边框均被清除，如下图所示。

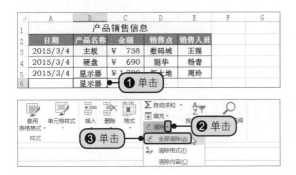

实例精练——
编制人事调动申请表

企业运营中经常会遇到人事调动的情况，例如调换部门、升职加薪等，所以企业通常需要制作一些与之相关的表格，例如人事调动申请表等。本实例将在 Excel 中对已有的人事调动申请表进行完善，例如合并标题单元格、更改工作表名称等，完成后的效果如下图所示。

最终效果

	A	B	C	D	E	F
1			人事调动申请表			
2	姓　名		原岗位		调动时间	
3	调出部门		调入部门		调动岗位	
4	调动原因					
5						
6	原部门主管签字		日期	调入部门主管签字		日期
7						
8						
9	经理审核		日期	行政人事部确认		日期
10						
11						
12	注：（1）此申请表由调出部门填写，双方部门主管签字、部门经理审核；					
13	（2）调动时间请填写其调至新岗位的正式上班时间；					
14	（3）此表请于至新岗位上任前一天交至行政人事部。					

原始文件： 下载资源\实例文件\第2章\原始文件\人事调动申请表.xlsx

最终文件： 下载资源\实例文件\第2章\最终文件\人事调动申请表.xlsx

扫码看视频

步骤01 重命名工作表标签。

打开原始文件。

❶右击Sheet1工作表标签。

❷在弹出的快捷菜单中单击"重命名"命令。

❸重新输入工作表的名称"人事调动申请表"，如右图所示。

步骤02 合并居中标题栏。

❶选择单元格区域A1:F1。

❷在"开始"选项卡中单击"合并后居中"右侧的下三角按钮。

❸在展开的列表中单击"合并后居中"选项，如右图所示。

步骤03 保存编辑后的工作簿。

❶此时可看到单元格区域A1:F1合并为一个单元格，并且原单元格A1中的内容居中显示。

❷在快速访问工具栏中单击"保存"按钮即可保存工作簿。如右图所示。

专家支招

1 建立工作组

在 Excel 中，工作组是指两个或两个以上工作表的组合，当用户需要对多张工作表进行格式设置、公式编辑等相同的操作时，可以建立工作组，具体步骤如下。

确定要选择的两个或多个工作表，单击其中任意一个工作表对应的标签，选中该工作表，然后按住【Ctrl】键不放，再单击其他工作表对应的标签，选中后可在标题栏中看到"工作组"的字样，即成功建立了工作组，如下图所示。

2 固定工作表标题行/列以便审阅

在 Excel 中，当工作表中的数据过多时，在滚动的过程中，表格的首行或首列就会随着表格一起滚动，无法显示在当前界面中。为了便于审阅，用户可以选择固定当前表格的标题或者标题列，固定后的标题行或标题列将始终显示在当前界面中，不会随着页面的滚动而滚动。

选中表格中任意单元格，切换至"视图"选项卡，单击"冻结窗格"按钮，在展开的列表中选择冻结首行或冻结首列，例如选择"冻结首行"，滑动鼠标的滚轮，可以看到表格的首行一直显示在窗口中，如下图所示。

3 拆分窗口以便对比大型表格前后数据

在 Excel 中，当表格中的数据量非常大时，若想将当前表格中指定的两部分数据进行比较时，则可以通过拆分窗口来实现。拆分窗口后，工作表被拆分成 2 个或者 4 个窗格，并且每个窗格都显示完整的表格内容，用户就可以利用这些窗格来比较指定的数据了。

选中指定的单元格，切换至"视图"选项卡，单击"拆分"按钮，可在工作表中看到当前工作表被拆分为 4 个窗格，拖动滚动条便可对比表格中的指定数据，如下图所示。

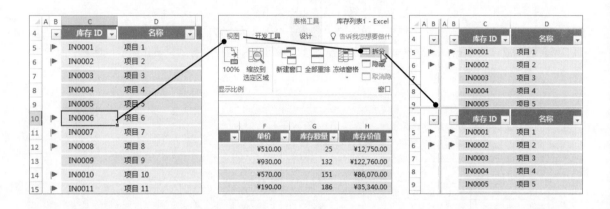

4 选择性粘贴保留源单元格格式

Excel 提供了选择性粘贴功能，利用该功能可以将复制的内容以不同的形式粘贴到指定位置，既可以选择保留源单元格格式进行粘贴，又可以选择只粘贴数值，同时还可以选择以图片的形式粘贴。

选择要复制内容的单元格，在"开始"选项卡中单击"复制"按钮，选中要复制内容的单元格，单击"粘贴"下三角按钮，在展开的列表中单击"值和源格式"选项，便可在指定单元格中看到粘贴的内容与所复制的内容格式完全相同，如下图所示。

第3章 数据输入操作

输入数据是 Excel 的基本操作。在输入数据时，不仅要掌握一些特殊数据的输入方法，还需要掌握利用自动填充来输入有规律的数据的方法。

3.1 数据的手动输入

用户在输入一些有规律的数据时，利用 Excel 提供的特殊输入方法可以保证输入的数据不出差错，极大地提高输入的效率。Excel 电子表格中可以兼容多种数据格式，下面介绍手动输入数据的方法。

3.1.1 输入文本

在 Excel 中，文本包括字符型文本和数值型文本两种，其中字符型文本是指由汉字组成的文本，而数值型文本是指由数值组成的文本，例如以 0 开头的文本。

 原始文件： 下载资源\实例文件\第3章\原始文件\工资统计表.xlsx
最终文件： 下载资源\实例文件\第3章\最终文件\输入文本.xlsx

扫码看视频

步骤01 切换至中文输入法。打开原始文件，❶选中单元格A1，❷切换至中文输入法，如下图所示。

	A	B	C	D	E	F
1					❶选中	
2	员工编号	姓名	基本工资	业绩工资	总工资	是否领取
3	001	张三	¥ 1,500	¥ 2,500	¥ 4,000	
4	002	李四	¥ 1,500	¥ 3,400	¥ 4,900	
5	003	王五	¥ 1,500	¥ 1,500	¥ 3,000	
6	004	周六	¥ 1,500	¥ 2,000	¥ 3,500	
7	005	郑七	¥ 1,500		¥ 1,500	
8		吴八	¥ 1,500	¥ 4,500	¥ 6,000	
9	007	刘九	¥ 1,500		¥ 7,200	

❷切换

步骤02 输入标题文本。输入标题"工资统计表"，如下图所示，按【Enter】键，即可看到输入文本后的效果。

	A	B	C	D	E	F
1			工资统计表	输入		
2	员工编号	姓名	基本工资	业绩工资	总工资	是否领取
3	001	张三	¥ 1,500	¥ 2,500	¥ 4,000	
4	002	李四	¥ 1,500	¥ 3,400	¥ 4,900	
5	003	王五	¥ 1,500	¥ 1,500	¥ 3,000	
6	004	周六	¥ 1,500	¥ 2,000	¥ 3,500	
7	005	郑七	¥ 1,500		¥ 1,500	
8		吴八	¥ 1,500	¥ 4,500	¥ 6,000	
9	007	刘九	¥ 1,500	¥ 5,700	¥ 7,200	

步骤03 输入以0开头的数值型文本。接着选中单元格A8，❶切换至英文输入法，❷在单元格中输入"'006"，如下图所示。

	A	B	C	D	E	F
1			工资统计表			
2	员工编号	姓名	基本工资	业绩工资	总工资	是否领取
3	001	张三	¥ 1,500	¥ 2,500	¥ 4,000	
4	002	李四	¥ 1,500	¥ 3,400	¥ 4,900	
5	003	王五	¥ 1,500	¥ 1,500	¥ 3,000	
6	004	周六	¥ 1,500	¥ 2,000	¥ 3,500	
7	005	郑七	¥ 1,500		¥ 1,500	
8	'006		500	¥ 4,500	¥ 6,000	
9	007	刘九	¥ 1,500		¥ 7,200	

❷输入　❶切换

步骤04 查看输入的文本。按【Enter】键后可看到显示的文本为"006"，如下图所示。

	A	B	C	D	E	F
1			工资统计表			
2	员工编号	姓名	基本工资	业绩工资	总工资	是否领取
3	001	张三	¥ 1,500	¥ 2,500	¥ 4,000	
4	002	李四	¥ 1,500	¥ 1,500	¥ 4,900	
5	003	王五	¥ 1,500	¥ 1,500	¥ 3,000	
6	004	周六	¥ 1,500	¥ 2,000	¥ 3,500	
7	005	郑七	¥ 1,500		¥ 1,500	
8	006		输入的文本	¥ 4,500	¥ 6,000	
9	007	刘九	¥ 1,500	¥ 5,700	¥ 7,200	

3.1.2 输入负数

在 Excel 中，数字也可以作为文本看待，因此也可以像输入文本一样来输入数字，只不过输入数字时，用户可以不用切换输入法。

扫码看视频

原始文件： 下载资源\实例文件\第3章\原始文件\工资统计表1.xlsx

最终文件： 下载资源\实例文件\第3章\最终文件\输入负数.xlsx

步骤01 输入负数。打开原始文件，在单元格D7中输入"(200)"，如下图所示。

步骤02 查看输入的负数。按【Enter】键后，可看到单元格D7中显示了"¥-200"，即输入的是负数，如下图所示。

	A	B	C	D	E	F
1		工资统计表				
2	员工编号	姓名	基本工资	业绩工资	总工资	是否领取
3	001	张三	¥ 1,500	¥ 2,500	¥ 4,000	
4	002	李四	¥ 1,500	¥ 3,400	¥ 4,900	
5	003	王五	¥ 1,500	¥ 1,500	¥ 3,000	
6	004	周六	¥ 1,500	¥ 2,000	¥ 3,500	
7	005	郑七	¥ 1,500	(200)	¥ 1	输入
8	006	吴八	¥ 1,500	¥ 4,500	¥ 6,000	
9	007	刘九	¥ 1,500	¥ 5,700	¥ 7,200	

D7 ▼ fx （200）

	A	B	C	D	E	F
1		工资统计表				
2	员工编号	姓名	基本工资	业绩工资	总工资	是否领取
3	001	张三	¥ 1,500	¥ 2,500	¥ 4,000	
4	002	李四	¥ 1,500	¥ 3,400	¥ 4,900	
5	003	王五	¥ 1,500	¥ 1,500	¥ 3,000	
6	004	周六	¥ 1,500	¥ 2,000	¥ 3,500	
7	005	郑七	¥ 1,500	-200	¥ 1,300	
8	006	吴八	¥ 1,500	¥ 4,500	¥ 6,000	
9	007	刘九	¥ 1,50	输入的负数	¥ 7,200	

D7 ▼ fx -200

💡 **知识补充**

还可以直接输入"负号＋数字"实现负数的输入。

3.1.3 输入日期

日期是 Excel 中比较常见的一种数据类型，在单元格中输入日期数据时，需使用斜线"/"或连字符"-"来连接日期中的年、月、日部分。

扫码看视频

原始文件： 下载资源\实例文件\第3章\原始文件\工资统计表2.xlsx

最终文件： 下载资源\实例文件\第3章\最终文件\输入日期.xlsx

步骤01 输入日期数据。打开原始文件，在单元格E10中输入日期数据"2015-11-1"，如下图所示。

步骤02 查看显示的日期数据。按下【Enter】键，可看到日期"2015/11/1"，如下图所示。

	A	B	C	D	E	F
1		工资统计表				
2	员工编号	姓名	基本工资	业绩工资	总工资	是否领取
3	001	张三	¥ 1,500	¥ 2,500	¥ 4,000	
4	002	李四	¥ 1,500	¥ 3,400	¥ 4,900	
5	003	王五	¥ 1,500	¥ 1,500	¥ 3,000	
6	004	周六	¥ 1,500	¥ 2,000	¥ 3,500	
7	005	郑七	¥ 1,500	-200	¥ 1,300	
8	006	吴八	¥ 1,500	¥ 4,500	¥ 6,000	
9	007	刘九	¥ 1,500	¥ 5,700	¥ 7,200	
10				输入	2015-11-1	

E10 ▼ fx 2015-11-1

	A	B	C	D	E	F
1		工资统计表				
2	员工编号	姓名	基本工资	业绩工资	总工资	是否领取
3	001	张三	¥ 1,500	¥ 2,500	¥ 4,000	
4	002	李四	¥ 1,500	¥ 3,400	¥ 4,900	
5	003	王五	¥ 1,500	¥ 1,500	¥ 3,000	
6	004	周六	¥ 1,500	¥ 2,000	¥ 3,500	
7	005	郑七	¥ 1,500	-200	¥ 1,300	
8	006	吴八	¥ 1,500	¥ 4,500	¥ 6,000	
9	007	刘九	¥ 1,500	¥ 5,700	¥ 7,200	
10			输入的日期		2015/11/1	

E10 ▼ fx 2015/11/1

3.1.4　输入特殊符号

　　虽然某些特殊符号可以通过键盘来输入，但是毕竟有限，那么无法通过键盘输入的特殊符号该如何输入呢？这时就需要利用 Excel 提供的插入符号功能了。

原始文件：下载资源\实例文件\第3章\原始文件\工资统计表3.xlsx

最终文件：下载资源\实例文件\第3章\最终文件\输入特殊符号.xlsx

扫码看视频

步骤01 选中单元格。打开原始文件，选中单元格F4，如下图所示。

	A	B	C	D	E	F
1			工资统计表			
2	员工编号	姓名	基本工资	业绩工资	总工资	是否领取
3	001	张三	¥ 1,500	¥ 2,500	¥ 4,000	
4	002	李四	¥ 1,500	¥ 3,400	¥ 4,900	
5	003	王五	¥ 1,500	¥ 1,500	¥ 3,000	
6	004	周六	¥ 1,500	¥ 2,000	¥ 3,500	
7	005	郑七	¥ 1,500	¥ -200	¥ 1,300	
8	006	吴八	¥ 1,500	¥ 4,500	¥ 6,000	
9	007	刘九	¥ 1,500	¥ 5,700	¥ 7,200	
10					2015/11/1	

步骤02 插入符号。在"插入"选项卡下单击"符号"组中的"符号"按钮，如下图所示。

步骤03 选择字体类型。弹出"符号"对话框，❶单击"字体"右侧的下三角按钮，❷在展开的列表中选择"Wingdings"，如下图所示。

步骤04 插入特殊符号。❶单击"√"，❷单击"插入"按钮，如下图所示。

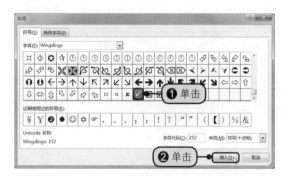

步骤05 在其他单元格中插入符号。单击"关闭"按钮，返回工作表中，可看到单元格F4中插入的符号。利用【Ctrl+C】和【Ctrl+V】组合键将该符号复制到其他指定单元格中，如右图所示。

	A	B	C	D	E	F
1			工资统计表			
2	员工编号	姓名	基本工资	业绩工资	总工资	是否领取
3	001	张三	¥ 1,500	¥ 2,500	¥ 4,000	
4	002	李四	¥ 1,500	¥ 3,400	¥ 4,900	√
5	003	王五	¥ 1,500	¥ 1,500	¥ 3,000	
6	004	周六	¥ 1,500	¥ 2,000	¥ 3,500	√
7	005	郑七	¥ 1,500	¥ -200	¥ 1,300	
8	006	吴八	¥ 1,500	¥ 4,500	¥ 6,000	√
9	007	刘九	¥ 1,500	¥ 5,700	¥ 7,200	
10					2015/11/1	

🔆 知识补充

　　用户还可以利用输入法来实现简单符号的输入，例如输入拼音"dui"便可选择输入"√"，输入拼音"cuo"便可选择输入"×"。

3.2 数据的自动填充

自动填充是 Excel 的一大特色，该功能使用户在输入数据时不再枯燥乏味，大大提高了工作效率。下面具体介绍 Excel 的自动填充功能。

3.2.1 使用填充柄填充数据

填充柄是 Excel 提供的快速填充单元格工具，选中单元格后会在其右下角显示方形点，这个方形点就是填充柄。利用填充柄可快速填充有规律的数据。

原始文件：下载资源\实例文件\第3章\原始文件\产品合格统计表.xlsx
最终文件：下载资源\实例文件\第3章\最终文件\使用填充柄填充数据.xlsx

扫码看视频

步骤01 输入文本。打开原始文件，❶在单元格B2中输入"A001"，❷将鼠标指针移至单元格B2右下角，此时鼠标指针呈十字状，如右图所示。

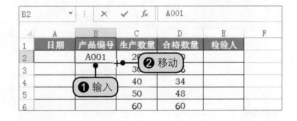

步骤02 填充单元格区域。按住鼠标左键不放，拖动鼠标至单元格B10处，如下图所示。

步骤03 显示填充效果。释放鼠标后可看到自动填充的数据效果，如下图所示。

3.2.2 使用对话框填充序列

使用对话框填充序列是指使用"序列"对话框来填充序列，利用该对话框可以设置填充序列的类型、步长值等属性。

原始文件：下载资源\实例文件\第3章\原始文件\产品合格统计表1.xlsx
最终文件：下载资源\实例文件\第3章\最终文件\使用对话框填充序列.xlsx

扫码看视频

步骤01 输入文本。打开原始文件，❶在单元格A2中输入日期"2015/11/2"后按下【Enter】键，❷选择单元格区域A2:A10，如下左图所示。

步骤02 单击"序列"选项。切换至"开始"选项卡，❶单击"填充"按钮，❷在展开的列表中单击"序列"选项，如下右图所示。

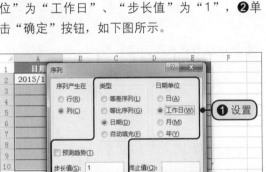

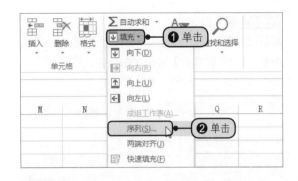

步骤03 设置填充工作日。弹出"序列"对话框，❶设置序列"类型"为"日期"、"日期单位"为"工作日"、"步长值"为"1"，❷单击"确定"按钮，如下图所示。

步骤04 查看填充的工作日效果。返回工作簿窗口，即可看到填充的工作日效果，如下图所示。

日期	产品编号	生产数量	合格数量	检验人
2015/11/2	A001	20	20	
2015/11/3	A002	30	26	
2015/11/4	A003	40	34	
2015/11/5	A004	50	48	
2015/11/6	A005	60	60	
2015/11/9	A006	70	68	
2015/11/10	A007	80	72	
2015/11/11	A008	90	85	
2015/11/12	A009	100	95	

自动填充的日期

3.2.3 自定义序列填充

用户若是经常使用某一数据系列，则可在 Excel 中将其自定义为一个序列。在工作表中输入该序列时可通过拖动鼠标来实现填充。

原始文件： 下载资源\实例文件\第3章\原始文件\产品合格统计表2.xlsx
最终文件： 下载资源\实例文件\第3章\最终文件\自定义序列填充.xlsx

扫码看视频

步骤01 单击"选项"命令。打开原始文件，❶单击"文件"按钮，❷在弹出的视图菜单中单击"选项"命令，如下图所示。

步骤02 编辑自定义列表。弹出"Excel选项"对话框，❶在左侧单击"高级"选项，❷在右侧单击"编辑自定义列表"按钮，如下图所示。

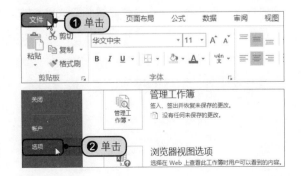

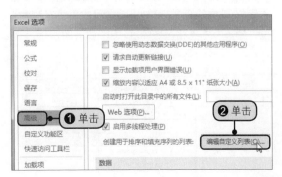

步骤03 输入自定义序列。弹出"自定义序列"对话框，❶在"输入序列"文本框中输入自定义序列（利用【Enter】键实现换行），❷输入完毕后单击"添加"按钮，如下图所示。

步骤05 输入自定义序列文本。❶在单元格E2中输入"周军"，❷将鼠标指针移至单元格E2右下角，当鼠标指针呈十字状时按住鼠标左键不放，向下拖动至单元格E10，如下图所示。

步骤04 单击"确定"按钮。添加完毕后在左侧的列表框中可看到添加的序列，单击"确定"按钮，如下图所示。随后继续单击"Excel选项"对话框中的"确定"按钮，返回工作簿窗口。

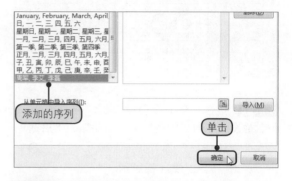

步骤06 查看填充的自定义序列。释放鼠标即可看到填充的自定义序列效果，如下图所示。

	A	B	C	D	E
1	日期	产品编号	生产数量	合格数量	检验人
2	2015/11/2	A001	20	20	周军
3	2015/11/3	A002	30	26	李艾
4	2015/11/4	A003	40	34	李磊
5	2015/11/5	A004	50	48	周军
6	2015/11/6	A005	60	60	李艾
7	2015/11/9	A006	70	68	李磊
8	2015/11/10	A007	80	72	周军
9	2015/11/11	A008			李艾
10	2015/11/12	A009	自动填充的序列		李磊
11					

3.2.4　快速填充匹配项

Excel 2016 中的"快速填充"功能十分智能化、人性化，可以自动识别已输入的文本，然后找出该文本在工作表中的规律，按照该规律自动填充其他单元格。

原始文件: 下载资源\实例文件\第3章\原始文件\员工联系方式统计表.xlsx
最终文件: 下载资源\实例文件\第3章\最终文件\快速填充匹配项.xlsx

扫码看视频

步骤01 选择单元格区域。打开原始文件，❶在单元格C2中输入单元格B2所显示的手机号码后4位，❷选中单元格区域C2:C10，如下图所示。

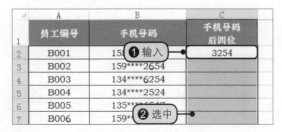

步骤02 快速填充。切换至"数据"选项卡下，在"数据工具"组中单击"快速填充"按钮，如下图所示。

步骤03 查看快速填充的效果。此时可在单元格区域C2:C10中看到快速填充的手机号码后4位效果，如下图所示。

	A	B	C
1	员工编号	手机号码	手机号码后四位
2	B001	158****3254	3254
3	B002	159****2654	2654
4	B003	134****6254	6254
5	B004	13	2524
6	B005	13	6547
7	B006	159****2521	2521
8	B007	158****6572	6572

填充的数据

3.2.5 同时填充多个工作表

当用户需要在同一个工作簿中多个工作表的相同位置输入相同数据时，可以利用填充成组工作表功能来实现快速填充。

原始文件： 下载资源\实例文件\第3章\原始文件\员工通信录.xlsx

最终文件： 下载资源\实例文件\第3章\最终文件\同时填充多个工作表.xlsx

扫码看视频

步骤01 选中全部工作表。打开原始文件，❶利用【Ctrl】键同时选中Sheet1、Sheet2和Sheet3工作表，❷在Sheet1工作表中选择单元格区域A1:D1，如下图所示。

	A	B	C	D
1	姓名	职位	联系电话	电子邮箱
2	程小力	经理	86***01	cheng****@163.com
3	张也	经理	8	zhang****1@163.com
4	卢彬	经理	8	lu****@163.com
5	李小蒙	经理	86***04	li****@163.com
6	杜月生	经理	86***05	du****@163.com
7				
8				
9				
10				

❷ 选中　❶ 选中

Sheet1　Sheet2　Sheet3

步骤02 单击"成组工作表"选项。切换至"开始"选项卡，❶单击"填充"按钮，❷在展开的列表中单击"成组工作表"选项，如下图所示。

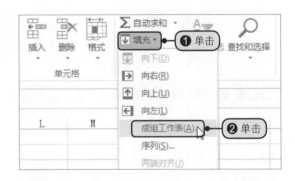

步骤03 填充全部工作表。弹出"填充成组工作表"对话框，这里需要填充内容和格式，❶单击"全部"单选按钮，❷单击"确定"按钮，如下图所示。

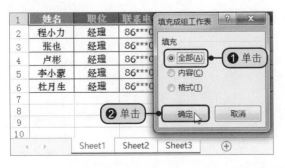

步骤04 查看填充内容后的其他工作表效果。返回工作簿窗口，看到Sheet2和Sheet3工作表中的单元格区域A1:D1分别填充了"姓名""职位""联系电话"和"电子邮箱"文本内容，如下图所示。

	A	B	C	D	E
1	姓名	职位	联系电话	电子邮箱	
2	张成岁	销售助理	86***06	zh****@163.com	
3	李云胜	销售助理	86***07	li****@163.com	
4	赵小月	销售助理	86***08	zhao****@163.com	

Sheet1　Sheet2　Sheet3

	A	B	C	D	E
1	姓名	职位	联系电话	电子邮箱	
2	张锦辉	销售代表	89***15	jin****@163.com	
3	卢晓鸥	销售代表	89***16	xiao****@163.com	
4	李菁	销售代表	89***17	li****@163.com	

Sheet1　Sheet2　Sheet3

实例精练——
快速制作公司考勤表

考勤的目的是为了维护正常的工作秩序，提高办事效率，严肃企业纪律，因此每家公司都制作考勤表。在 Excel 中制作考勤表时，用户可以利用填充功能进行快速操作，考勤表的最终效果如下图所示。

最终效果

		考勤表															
单位（部门）：																	
姓名 / 时间		9月1日	9月2日	9月3日	9月4日	9月7日	9月8日	9月9日	9月10日	9月11日	9月14日	9月15日	9月16日	9月17日	9月18日	9月21日	9月22日
	上午																
	下午																
	上午																
	下午																
	上午																
	下午																
	上午																
	下午																
	上午																
	下午																
	上午																
	下午																
	上午																
	下午																
	上午																
	下午																
制表人：							审批人：										
注：（1）考勤符号：出勤 ○　迟到、早退 ◎　病假 ∨　事假 △　旷工 ×　公假 ★																	

原始文件： 下载资源\实例文件\第3章\原始文件\公司考勤表.xlsx
最终文件： 下载资源\实例文件\第3章\最终文件\公司考勤表.xlsx

扫码看视频

步骤01 输入日期后选择单元格区域 C3:W3。

打开原始文件。

❶选中单元格C3，输入"9/1"后按【Enter】键。

❷拖动鼠标选中单元格区域C3:W3，如右图所示。

步骤02 填充工作日。

❶单击"填充"按钮。

❷在展开的列表中单击"序列"选项。

❸弹出"序列"对话框，设置"类型"为"日期"，"日期单位"为"工作日"。

❹单击"确定"按钮。如右图所示。

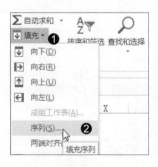

步骤03 填充序列。

❶在单元格B4、B5中分别输入"上午""下午"文本。

❷选中单元格区域B4:B5，将鼠标指针移至单元格B5右下角，呈十字形状。

❸利用填充柄填充单元格区域B6:B19，最后保存该工作簿即可，如右图所示。

专家支招

1 数据的强制换行技巧

在 Excel 中输入数据时，有时候会需要输入一些长数据或者条列式数据。为了保证输入的数据能够对齐，需要进行换行。Excel 提供了强制换行功能，完成数据的输入后，将光标定位在需要换行的位置，按【Alt+Enter】组合键即可实现强制换行，如下图所示。

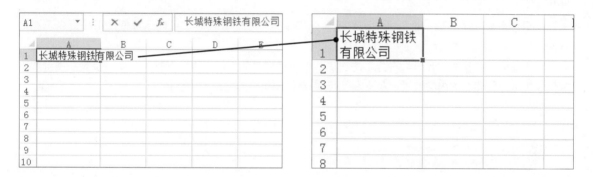

2 在不连续单元格同时输入文本

用户若要在同一工作表中的不同单元格中同时输入相同的数据，首先需要按住【Ctrl】键选中不连续的单元格，然后在最后选中的单元格中输入文本，输入完毕后按【Ctrl+Enter】键，即可将输入的文本填充到所选中的不连续单元格中，如下图所示。

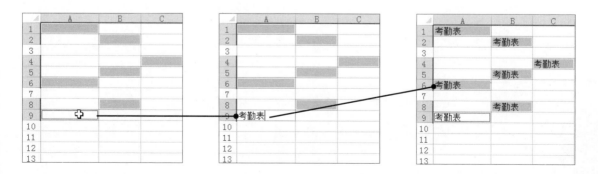

3 自动插入小数点

当用户需要在 Excel 工作表中输入大量的小数时，为了提高效率，可以开启 Excel 的自动插入小数点功能来提高输入效率。

打开"Excel 选项"对话框，单击"高级"选项，在右侧勾选"自动插入小数点"复选框，并设置插入的位数为"2"，单击"确定"按钮返回工作表中，在单元格 A1 中输入"8532"，按【Enter】键后便可看到单元格 A1 显示的数据为"85.32"，如下图所示。

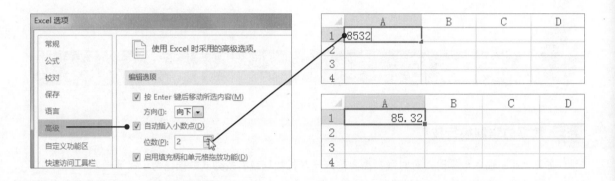

4 从列表中选择已输入内容

当用户需要在某一列中输入当前列其他单元格中已存在的数据时，可以选择使用下拉列表填充的方法。

右击要填充内容的单元格，在弹出的快捷菜单中单击"从下拉列表中选择"命令，接着在展开的下拉列表中选择要填的内容选项，单击后便可看到填充的内容，如下图所示。

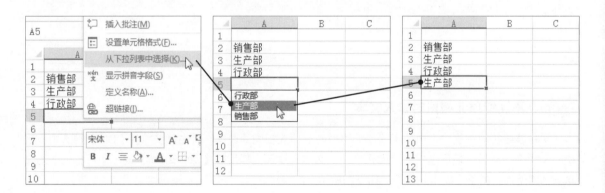

<table>
<tr><td rowspan="3">第
4
章</td></tr>
</table>

数据的修改、保护与共享

在 Excel 中，用户可以对工作表中的数据进行修改、保护和共享等操作，利用修改操作可以纠正输入错误的数据，通过保护操作可以保护指定的数据不被修改，而共享数据则通过共享工作簿来实现。

4.1 单元格数据的查找和替换

Excel 工作表可以存放大量的数据，当用户需要查找或替换某些数据时，逐一查找会比较麻烦，此时可以使用"查找和替换"功能进行操作。

4.1.1 数据查找

Excel 提供的查找功能既可以查找符合指定关键字的单元格数据，又可以查找符合指定格式的单元格数据。

 原始文件：下载资源\实例文件\第4章\原始文件\产品销售记录表.xlsx
最终文件：无

步骤01 单击"查找"选项。打开原始文件，❶选中任一单元格，❷单击"开始"选项卡中的"查找和选择"按钮，❸在展开的列表中单击"查找"选项，如下图所示。

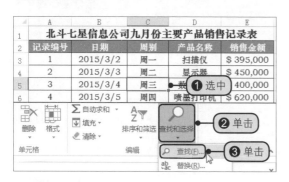

步骤03 查看符合所输内容的单元格。此时在对话框中可看到含有"扫描仪"的单元格，并提示用户"10个单元格被找到"，如右图所示。

步骤02 输入需要查找的内容。弹出"查找和替换"对话框，❶在"查找内容"后面的文本框中输入"扫描仪"，❷单击"查找全部"按钮，如下图所示。

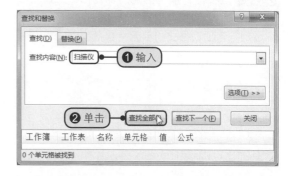

步骤04 单击"选项"按钮。查找符合指定格式的单元格时，❶删除"查找内容"文本框中的文本，❷单击"选项"按钮，如下图所示。

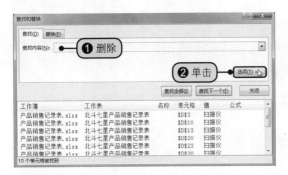

步骤05 单击"格式"按钮。在"查找和替换"对话框中单击"查找内容"右侧的"格式"按钮，如下图所示。

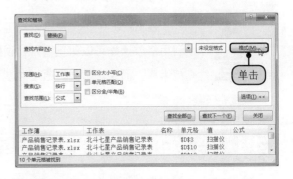

步骤06 设置字体格式。弹出"查找格式"对话框，❶在"字体"选项卡下设置"字体"为"华文中宋"，❷设置"字号"为"12"磅，❸设置"字体颜色"为"白色，背景1"，如下图所示。

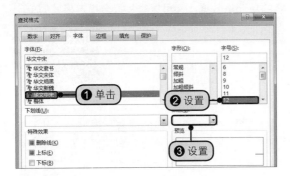

步骤07 设置填充颜色。❶切换至"填充"选项卡，❷在"背景色"下方选择"绿色"，如下图所示。最后单击"确定"按钮。

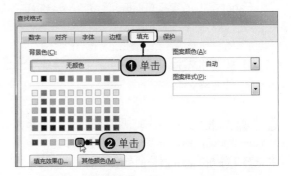

步骤08 查看符合预设格式的单元格。返回"查找和替换"对话框，单击"查找全部"按钮后便可看到符合预设格式的单元格数量为20个，如右图所示。

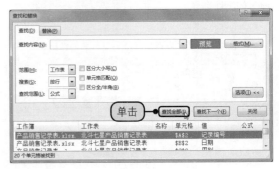

> 💡 **知识补充**
>
> 打开"查找和替换"对话框的方法主要有两种：第一种是利用功能区打开，第二种是利用【Ctrl+F】组合键打开。

4.1.2 数据替换

当表格中的某些具有相同属性的数据需要修改时，逐个修改十分耗费时间，此时可以利用替换功能来快速修改这些数据。

 原始文件： 下载资源\实例文件\第4章\原始文件\产品销售记录表.xlsx
最终文件： 下载资源\实例文件\第4章\最终文件\数据替换.xlsx

扫码看视频

步骤01 单击"替换"选项。打开原始文件，❶选中表格中的任一单元格，❷单击"开始"选项卡中的"查找和选择"按钮，❸在展开的列表中单击"替换"选项，如下图所示。

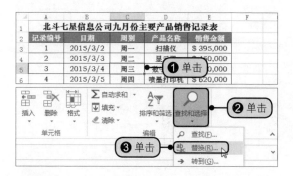

步骤02 输入标题文本。弹出"查找和替换"对话框，❶在"查找内容"文本框中输入"扫描仪"，在"替换为"文本框中输入"打印机"，❷单击"全部替换"按钮，如下图所示。

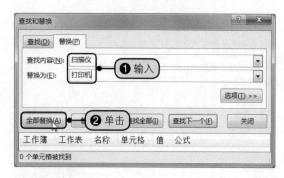

步骤03 完成10处替换。弹出提示框，提示用户完成了10处替换，单击"确定"按钮，如下图所示。

步骤04 单击"选项"按钮。返回"查找和替换"对话框，若要替换单元格格式，❶删除输入的查找内容和替换内容，❷单击"选项"按钮，如下图所示。

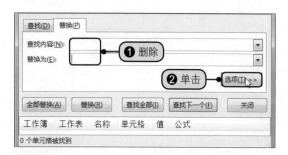

步骤05 单击"格式"按钮。在"查找和替换"对话框中单击"查找内容"右侧的"格式"按钮，如下图所示。

步骤06 设置字体格式。弹出"查找格式"对话框，❶在"字体"选项卡中设置"字体"为"华文中宋"，❷设置"字号"为"12"磅，❸设置"字体颜色"为"白色，背景1"，如下图所示。

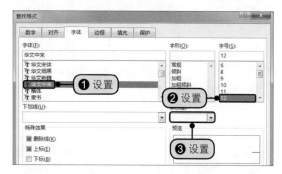

步骤07 设置填充颜色。❶切换至"填充"选项卡，❷在"背景色"下方选择"绿色"，如下左图所示，然后单击"确定"按钮。

步骤08 单击"格式"按钮。返回"查找和替换"对话框中，单击"替换为"右侧的"格式"按钮，如下右图所示。

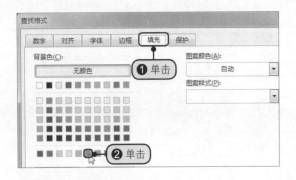

步骤09 设置字体格式。弹出"替换格式"对话框，❶在"字体"选项卡中设置"字体"为"华文中宋"，❷设置"字号"为"12"磅，❸设置"字体颜色"为"黑色，文字1"，如下图所示。

步骤10 设置无填充颜色。❶切换至"填充"选项卡，❷在"背景色"下方选择单元格的填充色为"无颜色"，如下图所示，单击"确定"按钮。

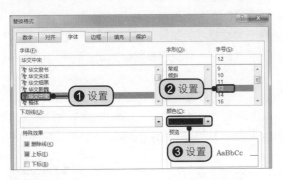

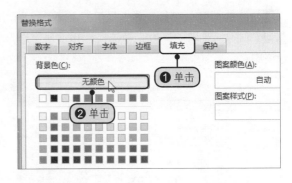

步骤11 完成格式的替换。返回"查找和替换"对话框，单击"全部替换"按钮，弹出提示框提示用户完成了20处替换，单击"确定"按钮，如下图所示。

步骤12 查看替换后的显示效果。此时可在工作簿窗口中看到带有绿色底纹的单元格均变成了无底纹填充，且字体颜色由白色变成了黑色，如下图所示。

实例精练——
更新员工资料统计表

当员工资料表中的某些资料需要进行更改且更改内容相同时，可以使用查找替换功能来提高工作效率。如果需要对某些单元格的格式进行统一更改，同样可以使用该功能来实现，完成后的最终效果如下图所示。

最终效果

员工资料统计表

部门	编号	姓名	性别	身份证号码	民族	入职时间	联系电话
市场部	QS020001	刘强	男	511***19810102****	汉族	2008/5/20	137****6751
市场部	QS020002	王波	男	512***19810524****	汉族	2005/5/30	137****6752
市场部	QS020010	陈伊	女	511***19831024****	汉族	2010/4/5	137****6753
行政部	QS030012	刘宙	男	510***19760105****	汉族	2008/11/20	137****6754
行政部	QS030013	何勇	男	511***19810305****	汉族	2011/3/5	137****6755
供应部	QS050027	何平	男	511***19870507****	汉族	2007/11/2	137****6756
行政部	QS030014	刘富	男	511***19701108****	藏族	2010/7/8	137****6757
生产部	QS040025	李坤	男	510***19820309****	汉族	2007/11/2	137****6758
行政部	QS030015	陈圆	女	511***19750110****	白族	2012/6/5	137****6759
市场部	QS020003	陈昊	男	511***19810111****	汉族	2006/7/8	137****6760
市场部	QS020004	刘明	男	512***19690312****	汉族	2008/7/8	137****6761
市场部	QS020005	何兰	女	511***19740513****	汉族	2007/8/9	137****6762
行政部	QS030016	黄雅	女	513***19810114****	壮族	2010/5/2	137****6763
行政部	QS030017	陈雯	女	511***19730515****	维吾尔族	2011/8/3	137****6764
市场部	QS020011	陈宇	男	511***19810116****	汉族	2010/7/8	137****6765
生产部	QS040018	刘镁	女	512***19790605****	汉族	2007/10/2	137****6766

原始文件： 下载资源\实例文件\第4章\原始文件\员工资料统计表.xlsx

最终文件： 下载资源\实例文件\第4章\最终文件\员工资料统计表.xlsx

扫码看视频

步骤01 将EC替换为QS。

打开原始文件。

❶选中任一单元格，打开"查找和替换"对话框，输入查找内容和替换内容。

❷单击"全部替换"按钮。

❸弹出提示框，提示替换完成，单击"确定"按钮，如右图所示。

步骤02 查看替换后的表格。

❶返回工作簿窗口，此时可看到表格中的"EC"全部变成了"QS"。

❷删除输入的查找内容和替换内容。

❸单击"查找内容"右侧的"格式"按钮，如右图所示。

步骤03 设置被替换的文字格式。

❶弹出"查找格式"对话框，设置字体为"华文中宋"。

❷设置字号为"11磅"。

❸设置字体的颜色为"绿色"。如右图所示。

步骤04 设置替换内容格式。

❶单击"确定"按钮返回"查找和替换"对话框，单击"替换为"右侧的"格式"按钮。

❷设置字体为"华文中宋"，字号为"11磅"。

❸设置字体颜色为"白色，背景1"，如右图所示。

步骤05 设置替换内容的底纹。

❶切换至"填充"选项卡。

❷在"背景色"中选择"绿色"作为单元格的底纹。

❸单击"确定"按钮返回"查找和替换"对话框，单击"全部替换"按钮，如右图所示。

步骤06 查看替换后的表格。

❶弹出提示框，提示用户完成了48处替换，单击"确定"按钮。

❷此时可在工作表中看到替换格式后的表格，之前单元格中显示的绿色文本变成了白色文本，并且底纹由白色变成了绿色，如右图所示。

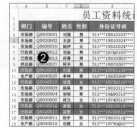

4.2 数据输入的撤销与恢复

　　Excel 提供了数据的撤销和恢复功能，这两种操作具有互逆关系，用户利用该功能可以撤销最近的数据输入操作和恢复被撤销的操作。其中数据的输入撤销是指撤销最近一步或多步的数据输入操作，通过撤销操作可以及时补救之前的错误操作。当用户使用撤销操作后发现撤销前的选择是最佳选择时，可以利用恢复操作来取消撤销。

原始文件： 下载资源\实例文件\第4章\原始文件\产品销售记录表.xlsx

最终文件： 下载资源\实例文件\第4章\最终文件\数据输入的撤销与恢复.xlsx

扫码看视频

步骤01 修改单元格C2的内容。打开原始文件，选中单元格C2，输入文本"星期"后按【Enter】键，如下图所示。

步骤02 撤销数据修改操作。❶单击快速访问工具栏中"撤销"右侧的按钮，❷在展开的列表中单击"在C2中键入'星期'"选项，如下图所示。

步骤03 查看撤销后的单元格。此时可看到单元格C2中显示的文本为"周别"，即撤销成功，如下图所示。

步骤05 查看恢复后的单元格C2。可看到单元格C2中又显示了文本"星期"，如右图所示。

❉ 知识补充

使用快捷键也可以实现撤销操作，按【Ctrl+Z】组合键即可撤销最近一次的操作，若要撤销最近3次的操作，则连按【Ctrl+Z】组合键3次。

步骤04 选择恢复修改单元格C2操作。❶单击"恢复"右侧的下三角按钮，❷在展开的列表中单击"在C2中键入'星期'"选项，如下图所示。

4.3　数据的保护与隐藏

Excel中通常会有一些数据不能被别人看到也不能随便进行修改，此时就可利用Excel中的数据保护和隐藏功能进行设置。

4.3.1　隐藏单元格中的数据

当表格中某些数据比较重要时，用户可以选择将其隐藏，避免数据的外泄。

 原始文件： 下载资源\实例文件\第4章\原始文件\产品销售记录表1.xlsx
最终文件： 下载资源\实例文件\第4章\最终文件\隐藏单元格中的数据.xlsx

步骤01 单击"数字"组中的对话框启动器。打开原始文件，❶选中要隐藏数据的单元格E3，❷单击"数字"组中的对话框启动器，如下图所示。

步骤02 自定义单元格格式。弹出"设置单元格格式"对话框，❶单击"自定义"选项，❷在"类型"文本框中输入";;;"，如下图所示。

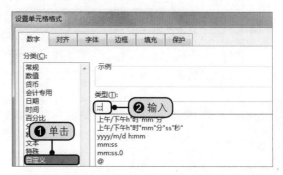

步骤03 查看隐藏数据后的单元格效果。单击"确定"按钮，返回工作簿窗口，可看到单元格E3中未显示任何文本，但在编辑栏中可看到单元格的内容，如右图所示。

北斗七星信息公司九月份主要产品销售记录表				
记录编号	日期	周别	产品名称	销售金额
1	2015/3/2	周一	隐藏结果	$ 395,000
2	2015/3/3	周二	显示器	$ 450,000
3	2015/3/4	周三	数字相机	$ 400,000
4	2015/3/5	周四	喷墨打印机	$ 620,000
5	2015/3/6	周五	调制解调器	$ 365,000
6	2015/3/7	周六	显示器	$ 600,000
7	2015/3/8	周日	刻录器	$ 560,000

☀ **知识补充**

若要让单元格中隐藏的数据再次"现身"，则打开"设置单元格格式"对话框，选择除自定义外的其他数据格式即可。需要注意的是，为了保证数据格式不变，最好选择与隐藏前数据一样的格式。

4.3.2 隐藏工作表中的行或列

隐藏工作表中的行或列同样是为了防止重要数据的外泄，但是具体操作要比隐藏单元格简单一些，只需利用快捷菜单即可完成。

原始文件： 下载资源\实例文件\第4章\原始文件\产品销售记录表1.xlsx
最终文件： 下载资源\实例文件\第4章\最终文件\隐藏工作表中的行或列.xlsx

扫码看视频

步骤01 隐藏列。打开原始文件，选择C列，❶右击列标，❷在弹出的快捷菜单中单击"隐藏"命令，如下图所示。

步骤02 显示隐藏效果。此时可看到C列已被隐藏，B列与D列相邻，如下图所示。此外，用户还可使用相同的方法隐藏工作表中的行。

4.3.3 隐藏和保护工作表

在 Excel 中，为了防止他人随意更改或者调整工作表中的数据，用户可以选择隐藏和保护工作表。

1 隐藏工作表

隐藏工作表时，必须要保证当前工作簿中拥有 2 个或 2 个以上的工作表，才能对其中的某一张或某几张工作表进行隐藏操作。

原始文件： 下载资源\实例文件\第4章\原始文件\产品销售记录表1.xlsx
最终文件： 下载资源\实例文件\第4章\最终文件\隐藏工作表.xlsx

扫码看视频

步骤01 隐藏指定工作表。打开原始文件，❶右击需要隐藏的工作表标签，❷在弹出的快捷菜单中单击"隐藏"命令，如下图所示。

步骤02 查看隐藏后的工作簿效果。此时可看到所选的工作表未显示在工作簿中，如下图所示，即表示隐藏工作表成功。

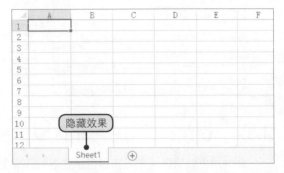

> 💡 **知识补充**
>
> 若要让工作簿中被隐藏的工作表重新显示，则右击工作簿中任一工作表标签，在弹出的快捷菜单中单击"取消隐藏"命令，弹出"取消隐藏"对话框，选中要显示的工作表，单击"确定"按钮即可。

2 保护工作表

保护工作表可以防止他人对工作表中的数据进行修改。用户需要利用"保护工作表"对话框来实现工作表的保护。

原始文件： 下载资源\实例文件\第4章\原始文件\产品销售记录表1.xlsx

最终文件： 下载资源\实例文件\第4章\最终文件\保护工作表.xlsx

扫码看视频

步骤01 保护工作表。打开原始文件，❶右击需要保护的工作表标签，❷在弹出的快捷菜单中单击"保护工作表"命令，如下图所示。

步骤02 设置保护密码和允许的操作。弹出"保护工作表"对话框，❶设置保护密码为"123456"，❷在列表框中选择允许他人对工作表进行的操作，❸设置后单击"确定"按钮，如下图所示。

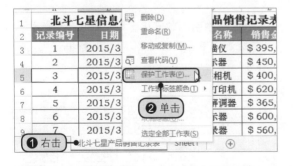

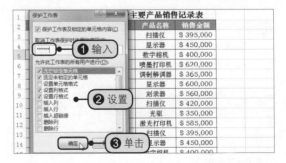

步骤03 确认密码。弹出"确认密码"对话框，❶再次输入保护密码，❷单击"确定"按钮，如下左图所示。

步骤04 查看受保护的工作表。返回工作表中，❶双击任一单元格，弹出提示框，提示用户试图更改的单元格或图表在受保护的工作表中，❷单击"确定"按钮，如下右图所示。

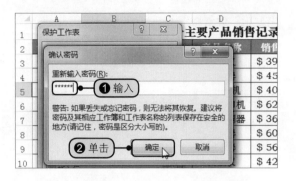

4.3.4　设置允许用户编辑区域

允许用户编辑区域是指在当前工作表处于保护状态时可以编辑的单元格区域，利用该功能可以实现局部权限操作。

步骤01 单击"允许用户编辑区域"。打开原始文件，❶选中表格中任一单元格，❷在"审阅"选项卡中单击"允许用户编辑区域"按钮，如下图所示。

步骤02 新建保护区域。弹出"允许用户编辑区域"对话框，单击"新建"按钮，如下图所示。

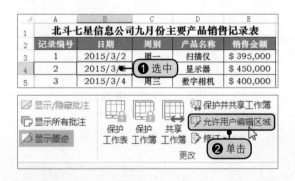

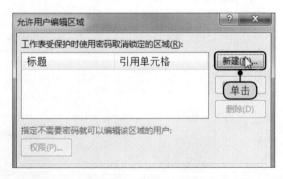

步骤03 单击引用按钮。弹出"新区域"对话框，❶设置好标题内容，❷单击"引用单元格"右侧的引用按钮，如下图所示。

步骤04 选中引用单元格区域。❶在工作表中拖动鼠标选中单元格区域B3:B52，❷单击引用按钮，如下图所示。

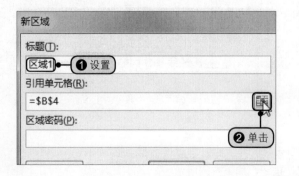

步骤05 设置区域密码。返回"新区域"对话框，❶输入区域密码为"123456"，❷单击"确定"按钮，如下图所示。

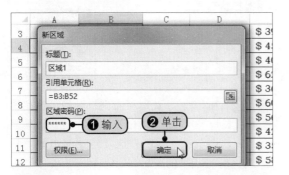

步骤06 确认密码。弹出"确认密码"对话框，❶再次输入密码"123456"，❷单击"确定"按钮，如下图所示。

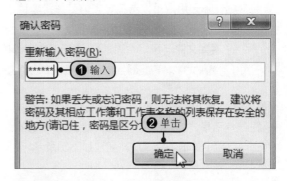

步骤07 保护工作表。返回"允许用户编辑区域"对话框，此时可看到添加的允许用户编辑的单元格区域，单击"保护工作表"按钮，如下图所示。

步骤08 设置工作表保护密码。弹出"保护工作表"对话框，❶输入工作表的保护密码"123456"，❷设置允许用户编辑的区域，❸设置完毕后单击"确定"按钮，如下图所示。

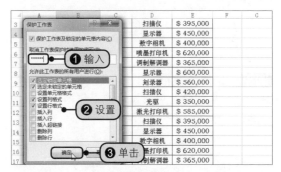

步骤09 确认密码。弹出"确认密码"对话框，❶在"重新输入密码"文本框中输入工作表的保护密码"123456"，❷单击"确定"按钮，如下图所示。

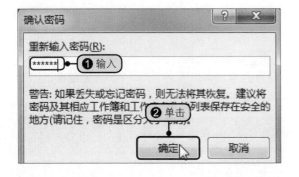

步骤10 返回工作簿窗口。双击单元格区域B3:B52中任一单元格，将弹出"取消锁定区域"对话框，用户需要输入正确的区域密码才可进行编辑，如下图所示。

> **💡 知识补充**
>
> 　　这里的区域密码主要用于限制编辑受保护工作表的用户权限。当工作表处于保护状态并设置了允许用户编辑的单元格区域后，若添加了区域密码，则用户编辑该单元格区域时就需要输入区域密码，只有输入正确后才能进行编辑。

4.3.5 隐藏和保护工作簿

隐藏和保护工作簿的目的是为了防止他人查看和修改指定工作簿，如果当前工作簿中含有十分重要的数据，那么用户可以选择将当前工作簿隐藏或者启用保护状态。

原始文件： 下载资源\实例文件\第4章\原始文件\产品销售记录表1.xlsx

最终文件： 下载资源\实例文件\第4章\最终文件\隐藏和保护工作簿.xlsx

扫码看视频

步骤01 单击"隐藏"按钮。打开原始文件，❶选中任一单元格，❷切换至"视图"选项卡，❸在"窗口"组中单击"隐藏"按钮，如下图所示。

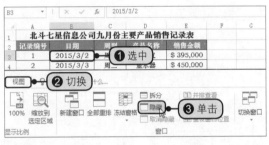

步骤02 取消隐藏。此时可看到打开的"产品销售记录表1.xlsx"工作簿已被隐藏，若要让其显示出来，则单击"视图"选项组中的"取消隐藏"按钮，如下图所示。

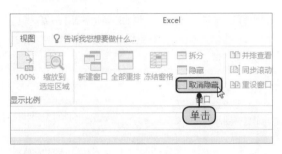

步骤03 取消隐藏指定工作簿。弹出"取消隐藏"对话框，❶选择要显示的工作簿，❷单击"确定"按钮，如下图所示。

步骤04 保护工作簿。❶选中任一单元格，❷切换至"审阅"选项卡，❸单击"保护工作簿"按钮，如下图所示。

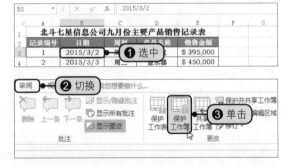

步骤05 设置保护工作簿结构。弹出"保护结构和窗口"对话框，❶勾选"结构"复选框，❷输入保护密码"123456"，❸单击"确定"按钮，如下图所示。

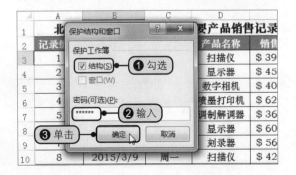

步骤06 确认密码。弹出"确认密码"对话框，❶再次输入保护密码"123456"，❷单击"确定"按钮，如下图所示。

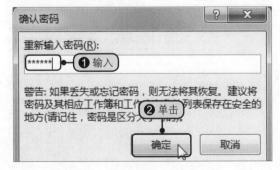

步骤07 显示不可用的命令。返回工作簿窗口，右击任一工作表标签，在弹出的快捷菜单中可看到"插入""删除"和"重命名"等命令均不可用，如下图所示。

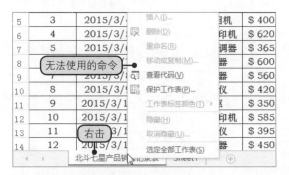

步骤08 成功保护工作簿。单击"文件"按钮，弹出视图菜单，在"信息"面板中可看到当前工作簿处于保护状态，如下图所示。

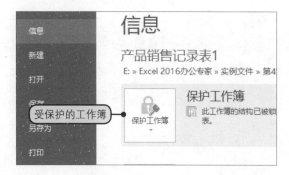

4.3.6　保护共享工作簿

保护共享工作簿包括保护工作簿和共享工作簿两部分。指定工作簿一旦被设置为保护共享，就不仅支持多人查看，还能够保存多人对工作表的编辑。

原始文件：下载资源\实例文件\第4章\原始文件\产品销售记录表1.xlsx

最终文件：下载资源\实例文件\第4章\最终文件\保护共享工作簿.xlsx

扫码看视频

步骤01 保护并共享工作簿。打开原始文件，❶选中任一单元格，❷在"审阅"选项卡下单击"保护并共享工作簿"按钮，如下图所示。

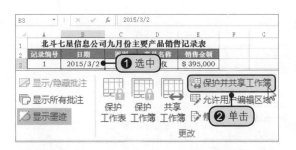

步骤02 设置保护密码。弹出"保护共享工作簿"对话框，❶勾选"以跟踪修订方式共享"复选框，❷输入密码"123456"，❸单击"确定"按钮，如下图所示。

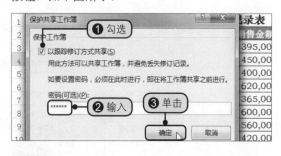

步骤03 确认密码。弹出"确认密码"对话框，❶重新输入保护密码"123456"，❷单击"确定"按钮，如下图所示。

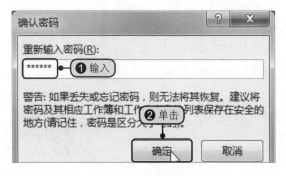

步骤04 确认保存工作簿。弹出提示框，提示用户此操作将导致保存文档，单击"确定"按钮，选择保存工作簿，如下图所示。

步骤05 工作簿共享成功。返回工作簿窗口，可看到工作簿的标题栏中多了"[共享]"文本，说明共享成功，如下图所示。

步骤06 工作簿处于保护状态。在"审阅"选项卡中，"保护工作簿"按钮呈灰色，即表示当前工作簿处于保护状态，如下图所示。

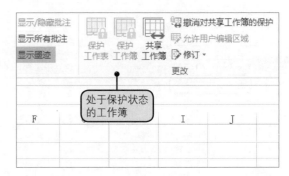

 知识补充

若要撤销对共享工作簿的保护，则在"审阅"选项卡中单击"撤销对共享工作簿的保护"按钮，弹出"取消共享保护"对话框，输入保护密码后单击"确定"按钮即可。

实例精练——设置工资表可编辑权限

当公司需要公布当月工资表信息却又担心他人随意更改时，可以通过设置保护工作表和允许编辑的区域来防止非指定人员随意更改工资表内容，完成后的最终效果如下图所示。

最终效果

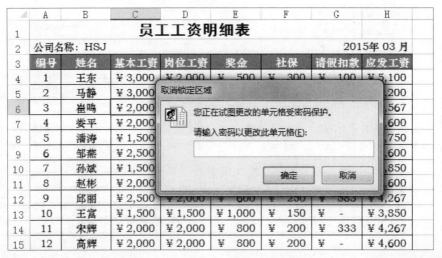

 原始文件：下载资源\实例文件\第4章\原始文件\员工工资表.xlsx

最终文件：下载资源\实例文件\第4章\最终文件\员工工资表.xlsx

步骤01 单击"允许用户编辑区域"。

打开原始文件。

❶选中表格中任一单元格。

❷在"审阅"选项卡中单击"允许用户编辑区域"按钮。

❸弹出"允许用户编辑区域"对话框，单击"新建"按钮。如右图所示。

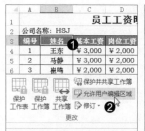 

步骤02 设置可编辑区域。

❶弹出"新区域"对话框，设置引用区域，并设置区域密码为"123456"。

❷单击"确定"按钮。

❸在"确认密码"对话框中再次输入密码"123456"。

❹单击"确定"按钮。如右图所示。

步骤03 选择保护工作表。

❶返回"允许用户编辑区域"对话框，可看到新建的区域，然后单击"保护工作表"按钮。

❷弹出"保护工作表"对话框，输入保护密码"123456"，如右图所示，然后单击"确定"按钮。

步骤04 选择保护工作簿。

❶弹出"确认密码"对话框，再次输入密码"123456"。

❷单击"确定"按钮。

❸打开"信息"面板，单击"保护工作簿"按钮。

❹在展开的下拉列表中单击"用密码进行加密"选项。如右图所示。

步骤05 设置工作簿密码。

❶弹出"加密文档"对话框，输入密码"123456"。

❷单击"确定"按钮。

❸弹出"确认密码"对话框，再次输入密码"123456"。

❹单击"确定"按钮。如右图所示。

步骤06 查看设置后的效果。

❶返回工作簿窗口，在工作表中双击单元格区域 C4:H16中任一单元格。

❷将弹出"取消锁定区域"对话框，只有输入正确的密码才能编辑该单元格。如右图所示。

4.4 数据的共享

当用户需要多人编辑同一表格或者对同一表格提出不同的意见时，则可以将其共享。无论是局域网中的用户，还是 Internet 中的用户，都可以实现共享。

若要将当前工作簿共享给局域网中的其他用户，则需要首先将工作簿设为共享，然后再将其放置到共享文件夹中，与他人共享。

原始文件： 下载资源\实例文件\第4章\原始文件\产品销售记录表1.xlsx
最终文件： 下载资源\实例文件\第4章\最终文件\数据的共享.xlsx

扫码看视频

步骤01 共享工作簿。打开原始文件，❶选中任一单元格，❷单击"审阅"选项卡下的"共享工作簿"按钮，如下图所示。

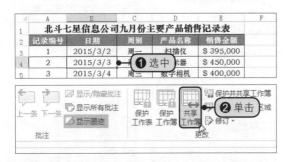

步骤02 选择允许多用户同时编辑。弹出"共享工作簿"对话框，勾选"允许多用户同时编辑，同时允许工作簿合并"复选框，如下图所示。

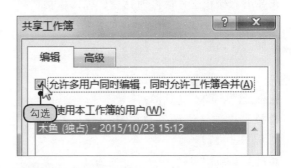

步骤03 设置保存修订记录的时间。❶切换至"高级"选项卡，❷设置保存修订记录的时间为"10天"，如下图所示，设置完毕后单击"确定"按钮。

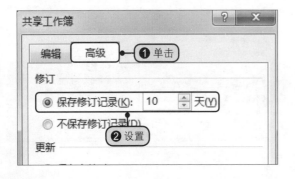

步骤04 选择保存文档。弹出提示框，提示用户此操作将导致文档保存，单击"确定"按钮，选择保存该工作簿，如下图所示。

步骤05 成功共享工作簿。此时可看到工作簿的标题栏显示了"[共享]"文本，即共享成功，如右图所示。

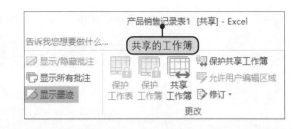

💡 **知识补充**

如果要在计算机中设置共享文件夹，就右击该文件夹图标，在弹出的快捷菜单中依次单击"共享 > 高级共享"命令，在弹出的对话框中单击"高级共享"按钮，弹出"高级共享"对话框，勾选"共享此文件夹"复选框，然后单击"确定"按钮即可。

专家支招

1 利用选择性粘贴批量计算

在 Excel 中，用户如果需要为某一单元格区域中的数据同时加、减、乘、除同一个数，那么可以利用选择性粘贴实现。

选中单元格 B2 后按【Ctrl+C】组合键，复制该单元格中的内容，选择单元格区域 C2:C4，单击"粘贴"下三角按钮，再在展开的列表中单击"选择性粘贴"选项，弹出"选择性粘贴"对话框，单击"乘"单选按钮，单击"确定"按钮，返回工作簿窗口，在单元格区域 C2:C4 中可看到数据发生了变化，即显示的结果为粘贴前的数据乘以 25，如下图所示。

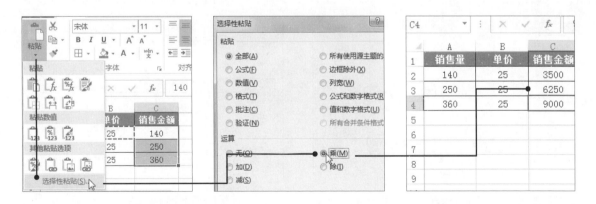

2 通配符在数据查找中的作用

通配符是一种特殊符号，主要包括星号（*）和问号（?）。通配符通常被用来模糊搜索文件，其中星号（*）可以用来代替 0 个或多个字符，而问号（?）则用来代替 1 个字符。在 Excel 中使用查找功能时，用户同样可以利用星号（*）和问号（?）来代替字符。

第5章 工作表的格式化

一张具有个性的表格能够给人留下深刻的印象，可以更加直观有效地表达表格的主要内容，使数据条理更加清晰。Excel 具有强大的格式化功能，可以将表格按不同的方式表达。

5.1 设置文字格式

在 Excel 中可以对文字进行设置，如设置文字的字体、字号、字形等。对表格中不同内容的文字设置不同的格式，可以使表格更加个性化。下面介绍在 Excel 中设置文字格式的方法。

5.1.1 更改文字的格式

更改文字的格式包括更改文字的字体、字形和字号等属性。通过更改文字的格式，可以让文字显得更加美观。

原始文件： 下载资源\实例文件\第5章\原始文件\纺纱产量表.xlsx
最终文件： 下载资源\实例文件\第5章\最终文件\更改文字的格式.xlsx

扫码看视频

步骤01 单击"字体"组中的对话框启动器。打开原始文件，❶选中需要更改文字格式的单元格 A1，❷在"开始"选项卡下单击"字体"组中的对话框启动器，如下图所示。

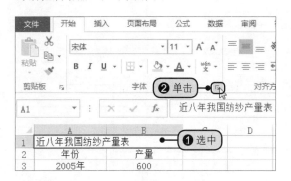

步骤02 调整字体、字形和字号。弹出"设置单元格格式"对话框，设置"字体"为"华文楷体"、"字形"为"加粗"、"字号"为"12"，如下图所示。

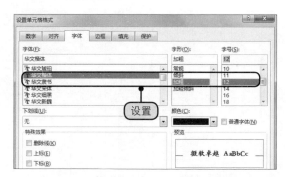

步骤03 查看更改文字格式后的显示效果。单击"确定"按钮，返回工作簿窗口，此时可看到更改文字格式后的单元格效果，如右图所示。

	A	B	C	D
1	近八年我国纺纱产量表		显示效果	
2	年份	产量		
3	2005年	600		
4	2006年	700		
5	2007年	800		
6	2008年	720		
7	2009年	850		
8	2010年	1000		
9	2011年	1300		
10	2012年	1350		

步骤04 利用功能区调整文字格式。❶选中要调整文字格式的单元格区域A2:B10，❷单击"字体"组中"字体"右侧的下三角按钮，❸在展开的列表中选择"华文中宋"选项，如下图所示。

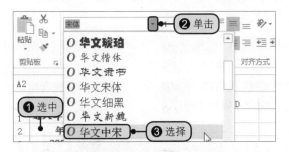

步骤05 显示最终效果。经过以上操作后，即可看到更改所选单元格中文字的字体效果，如下图所示。

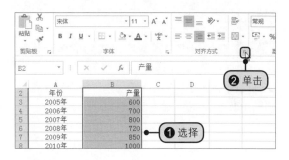

5.1.2 调整文字的对齐方式

在 Excel "开始"选项卡下的"对齐方式"组中提供了两大类文本对齐方式，即水平对齐与垂直对齐。水平对齐包括左对齐、居中和右对齐，而垂直对齐包括顶端对齐、垂直居中和底端对齐。此外，还可以利用"设置单元格格式"对话框来对齐文字。

原始文件：下载资源\实例文件\第5章\原始文件\纺纱产量表1.xlsx

最终文件：下载资源\实例文件\第5章\最终文件\调整文字的对齐方式.xlsx

步骤01 单击"居中"按钮。打开原始文件，❶选中要调整对齐方式的单元格区域，如A2:A10，❷单击"对齐方式"组中的"居中"按钮，如下图所示。

步骤02 单击对话框启动器。利用对话框来调整对齐方式时，❶选择要调整对齐方式的单元格区域，如B2:B10，❷在"开始"选项卡下的"对齐方式"组中单击对话框启动器，如下图所示。

步骤03 设置水平对齐。弹出"设置单元格格式"对话框，❶单击"对齐"选项卡下的"水平对齐"右侧的下三角按钮，❷在展开的列表中单击"居中"选项，如下图所示。

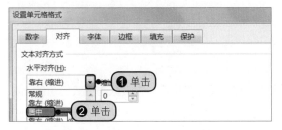

步骤04 查看调整对齐方式的效果。单击"确定"按钮，返回工作表中，此时可看到调整对齐方式后的表格效果，如下图所示。

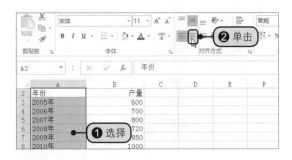

5.2 设置数字格式

Excel 中预设了数值、时间、日期、货币等数字格式，利用这些数字格式可以让数据显示更直观，例如应用货币或会计格式的数字格式后，一眼就能够看出该数据是关于金钱方面的记录。在 Excel 中，用户不仅可以使用内置的数字格式，还可以使用自定义的数字格式。

5.2.1 使用内置数字格式

Excel 提供了常规、会计专用、百分比、分数等 11 种数字格式，如果表格中某些数据需要套用这 11 种格式中的任意一种，就直接在功能区中选择对应的数字格式样式即可。

扫码看视频

原始文件： 下载资源\实例文件\第5章\原始文件\产品资料统计表.xlsx
最终文件： 下载资源\实例文件\第5章\最终文件\使用内置数字格式.xlsx

步骤01 选择单元格区域。打开原始文件，选中单元格区域D3:D21，如下图所示。

	A	B	C	D	E	F
1		产品资料统计表				
2	序号	生产公司	产品名称	售价		
3	1	YG服装	T恤	42		
4	2	YG服装	T恤	40		
5	3	YG服装	T恤	38		
6	4	YG服装	T恤	36		选择
7	5	YG服装	T恤	48		
8	6	YG服装	T恤	45		
9	7	YG服装	T恤	42		
10	8	XTY服装	衬衣	38		
11	9	XTY服装	衬衣	35		

步骤03 查看使用内置数字格式后的单元格区域。此时可在工作簿窗口中看到单元格区域D3:D21中显示了"¥"符号，并且每个数字都精确到小数点后2位，如右图所示。

步骤02 选择数字格式。❶单击"数字格式"右侧的下三角按钮，❷在展开的列表中选择"会计专用"，如下图所示。

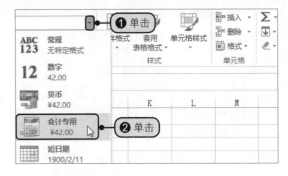

	A	B	C	D	E	F
1		产品资料统计表				
2	序号	生产公司	产品名称	售价		
3	1	YG服装	T恤	¥ 42.00		
4	2	YG服装	T恤	¥ 40.00		
5	3	YG服装	T恤	¥ 38.00		
6	4	YG服装	T恤	¥ 36.00		设置效果
7	5	YG服装	T恤	¥ 48.00		
8	6	YG服装	T恤	¥ 45.00		

💡知识补充

货币格式与会计专用格式都是用于表示金钱的数据，但是它们在格式上有一定的区别：套用了货币格式的数据只保证小数点对齐，货币符号不一定对齐；而套用会计专用数字格式的数据不仅货币符号左对齐，同时小数点也保持对齐。

5.2.2 创建自定义格式

Excel 预设的数字格式并不能满足用户所有的需求，因此 Excel 提供了自定义数据格式的功能，利用该功能可以随心所欲地定义数字格式。

扫码看视频

步骤01 选择单元格区域。打开原始文件，选中单元格区域D3:D21，如下图所示。

步骤02 启动对话框启动器。在"开始"选项卡下单击"数字"组中的对话框启动器，如下图所示。

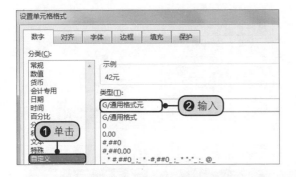

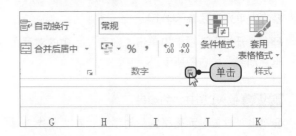

步骤03 自定义数字格式。弹出"设置单元格格式"对话框，❶在"分类"列表框中单击"自定义"选项，❷在右侧"类型"下的文本框中输入"G/通用格式元"，如下图所示。

步骤04 查看设置后的显示效果。单击"确定"按钮，返回工作簿窗口，可看到单元格区域D3:D21中的每个单元格中均多了一个"元"字，如下图所示。

实例精练——
格式化产品销售报表

在产品销售报表中，可能会包含以 0 开始的编号、销售额等文本，为了能够让这些数据得到更直观地展现，可以为其套用不同的数字格式，完成后的最终效果如下图所示。

最终效果

	A	B	C	D	E
1	产品销售报表				
2	编号	产品名称	第1季度	第2季度	第3季度
3	001	绿色羊肉	￥140.00	￥600.00	￥570.00
4	002	香籽调味汁	￥240.00	￥390.00	￥350.00
5	003	大闸蟹	￥187.00	￥257.00	￥415.00
6	004	干 酪	￥100.00	￥368.00	￥398.00
7	005	十三香	￥237.00	￥245.00	￥420.00
8	006	馄饨皮	￥250.00	￥368.00	￥418.00
9	007	秋葵汤	￥187.00	￥349.00	￥510.00

原始文件：下载资源\实例文件\第5章\原始文件\产品销售报表.xlsx

最终文件：下载资源\实例文件\第5章\最终文件\产品销售报表.xlsx

步骤01 启用对话框启动器。

打开原始文件。

❶选中单元格区域A3:A10。

❷在"开始"选项卡中单击"数字"组中的对话框启动器。如右图所示。

步骤02 输入以0开始的编号。

❶弹出"设置单元格格式"对话框，在"分类"列表框中单击"文本"选项。

❷单击"确定"按钮，返回工作簿窗口，在单元格区域A3:A10中输入以0开始的编号。如右图所示。

步骤03 套用会计专用数字格式。

❶在工作表中选中单元格区域C3:E10。

❷单击"数字格式"右侧的下三角按钮。

❸在展开的列表中选择"会计专用"数字格式。如右图所示。

步骤04 查看设置后的表格。

此时可在工作表中看到设置数字格式后的产品销售报表，各季度的销售额均以会计专用的格式显示在表格中。如右图所示。

5.3 表格格式的设置

设置了表格中的文字格式之后，还可以对表格本身进行设置，使表格更加美观。下面介绍设置表格格式的一些方法。

5.3.1 设置行高和列宽

在 Excel 中，行高和列宽都是相对于单元格来说的，且均不固定，用户既可以根据单元格中的内容选择精确调整，又可以让 Excel 根据单元格内容来自动调整。

原始文件：下载资源\实例文件\第5章\原始文件\纺纱产量表.xlsx

最终文件：下载资源\实例文件\第5章\最终文件\设置行高和列宽.xlsx

步骤01 选择单元格。打开原始文件，选中单元格A1，如下图所示。

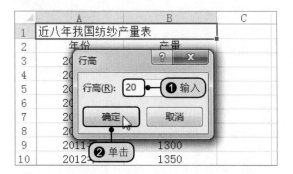

步骤02 单击"行高"选项。❶单击"格式"按钮，❷在展开的列表中单击"行高"选项，如下图所示。

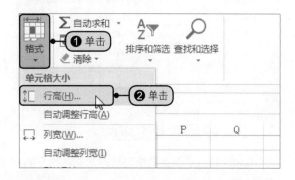

步骤03 精确调整行高。弹出"行高"对话框，❶输入具体的行高值"20"，❷单击"确定"按钮，如下图所示。返回工作簿窗口，就可看到调整后的效果。

步骤04 调整列宽。选中A列，将鼠标指针移至A列右上角，当鼠标指针呈双向箭头时，可以拖动鼠标调整A列的列宽，也可以双击鼠标让单元格自动调整，如下图所示。

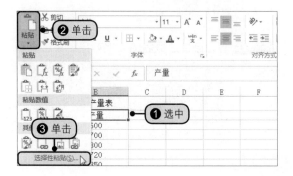

步骤05 复制A列任一单元格。此时可看到调整后A列的列宽，❶选中A列任一单元格，❷单击"剪贴板"组中的"复制"按钮，如下图所示。

步骤06 选择性粘贴。❶选中B列任一单元格，❷单击"粘贴"下三角按钮，❸在展开的列表中单击"选择性粘贴"选项，如下图所示。

步骤07 选择性粘贴列宽。弹出"选择性粘贴"对话框，在"粘贴"组中单击"列宽"单选按钮，如下左图所示，然后单击"确定"按钮。

步骤08 查看效果。返回工作簿窗口，此时可看到B列的单元格列宽变窄了，如下右图所示。这是因为利用了选择性粘贴功能将B列的列宽值设为了A列的列宽值。

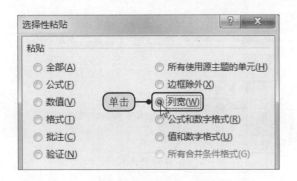

5.3.2　设置表格边框

Excel 提供了设置表格边框的功能，用户利用该功能可以为单元格添加边框，从而让表格显得更加整齐。

原始文件： 下载资源\实例文件\第5章\原始文件\纺纱产量表.xlsx

最终文件： 下载资源\实例文件\第5章\最终文件\设置表格边框.xlsx

扫码看视频

步骤01 启动对话框启动器。打开原始文件，❶选中单元格区域A1:B10，❷在"开始"选项卡下的"字体"组中单击对话框启动器，如下图所示。

步骤02 设置边框。弹出"设置单元格格式"对话框，❶切换至"边框"选项卡，❷选择边框样式，❸设置"颜色"为"黑色，文字1"，❹在"预置"选项组中单击"内部"和"外边框"按钮，如下图所示。

步骤03 查看添加边框后的表格效果。单击"确定"按钮，返回工作表中，即可看到添加的边框，如右图所示。

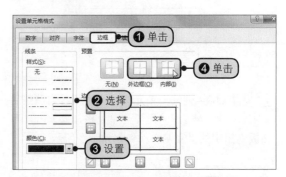

5.3.3　设置底纹图案

Excel 提供了为单元格添加底纹图案的功能，可以突出某些单元格,使其与其他单元格区域有所区别,具体操作方法如下。

原始文件： 下载资源\实例文件\第5章\原始文件\纺纱产量表2.xlsx

最终文件： 下载资源\实例文件\第5章\最终文件\设置底纹填充.xlsx

步骤01 单击对话框启动器。打开原始文件，❶选中单元格区域A1:B10，❷在"字体"组中单击对话框启动器，如下图所示。

步骤02 选择图案颜色。弹出"设置单元格格式"对话框，❶切换至"填充"选项卡，❷单击"图案颜色"下三角按钮，❸在展开的列表中选择"橙色"，如下图所示。

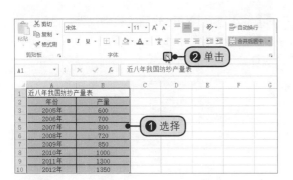

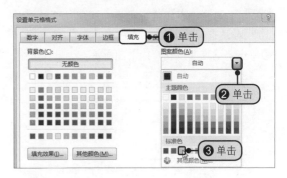

步骤03 选择图案样式。❶单击"图案样式"右侧的下三角按钮，❷在展开的列表中选择"12.5%灰色"，如下图所示。

步骤04 查看添加图案后的效果。单击"确定"按钮，返回工作簿窗口，可看到添加底纹图案后的表格效果，如下图所示。

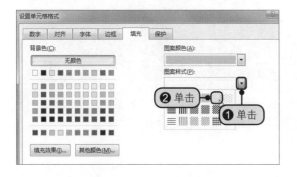

  见前图

5.3.4　自动套用格式

Excel 提供了大量的表格样式，用户可以套用合适的表格样式，让自己的表格显得更加专业。

原始文件： 下载资源\实例文件\第5章\原始文件\纺纱产量表.xlsx

最终文件： 下载资源\实例文件\第5章\最终文件\自动套用格式.xlsx

步骤01 选择区域。打开原始文件，选中单元格区域A2:B10，如下左图所示。

步骤02 选择表格样式。❶单击"开始"选项卡中的"套用表格格式"按钮，❷在展开的库中选择"表样式浅色 10"，如下右图所示。

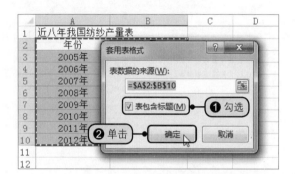

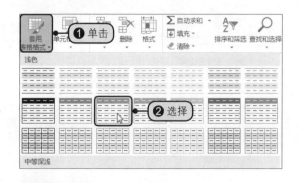

步骤03 勾选"表包含标题"。弹出"套用表格式"对话框，❶勾选"表包含标题"复选框，❷单击"确定"按钮，如下图所示。

步骤04 查看套用格式后的表格效果。返回工作簿窗口，可看到单元格区域A2:B10套用了所选的表样式，如下图所示。

实例精练——美化员工通信录

制作员工通信录时，只输入文本与调整字体格式是不够的，还需要对表格进行美化，例如调整指定单元格的行高或列宽、为表格添加边框和底纹等，完成后的最终效果如下图所示。

最终效果

	A	B	C	D
1			员工通信录	
2	员工姓名	固定电话	移动电话	电子邮箱
3	刘宇	010-78***86	137****6751	LIU****2013@126.com
4	王强	010-83***41	138****4862	WANG****2013@126.com
5	陈周	010-87***54	152****4757	CHEN****2013@126.com
6	刘艾	010-87***01	153****7454	LIU****2013@126.com
7	陈好	010-83***01	157****7454	CHEN****2013@126.com
8	王维	010-35***87	159****4575	WANG****2013@126.com
9	刘雪	010-89***57	153****7865	LIU****2013@126.com
10	孙燕	010-86***41	155****2441	SUN****2013@126.com
11	何刚	010-82***35	139****7554	HE****2013@126.com

原始文件： 下载资源\实例文件\第5章\原始文件\员工通信录.xlsx

最终文件： 下载资源\实例文件\第5章\最终文件\员工通信录.xlsx

扫码看视频

步骤01 调整第1行的行高。

打开原始文件。将鼠标指针移至第1行底部，当鼠标指针呈双向箭头时，向下拖动鼠标，增大第1行的高度。如右图所示。

步骤02 为单元格区域A2:D11添加边框。

❶选中单元格区域A2:D11。

❷单击"开始"选项卡中的"边框"右侧的下三角按钮。

❸在展开的列表中单击"所有框线"选项。如右图所示。

步骤03 设置字体颜色和背景色。

❶打开"设置单元格格式"对话框，在"字体"选项卡中设置"字体颜色"为"白色，背景1"。

❷切换至"填充"选项卡。

❸选择单元格的背景色为"浅绿色"。如右图所示。

步骤04 查看设置后的表格。

单击"确定"按钮，返回工作簿，此时可看到调整行高、添加边框和背景色之后的表格。如右图所示。

5.4 使用图形和图片来美化工作表

　　Excel 提供了插入图形和图片的功能，用户可以使用图片、图示、图形来美化工作表，使工作表样式更加美观，内容更易于理解，意义更加突出。

5.4.1 插入艺术字

　　艺术字是经过专业的字体设计师艺术加工的汉字变形字体，通常具有图案意味或者装饰意味。在Excel 中，用户可以选择插入符合表格主题的艺术字，便于直观地表达表格内容。

原始文件：下载资源\实例文件\第5章\原始文件\保暖内衣销量表.xlsx

最终文件：下载资源\实例文件\第5章\最终文件\插入艺术字.xlsx

扫码看视频

步骤01 插入艺术字。打开原始文件，在工作表中选中任一单元格，如下图所示。

步骤02 选择艺术字样式。❶单击"插入"选项卡中的"艺术字"按钮，❷在展开的样式库中选择"填充 - 白色，轮廓 - 着色2，清晰阴影 - 着色2"样式，如下图所示。

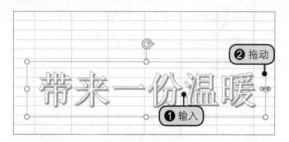

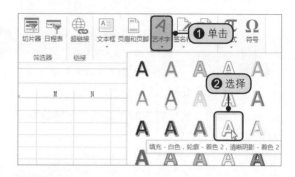

步骤03 调整艺术字大小。❶在工作表中插入的艺术字文本框中输入文本"带来一份温暖"，❷拖动右侧中部的控点，调整文本框的大小，如下图所示。

步骤04 设置艺术字文本填充。调整完毕后切换至"绘图工具 - 格式"选项卡，❶单击"文本填充"下三角按钮，❷在展开的列表中选择"橙色，个性色2"，如下图所示。

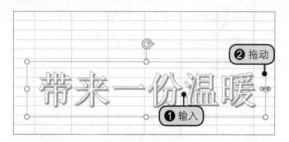

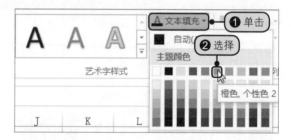

步骤05 设置艺术字文本轮廓。❶单击"文本轮廓"下三角按钮，❷在展开的列表中选择"橙色，个性色2，淡色80%"，如下图所示。

步骤06 移动插入的艺术字。选中插入的艺术字文本框，将鼠标指针放置在文本框上，当鼠标指针变为双向的十字形箭头符号时，移动鼠标，如下图所示。

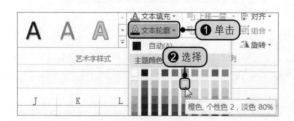

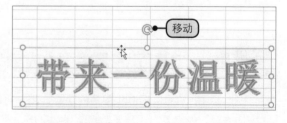

步骤07 查看设置后的艺术字效果。此时可在工作表中看到设置文本填充和文本轮廓颜色以及移动位置后的艺术字效果，如右图所示。

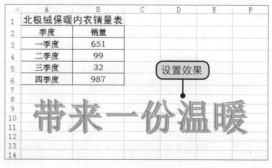

知识补充

若要设置艺术字所在的文本框样式，则切换至"绘图工具 - 格式"选项卡，在"形状样式"组中设置形状填充、形状轮廓等属性。

5.4.2　使用插图

在工作表中插入图片的目的大致有两种：第一种是为了更直观地表达文字所承载的信息，第二种是为了丰富和美化表格的内容。例如，在表格中插入公司徽标，不仅丰富了表格内容，而且推广了公司形象。在 Excel 2016 中插图有两种方式：第一种是插入保存在计算机中的图片，第二种是插入联机图片。本小节将主要介绍插入保存在计算机中的图片的操作。

扫码看视频

原始文件： 下载资源\实例文件\第5章\原始文件\保暖内衣销量表1.xlsx
最终文件： 下载资源\实例文件\第5章\最终文件\使用插图.xlsx

步骤01 单击"图片"按钮。打开原始文件，❶切换至"插入"选项卡，❷在"插图"组中单击"图片"按钮，如下图所示。

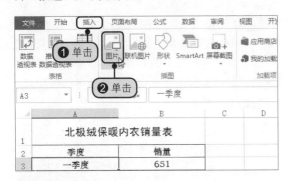

步骤02 选择图片。弹出"插入图片"对话框，❶在路径框中选择图片的保存位置，❷在列表框中选中图片，❸单击"插入"按钮，如下图所示。

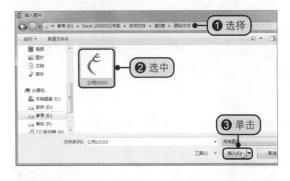

步骤03 缩小图片。返回工作簿窗口，将鼠标指针移至所插图片的右下角，向左上方拖动，缩小图片，如下图所示。

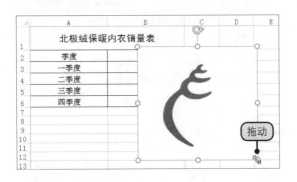

步骤04 剪裁图片。拖至合适位置处释放鼠标左键，❶单击"图片工具-格式"选项卡中的"裁剪"下三角按钮，❷在展开的列表中单击"裁剪"选项，如下图所示。

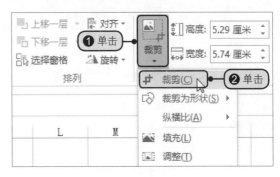

步骤05 开始剪裁。将鼠标指针移至图片底部的中央控点，当鼠标指针呈十字状时向上方拖动鼠标，拖至合适位置处释放鼠标左键，如右图所示。

步骤06 继续剪裁图片。使用相同的方法裁剪图片的顶部、左侧和右侧的区域，裁剪后可预览确认裁剪后的图片显示内容，而被裁剪的内容则呈灰色显示，如下图所示。

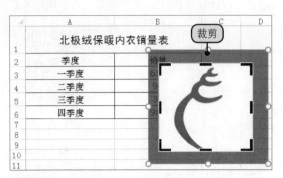

步骤07 显示剪裁效果。单击除图片显示区域外的其他位置便可看到裁剪后的图片效果，如下图所示。

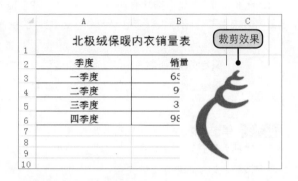

步骤08 删除背景。在"图片工具-格式"选项卡中单击"删除背景"按钮，删除图片的白色背景，如下图所示。

步骤09 调整剪裁后的图片显示效果。此时可看到Excel默认删除背景后的显示效果，其中紫红色图片区域为待删除的背景，而非紫红色的图片区域为待保留的图片背景。将鼠标指针移至图片底部的中央控点，向下拖动鼠标，如下图所示。

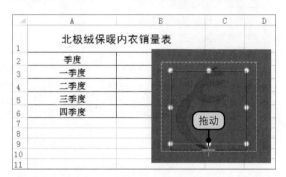

步骤10 保留更改。拖至合适位置处释放鼠标左键，并调整裁剪后的图片，在"背景消除"选项卡中单击"保留更改"按钮，如下图所示。

步骤11 调整图片大小和显示位置。此时可看到删除背景后的图片，最后调整图片大小，将其拖至工作表左上角，如下图所示。

5.4.3 使用SmartArt图形建立组织结构图

SmartArt 图形可以说是一种比较专业的概念图示，包括列表、流程和循环等多种类型。用户可以选择合适的图形来制作更能直观展示信息的图示。

原始文件：下载资源\实例文件\第5章\原始文件\公司组织结构示意图.xlsx
最终文件：下载资源\实例文件\第5章\最终文件\使用SmartArt图形建立组织结构图.xlsx

扫码看视频

步骤01 插入SmartArt图形。打开原始文件，❶切换至"插入"选项卡，❷在"插图"组中单击"SmartArt"按钮，如下图所示。

步骤02 选择插入的图形。弹出"选择SmartArt图形"对话框，❶在左侧单击"图片"选项，❷在右侧选择"圆形图片层次结构"样式，如下图所示。

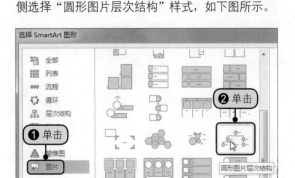

步骤03 显示插入效果。单击"确定"按钮，返回工作簿窗口，可看到插入的圆形图片层次结构图，然后选中右侧中部的图形，如下图所示。

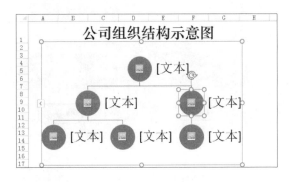

步骤04 在下方添加形状。❶单击"SmartArt工具 - 设计"选项卡中的"添加形状"右侧的下三角按钮，❷在展开的列表中单击"在下方添加形状"选项，如下图所示。

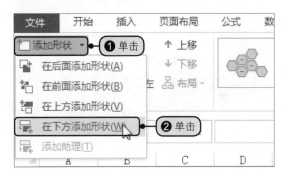

步骤05 输入文本。此时可看到在底部右下角添加的图形，依次在每个图形的右侧输入对应的文本，如右图所示。

5.4.4 插入自选图形

在 Excel 中，自选图形是指矩形、圆形、连接符和箭头等基本图形，利用这些自选图形可以绘制出自己需要的图形或图示。

步骤01 选择矩形。打开原始文件，❶在"插入"选项卡单击"形状"按钮，❷在展开的列表中选择"矩形"，如下图所示。

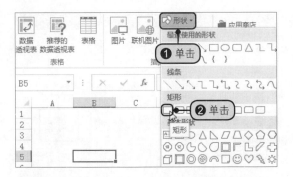

步骤02 绘制矩形。将鼠标指针移至编辑区，当鼠标指针呈十字状时，拖动鼠标绘制矩形，如下图所示。

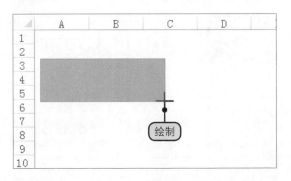

步骤03 绘制右箭头。释放鼠标左键后可看到绘制的矩形，使用相同的方法绘制右箭头，如下图所示。

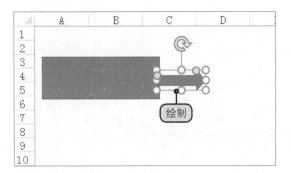

步骤04 复制矩形。❶选择绘制的矩形，按住【Ctrl】键不放，❷向右拖动鼠标，复制选中的矩形，拖至右箭头右侧时释放鼠标左键，如下图所示。

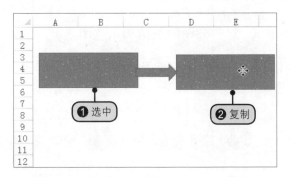

步骤05 选中所有矩形。❶继续在工作表中复制矩形、绘制下箭头和左箭头，❷选中所有的矩形，如下图所示。

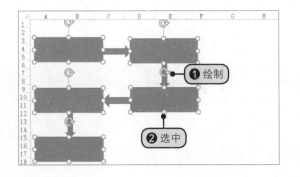

步骤06 为矩形添加形状样式。❶切换至"绘图工具 - 格式"选项卡，❷单击"形状样式"组中的快翻按钮，在展开的库中选择"细微效果 - 蓝色，强调颜色1"样式，如下图所示。

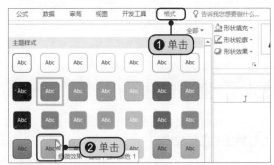

步骤07 选中所有箭头。在工作表中可看到应用指定形状样式后的矩形框，然后选中所有的箭头，如下图所示。

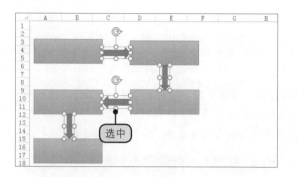

步骤08 为箭头添加形状样式。❶切换至"绘图工具 - 格式"选项卡，❷单击"形状样式"组中的快翻按钮，在展开的库中选择"细微效果，黑色 - 深色1"样式，如下图所示。

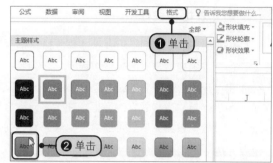

💡**知识补充**

当用户已在工作表中绘制了一个或多个自选图形时，既可以选择在"插入"选项卡中利用"形状"按钮实现，又可以在"绘图工具 - 格式"选项卡中的"插入形状"组中选择合适的自选图形并插入。

步骤09 单击"编辑文字"命令。❶右击第一个矩形，❷在弹出的快捷菜单中单击"编辑文字"命令，如下图所示。

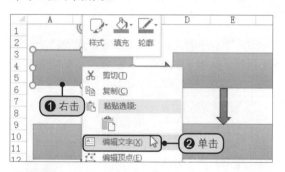

步骤10 输入文本。在第一个矩形中输入文本"发布职位"，接着在其他矩形中使用相同的方法输入对应的文本，如下图所示。

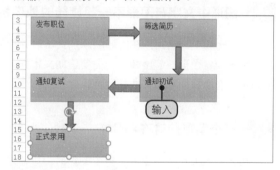

步骤11 设置字体格式和对齐方式。选中所有的矩形文本，切换至"开始"选项卡，在"字体"组中设置"字体"为"华文中宋"、"字号"为"14"磅，然后在"对齐方式"组中设置对齐方式为"居中""垂直居中"，如下图所示。

步骤12 查看设置后的效果。设置后可在编辑区中看到招聘流程图的显示效果，如下图所示。

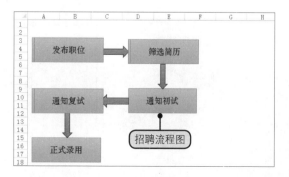

专家支招

1 建立表格格式模板

　　Excel 虽然提供了大量的表格模板，但是仍然无法满足所有用户的需求，因此，Excel 允许用户根据自己的需求创建自定义的表格模板。

　　单击"开始"选项卡中的"套用表格格式"下三角按钮，在展开的下拉列表中单击"新建表格样式"选项，弹出"新建表样式"对话框，在"表元素"列表框中选择要设置的表格元素，然后单击"格式"按钮进行设置，设置完毕后可继续在"表元素"列表框选择其他表格元素进行设置，如下图所示。

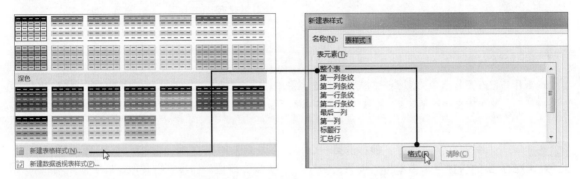

2 图形中文字与图形不一起旋转的处理技巧

　　在 Excel 中，当用户在图形中添加文本后并旋转图形时，图形中的文本将随着图形一起旋转，若想让文字不随着图形一起旋转，则需要借助文本框。在图形所在位置插入文本框，然后在文本框中输入文字即可。切忌将图形与文本框组合。

3 多个图形的对齐和分布

　　当用户在 Excel 中绘制了多个图形时，可能没有注意图形的对齐和分布，直至图形绘制完毕，那么有什么办法可以快速调整多个图形的对齐和分布呢？其实 Excel 提供了调整对齐和分布方式的功能。

　　选中需要调整的所有图形，切换至"绘图工具 - 格式"选项卡，单击"排列"组中的"对齐"下三角按钮，在展开的下拉列表中选择对齐方式或分布方式，选择后便可看到重新调整对齐或分布方式后的图形，如下图所示。

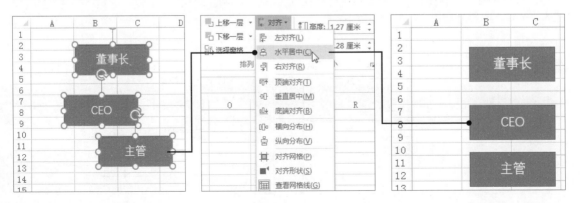

第6章 数据处理

Excel 具有强大的数据处理功能，用户可以在 Excel 中对表格中的数据进行排序、筛选、分类汇总以及合并计算等操作，通过这些操作能够更好地对数据进行统计和分析。

6.1 数据清单

在 Excel 中，数据清单是指包含相似数据组的一组数据（包含一行列标题和多行一致的数据）。Excel 提供的数据清单操作主要包括 3 种：为数据清单添加记录，删除数据清单中的记录，在数据清单中查找记录。

6.1.1 为数据清单添加记录

Excel 提供的记录单工具默认情况下不会显示在界面中，需要用户手动添加。添加记录单工具后便可实现数据的快速输入，本书选择将记录单工具添加到快速访问工具栏中。

扫码看视频

原始文件： 下载资源\实例文件\第6章\原始文件\数据清单.xlsx
最终文件： 下载资源\实例文件\第6章\最终文件\为数据清单添加记录.xlsx

步骤01 单击"记录单"按钮。打开原始文件，❶选中单元格区域A2:F2，❷单击"记录单"按钮，如下图所示。

步骤02 单击"确定"按钮。弹出提示框，单击"确定"按钮，如下图所示。

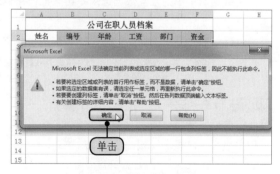

步骤03 输入数据信息。弹出"Sheet1"对话框，❶在左侧依次输入姓名、编号、年龄、工资、部门和资金数据，❷单击"新建"按钮，如右图所示。

步骤04 查看录入的数据。此时可在工作表中看到录入的数据，如下图所示。

	A	B	C	D	E	F
1			公司在职人员档案			
2	姓名	编号	年龄	工资	部门	资金
3	本本国	SL0001	31	2300	运输部	2200
4						
5				录入的数据记录		
6						
7						
8						
9						
10						
11						

步骤05 关闭记录单。使用相同的方法录入其他数据，录入完毕后单击"关闭"按钮，如下图所示。

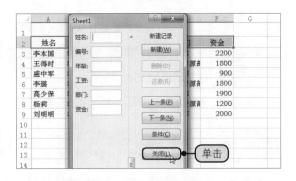

步骤06 查看录入的数据。返回工作表，便可看到添加的数据记录，如下图所示。

	A	B	C	D	E	F
1			公司在职人员档案			
2	姓名	编号	年龄	工资	部门	资金
3	本本国	SL0001	31	2300	运输部	2200
4	王得时	SL0002	39	1680	人力资源部	1800
5	盛中军	SL0003	22	1500	市场部	900
6	李璐	SL0004	49	3000	信息资源部	1800
7	高少保	SL0005	35	2100	运输部	1900
8	杨莉	SL0006	45	2800	人力资源部	1200
9	刘明明	SL0007	26	1800	市场部	2000
10						
11			录入的数据			

💡 **知识补充**

一般情况下，记录单不显示在快速访问工具栏中，所以要想使用它，就必须先添加该功能。添加"记录单"工具的操作方法为：单击"文件"按钮，在弹出的视图菜单中单击"选项"命令，弹出"Excel 选项"对话框，在左侧单击"快速访问工具栏"选项，在"从下列位置选择命令"下拉列表中选择"所有命令"，然后选中"记录单"选项，单击"添加"按钮，最后单击"确定"按钮即可。

6.1.2 删除数据清单中的记录

当数据清单中的某些数据记录不再有任何用途时，可以选择将其删除。

原始文件： 下载资源\实例文件\第6章\原始文件\数据清单1.xlsx
最终文件： 下载资源\实例文件\第6章\最终文件\删除数据清单中的记录.xlsx

扫码看视频

步骤01 单击"记录单"按钮。打开原始文件，❶选中表格中的任一单元格，❷在快速访问工具栏中单击"记录单"按钮，如下图所示。

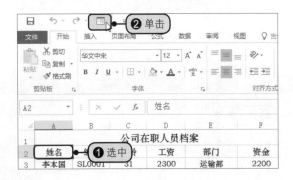

步骤02 删除指定的数据记录。弹出"Sheet1"对话框，❶单击"下一条"按钮，选择要删除的记录，❷单击"删除"按钮，如下图所示。

步骤03 确定删除指定记录。弹出提示框，提示用户显示的记录将被删除，单击"确定"按钮，如下图所示。

步骤04 查看删除记录后的工作表。返回工作表，此时可看到指定的数据记录已从工作表中删除，如下图所示。

6.1.3　在数据清单中查找记录

用户若要在数据清单中查找自己需要的数据记录，可直接利用记录单来实现。

原始文件： 下载资源\实例文件\第6章\原始文件\数据清单1.xlsx

最终文件： 无

扫码看视频

步骤01 单击"记录单"按钮。打开原始文件，❶选中表格中的任一单元格，❷单击"记录单"按钮，如下图所示。

步骤02 输入标题文本。弹出"Sheet1"对话框，单击"条件"按钮，如下图所示。

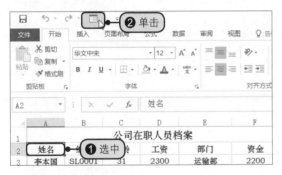

步骤03 输入关键字。❶切换至新的界面，在界面中输入关键字，如在"部门"右侧输入"人力资源部"，❷单击"下一条"按钮，如下图所示。

步骤04 查看符合条件的数据记录。此时可在对话框中看到符合所输入关键字的数据记录，如下图所示，继续单击"下一条"按钮，可查看其他符合关键字的数据记录。

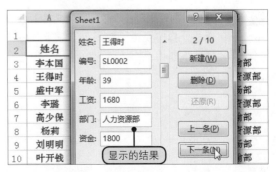

6.2 数据排序

表格中数据记录的排列很多时候都是没有规律的，这给数据的其他操作（例如分类汇总）带来了一定的不便，因此用户需要掌握数据排序的操作方法，将数据清单中的数据按照自己的意愿进行排列。

6.2.1 单一条件排序

在 Excel 中，单一条件排序是指仅对表格中某一标题字段按照预设的排序条件进行重新排列，由于数据通常是按列或者按行录入的，因此单一排序是对某一列或者某一行进行降序或升序排列。

 原始文件：下载资源\实例文件\第6章\原始文件\数据清单1.xlsx
最终文件：下载资源\实例文件\第6章\最终文件\单一条件排序.xlsx

 扫码看视频

步骤01 降序排序。打开原始文件，❶选中"年龄"列中的任一单元格，❷切换至"数据"选项卡，❸单击"降序"按钮，如下图所示。

步骤02 查看排序后的效果。此时可在工作表中看到按照年龄降序排列后的表格数据记录，如下图所示。

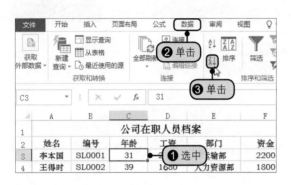

6.2.2 多条件排序

多条件排序是指在表格中对多个标题字段进行重新排列，其排列方式是首先对主要关键字进行排序，然后依次对次要关键字进行排序。

 原始文件：下载资源\实例文件\第6章\原始文件\数据清单1.xlsx
最终文件：下载资源\实例文件\第6章\最终文件\多条件排序.xlsx

扫码看视频

步骤01 单击"排序"按钮。打开原始文件，❶选中任一单元格，❷切换至"数据"选项卡，❸在"排序和筛选"组中单击"排序"按钮，如右图所示。

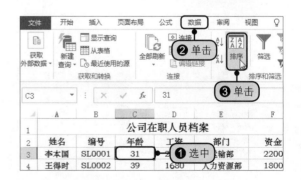

步骤02 设置主要关键字。弹出"排序"对话框，❶设置"主要关键字"为"工资"、"排序依据"为"数值"、"次序"为"降序"，❷单击"添加条件"按钮，如右图所示。

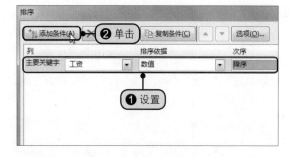

步骤03 设置次要关键字。❶在"排序"对话框中设置"次要关键字"为"年龄"、"排序依据"为"数值"、"次序"为"升序"，❷单击"确定"按钮，如下图所示。

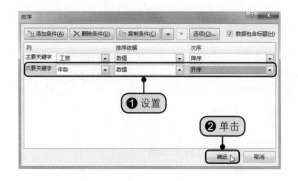

步骤04 查看多条件排序后的表格。返回工作簿窗口，此时可看到表格中的数据记录首先按照工资进行降序排列，然后再按照年龄进行升序排列，如下图所示。

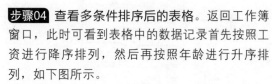

	A	B	C	D	E	F
1	公司在职人员档案					
2	姓名	编号	年龄	工资	部门	资金
3	李璐	SL0004	49	3000	信息资源部	1800
4	杨莉	SL0006	45	2800	人力资源部	1200
5	李本国	SL0001	31	2300	运输部	2200
6	高少保	SL0005	35	2100	运输部	1900
7	刘明明	SL0007	26	1800	市场部	2000
8	王得时	SL0002	39	1680	人力资源部	1800
9	盛中军	SL0003	22	1500	市场部	900
10	叶开钱	SL0008	45	1349	运输部	748
11	王海	SL0009		市场部		1654
12	王回	SL0010	排序后的表格		运输部	65

6.2.3 按笔画排序

当需要对表格中的姓名信息进行排序时，Excel提供了"按字母排序"和"按笔画排序"两种方式。本小节就来讲解一下"按笔画排序"的操作方法。

原始文件：下载资源\实例文件\第6章\原始文件\数据清单1.xlsx

最终文件：下载资源\实例文件\第6章\最终文件\按笔画排序.xlsx

扫码看视频

步骤01 单击"排序"按钮。打开原始文件，❶选中任一单元格，❷在"数据"选项卡下单击"排序"按钮，如下图所示。

步骤02 输入标题文本。弹出"排序"对话框，❶设置"主要关键字"为"姓名"，排序依据为"数值"、次序为"升序"，❷单击"选项"按钮，如下图所示。

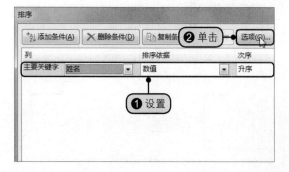

步骤03 选择按笔画排序。弹出"排序选项"对话框，❶在"方法"选项组中单击选中"笔画排序"单选按钮，❷单击"确定"按钮，如下图所示。

步骤04 查看排序后的表格效果。返回工作簿窗口，此时可看到姓名按照笔画升序排列后的表格，如下图所示。

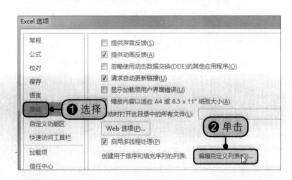

6.2.4 自定义排序

自定义排序是指将自己定义的序列添加到 Excel 中，然后再根据该序列的顺序来对表格中的数据进行排序。

 原始文件： 下载资源\实例文件\第6章\原始文件\数据清单1.xlsx
最终文件： 下载资源\实例文件\第6章\最终文件\自定义排序.xlsx

扫码看视频

步骤01 单击"选项"命令。打开原始文件，❶单击"文件"按钮，❷在弹出的视图菜单中单击"选项"命令，如下图所示。

步骤02 编辑自定义列表。弹出"Excel选项"对话框，❶在左侧单击"高级"选项，❷在右侧单击"编辑自定义列表"按钮，如下图所示。

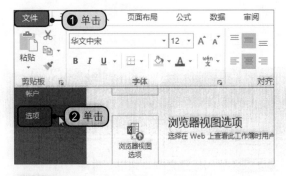

步骤03 添加自定义序列。弹出"自定义序列"对话框，❶在"输入序列"下的列表框中输入序列，若要换行则按【Enter】键，❷输入完毕后单击"添加"按钮，如下图所示。

步骤04 查看添加的自定义序列。此时可在左侧列表框中看到添加的自定义序列，单击"确定"按钮，如下图所示。

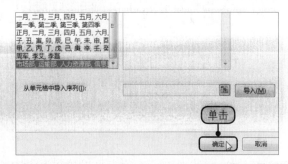

步骤05 单击"排序"按钮。继续单击"Excel选项"对话框中的"确定"按钮,返回工作簿窗口,❶选中表格中任一单元格,❷单击"数据"选项卡中的"排序"按钮,如下图所示。

步骤06 自定义排序。弹出"排序"对话框,❶设置"主要关键字"为"部门"、"排序依据"为"数值",❷在"次序"下拉列表中单击"自定义序列"选项,如下图所示。

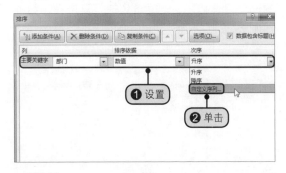

步骤07 选择自定义序列。弹出对话框,❶在左侧列表框中选择自定义的序列,❷单击"确定"按钮,如下图所示。

步骤08 查看自定义排序后的表格。单击"确定"按钮,返回工作簿窗口,此时可看到表格数据按照自定义的序列进行了排列,如下图所示。

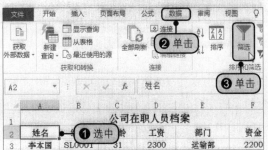

6.3 数据筛选

表Excel提供了筛选数据的功能,目前常用的数据筛选功能主要包括自动筛选、搜索筛选、自定义筛选以及高级筛选。

6.3.1 自动筛选

如果需要在工作表中只显示满足给定条件的数据,可以使用自动筛选功能。

原始文件: 下载资源\实例文件\第6章\原始文件\数据清单1.xlsx
最终文件: 下载资源\实例文件\第6章\最终文件\自动筛选.xlsx

步骤01 单击"筛选"按钮。打开原始文件,❶选中任一单元格,❷切换至"数据"选项卡,❸在"排序和筛选"组中单击"筛选"按钮,如右图所示。

步骤02 勾选筛选条件。此时单元格区域A2:F2中的每个单元格都显示了筛选按钮，❶选择要筛选的字段，如选择"部门"，单击右侧的筛选按钮，❷在展开的列表中取消勾选"（全选）"复选框，勾选"市场部"复选框，如下图所示。

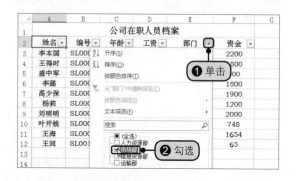

步骤03 查看筛选后的表格。此时在工作簿窗口中只显示了"市场部"的数据记录，而其他的数据记录都被隐藏了，如下图所示。

💡 **知识补充**

完成筛选操作后，单元格区域 A2:F2 中始终都会显示筛选按钮，若要取消显示这些筛选按钮，则可以切换至"数据"选项卡，再次单击"筛选"按钮即可。

6.3.2 搜索筛选

当表格中的数据量非常大时，利用自动筛选会比较浪费时间，此时可以选择利用筛选功能中的智能搜索框来搜索指定条件，实现快速筛选。

扫码看视频

步骤01 输入关键字。打开原始文件，启动筛选功能，❶单击"编号"右侧的筛选按钮，❷在展开列表中的搜索栏中输入关键字，如输入"SL0005"，如下图所示。

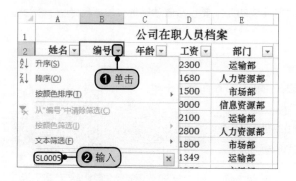

步骤02 输入标题文本。输入完毕后单击"确定"按钮，返回工作簿窗口，此时可看到工作表中只显示了编号为"SL0005"的数据记录，如下图所示。

6.3.3 自定义筛选

用户在筛选数据的时候，有时可能需要设置表示一定范围的条件（例如大于、小于和介于等）进行筛选，这时就可以选择使用自定义筛选。

扫码看视频

步骤01 单击"筛选"按钮。打开原始文件，❶选中任一单元格，❷切换至"数据"选项卡，❸单击"筛选"按钮，如下图所示。

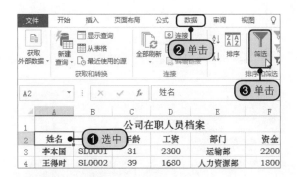

步骤02 选择筛选方式。❶单击"工资"右侧的筛选按钮，❷接着在展开的列表中单击"数字筛选"选项，❸在右侧选择筛选方式，如单击"大于"选项，如下图所示。

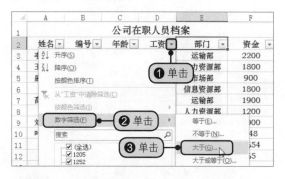

步骤03 设置筛选条件。弹出"自定义自动筛选方式"对话框，❶设置工资的筛选条件为大于1500且小于2500，❷单击"确定"按钮，如下图所示。

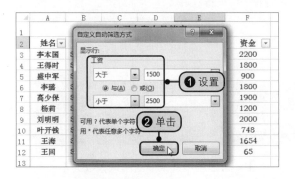

步骤04 查看筛选结果。返回工作簿窗口，此时可看到表格中显示了工资介于1500到2500之间的数据记录，如下图所示。

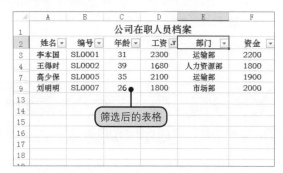

6.3.4 高级筛选

一般情况下，自动筛选和自定义筛选都是不太复杂的筛选，若要执行复杂条件的筛选，则需要选择高级筛选。

原始文件： 下载资源\实例文件\第6章\原始文件\数据清单1.xlsx

最终文件： 下载资源\实例文件\第6章\最终文件\高级筛选.xlsx

扫码看视频

步骤01 输入高级筛选条件。打开原始文件，在单元格区域A14:C16中输入高级筛选的条件，如下图所示。

	A	B	C	D	E
7	高少保	SL0005	35	2100	运输部
8	杨莉	SL0006	45	2800	人力资源部
9	刘明明	SL0007	26	1800	市场部
10	叶开钱	SL0008	45	1349	运输部
11	王海	SL0009	24	1252	市场部
12	王回	SL0010	49	1205	运输部
13					
14	年龄	工资	资金		
15	>25		>1500		输入
16		>1500			

步骤02 选择高级筛选。❶切换至"数据"选项卡，❷在"排序和筛选"组中单击"高级"按钮，如下图所示。

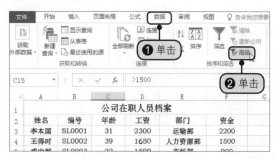

步骤03 设置高级筛选条件。弹出"高级筛选"对话框，❶单击"将筛选结果复制到其他位置"单选按钮，❷设置"列表区域"为单元格区域A2:F12、"条件区域"为A14:C16、"复制到"为单元格A18，❸单击"确定"按钮，如下图所示。

步骤04 查看高级筛选结果。返回工作簿窗口，此时可以看到经过高级筛选后的数据记录显示在单元格区域A18:F24中，如下图所示。

	A	B	C	D	E	F
14	年龄	工资	资金			
15	>25		>1500			
16		>1500				
17						
18	姓名	编号	年龄	工资	部门	资金
19	李本国	SL0001	31	2300	运输部	2200
20	王得时	SL0002	39	1680	人力资源部	1800
21	李璐	SL0004	49	3000	信息资源部	1800
22	高少保	SL0005	35	2100	运输部	1900
23	杨莉	SL0006	45	2800	人力资源部	1200
24	刘明明	SL0007	26	1800	市场部	2000
25						
26						

筛选后的表格

💡**知识补充**

用户在设置高级筛选的筛选条件时，若多个筛选条件位于同一行，则表示它们之间是"与"关系，筛选结果须同时满足；若多个筛选条件位于不同行，则表示它们之间是"或"关系，筛选结果满足其中任意一个即可。

实例精练—— 筛选商品调拨记录

商品调拨记录表用于记录关于商品调拨的一些信息，当Excel表格中记录的商品调拨数据非常多时，可借助筛选功能快速找到自己需要的信息，完成后的最终效果如下图所示。

最终效果

	A	B	C	D	E	F
1	**商品调拨记录**					
2	商品编	单价	数量	金额	原存放	调拨目的
3	ES001	¥ 250.0	52	¥ 13,000	仓库A	仓库B
7	ES005	¥ 500.0	54	¥ 27,000	仓库A	仓库B
8	ES007	¥ 1,200.0	21	¥ 25,200	仓库B	仓库C
12	ES008	¥ 1,300.0	25	¥ 32,500	仓库B	仓库C

 原始文件： 下载资源\实例文件\第6章\原始文件\商品调拨记录.xlsx

最终文件： 下载资源\实例文件\第6章\最终文件\商品调拨记录.xlsx

步骤01 筛选商品编号。

打开原始文件。

❶在"数据"选项卡中单击"筛选"按钮。

❷单击"商品编号"右侧的筛选按钮。

❸在展开列表中的搜索栏中输入"ES"。如右图所示。

步骤02 筛选金额。

❶单击"确定"按钮，再单击"金额"右侧的筛选按钮。

❷在展开的列表中单击"数字筛选>大于"选项。

❸设置筛选条件为介于10000与50000之间。

❹单击"确定"按钮。如右图所示。

步骤03 查看筛选后的数据信息。

返回工作簿窗口，可看到符合所设筛选条件的商品调拨数据记录。如右图所示。

	A	B	C	D	E	F
1			商品调拨记录			
2	商品编号	单价	数量	金额	原存放处	调拨目的地
3	ES001	¥ 250.0	52	¥ 13,000	仓库A	仓库B
7	ES005	¥ 500.0	54	¥ 27,000	仓库A	仓库B
8	ES007	¥ 1,200.0	21	¥ 25,200	仓库B	仓库C
12	ES008	¥ 1,300.0	25	¥ 32,500	仓库B	仓库C
18						
19						

6.4 分类汇总

如果一个工作表中数据太多，那么要看清其中所有的信息就很麻烦，这时可以使用分类汇总工具。分类汇总是对 Excel 表格中的数据进行管理的重要工具之一，利用该工具可以快速地汇总各项数据，但在汇总之前需对数据排序。

分类汇总允许展开或收缩工作表，从而可以查看更多或更小的明细数据，还可以汇总整个工作表或其中选定的一部分。通过分级显示和分类汇总，可以从大量的数据信息中提出有用的信息。排序的内容已在前面介绍过，下面介绍使用分类汇总的方法。

6.4.1 简单分类汇总

在 Excel 中，简单分类汇总是指按照指定的分类字段项对指定的选项进行单一汇总，汇总后用户既可查看汇总项，又可查看详细信息。

原始文件：下载资源\实例文件\第6章\原始文件\数据清单1.xlsx

最终文件：下载资源\实例文件\第6章\最终文件\创建简单分类汇总.xlsx

扫码看视频

步骤01 降序排序。打开原始文件，❶选中"部门"所在列的任一单元格，❷单击"数据"选项卡中的"降序"按钮，如下图所示。

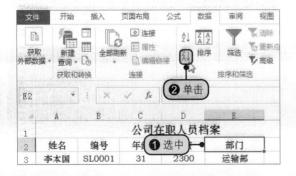

步骤02 单击"分类汇总"按钮。在"分级显示"组中单击"分类汇总"按钮，如下图所示。

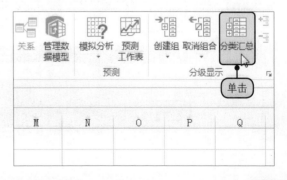

步骤03 设置分类汇总。弹出"分类汇总"对话框，❶设置"分类字段"为"部门"、"汇总方式"为"求和"，再在"选定汇总项"列表框中勾选"资金"复选框，❷单击"确定"按钮，如下图所示。

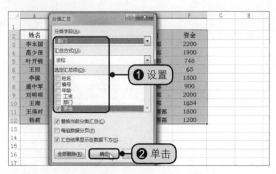

步骤04 查看分类汇总后的数据。返回工作簿窗口，此时可看到Excel按照部门对资金进行了分类汇总，如下图所示。

步骤05 只查看各部门的资金汇总项。单击左上角的数字"2"按钮，即可在右侧工作表中看到各部门的资金汇总项，如右图所示。

知识补充

除单击数字"2"按钮之外，用户还可以单击数字"1"按钮查看总计信息，单击数字"3"按钮查看表格详细信息、汇总项及总计。

6.4.2 多级分类汇总

多级分类汇总是指对同一个字段进行不同的分类汇总，通过多级分类汇总，用户可以查看到关于该字段更多的数据信息。

原始文件： 下载资源\实例文件\第6章\原始文件\数据清单1.xlsx

最终文件： 下载资源\实例文件\第6章\最终文件\多级分类汇总.xlsx

扫码看视频

步骤01 创建分类汇总。打开原始文件，按照6.4.1小节的方法将数据按照部门进行分类汇总，如下图所示。

步骤02 单击"分类汇总"按钮。在"数据"选项卡下的"分级显示"组中单击"分类汇总"按钮，如下图所示。

步骤03 设置平均值汇总。弹出"分类汇总"对话框，❶更改"汇总方式"为"平均值"，❷再取消勾选"替换当前分类汇总"复选框，❸单击"确定"按钮，如下图所示。

步骤04 查看多级分类汇总后的表格。返回工作簿窗口，此时可看到Excel按照部门对工资进行多级分类汇总，即平均值汇总和求和汇总，如下图所示。

6.4.3 嵌套分类汇总

嵌套分类汇总与多级分类汇总不一样，是对不同字段进行分类汇总，既可以选择相同的汇总方式，又可以选择不同的汇总方式。

原始文件： 下载资源\实例文件\第6章\原始文件\数据清单2.xlsx

最终文件： 下载资源\实例文件\第6章\最终文件\嵌套分类汇总.xlsx

扫码看视频

步骤01 设置排序条件。打开原始文件，选中表格中任一含有内容的单元格，打开"排序"对话框，❶设置排序条件，❷单击"确定"按钮，如下图所示。

步骤02 按照性别对资金进行求和汇总。打开"分类汇总"对话框，❶设置"分类字段"为"性别"、"汇总方式"为"求和"、"选定汇总项"为"资金"，❷单击"确定"按钮，如下图所示。

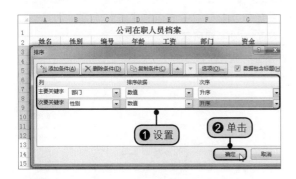

步骤03 按照部门对资金进行求和汇总。再次打开"分类汇总"对话框，❶设置"分类字段"为"部门"、"汇总方式"为"求和"、"选定汇总项"为"资金"，❷取消勾选"替换当前分类汇总"复选框，❸单击"确定"按钮，如右图所示。

步骤04 查看嵌套分类汇总后的表格。返回工作簿窗口，单击左上角的数字"3"按钮，便可在工作表中看到按照部门和性别分别对资金进行分类汇总的效果，如右图所示。

6.4.4 取消分类汇总

当用户不需要在表格中显示分类汇总的相关信息时，可以选择删除当前表格中的分类汇总信息。

原始文件： 下载资源\实例文件\第6章\原始文件\数据清单3.xlsx
最终文件： 下载资源\实例文件\第6章\最终文件\取消分类汇总.xlsx

步骤01 选中单元格。打开原始文件，选中任一单元格，如下图所示。

步骤02 单击"分类汇总"按钮。在"数据"选项卡中单击"分类汇总"按钮，如下图所示。

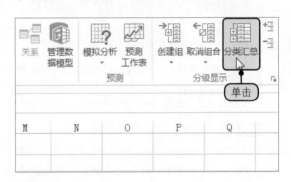

步骤03 删除分类汇总。弹出"分类汇总"对话框，单击左下角的"全部删除"按钮，如下图所示。

步骤04 查看删除分类汇总后的效果。返回工作簿窗口，此时可看到表格中的分类汇总已经被删除了，如下图所示。

	A	B	C	D	E	F
1	公司在职人员档案					
2	姓名	性别	编号	年龄	工资	部门
3	王得时	男	SL0002	39	1680	人力资源部
4	杨莉	女	SL0006	45	2800	人力资源部
5	盛中军	男	SL0003	22	1500	市场部
6	王海	男	SL0009	24	1252	市场部
7	刘明明				1800	市场部
8	李璐				3000	信息资源部
9	李本国	男	SL0001	31	2300	运输部
10	叶开钱	男	SL0008	45	1349	运输部
11	王回	男	SL0010	49	1205	运输部
12	高少保	男	SL0005	35	2100	运输部
13						

删除分类汇总效果

6.5 合并计算

Excel 中，需要汇总和报告多个单独工作表的结果时，可以选择将这些工作表中的数据合并计算到一个主工作表中，这就是所谓的合并计算。Excel 提供了两种合并计算，分别是按位置进行合并计算和按分类进行合并计算。

6.5.1 按位置合并计算

按位置合并计算的要求是必须在多个工作表中，且需要进行合并计算的源数据的字段名称或者项目名称相同。这种方式比较适用于处理相同表格的合并计算。

原始文件： 下载资源\实例文件\第6章\原始文件\第1季度销售额统计表.xlsx
最终文件： 下载资源\实例文件\第6章\最终文件\按位置合并计算.xlsx

扫码看视频

步骤01 选择区域。打开原始文件，切换至"第1季度汇总表"工作表，选中单元格区域B3:G3，如下图所示。

步骤02 单击"合并计算"按钮。在"数据"选项卡中的"数据工具"组中单击"合并计算"按钮，如下图所示。

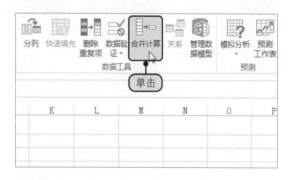

步骤03 单击单元格引用按钮。弹出"合并计算"对话框，❶设置函数为"求和"，❷单击"引用位置"下方的引用按钮，如下图所示。

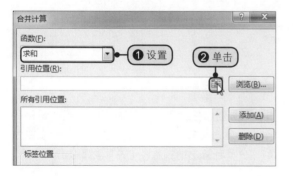

步骤04 选择引用区域。切换至"1月销售统计"工作表，❶选中单元格区域B34:G34，❷在"合并计算-引用位置"文本框中单击单元格引用按钮，如下图所示。

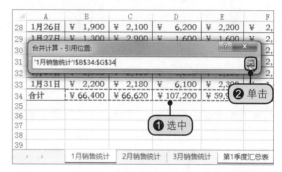

步骤05 添加其他工作表中的单元格区域。返回"合并计算"对话框，❶单击"添加"按钮，将其添加到"所有引用位置"列表框中，❷使用相同的方法添加2月和3月的数据，❸单击"确定"按钮，如右图所示。

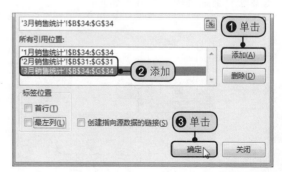

步骤06 查看按位置合并计算的结果。返回工作表，此时可在"第1季度汇总表"工作表中看到按位置计算出的销售额汇总，如右图所示。

6.5.2 按分类合并计算

按分类合并计算与按位置合并计算的不同点在于：按分类合并计算可以自动识别参与计算的各单元格区域中包含的标题字段，然后将相同字段对应的数据进行合并计算，因此参与合并计算的各工作表中字段的排列顺序不一定要完全一致，但是字段内容却要保持一致。

 原始文件： 下载资源\实例文件\第6章\原始文件\第1季度销售额统计表1.xlsx
最终文件： 下载资源\实例文件\第6章\最终文件\按分类合并计算.xlsx

扫码看视频

步骤01 选中单元格。打开原始文件，❶切换至"第1季度汇总表"，❷单击单元格A2，如下图所示。

步骤02 单击"合并计算"按钮。在"数据"选项卡中单击"合并计算"按钮，如下图所示。

步骤03 添加引用区域。返回"合并计算"对话框，❶使用与6.5.1相同的方法添加引用区域，❷勾选"标签位置"组下的"最左列"复选框，❸单击"确定"按钮，如下图所示。

步骤04 查看按分类合并计算后的效果。返回工作表，此时可在"第1季度汇总表"工作表中看到按分类计算出的销售额汇总，如下图所示。

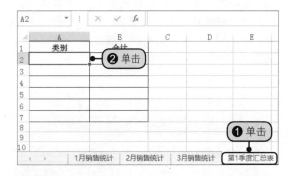

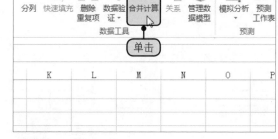

实例精练——
汇总统计部门采购情况

当公司中拥有多个采购部门时，这些部门可能会将各自的采购清单录入表格中，若需要对这些采购清单进行统计，则可采用 Excel 提供的合并计算功能，快速实现部门采购情况的汇总，完成后的最终效果如下图所示。

最终效果

	A	B	C	D	E	F
1	名称	总价				
2	记号笔	¥ 300				
3	尺 子	¥ 45				
4	铅 笔	¥ 180				
5	橡 皮	¥ 30				
6	裁纸刀	¥ 72				
7	夹 子	¥ 240				
8	起钉器	¥ 135				
9	笔 芯	¥ 330				
10	传真纸	¥ 3,300				
11	笔记本	¥ 1,170				

部门1采购清单　部门2采购清单　部门3采购清单　部门采购汇总

扫码看视频

原始文件： 下载资源\实例文件\第6章\原始文件\各部门采购汇总.xlsx
最终文件： 下载资源\实例文件\第6章\最终文件\各部门采购汇总.xlsx

步骤01 选择合并计算。

打开原始文件。

❶切换至"部门采购汇总"工作表。

❷选中单元格A2。

❸在"数据"选项卡中单击"合并计算"按钮。如右图所示。

步骤02 添加引用位置。

❶弹出"合并计算"对话框，单击"引用位置"下方的引用按钮。

❷单击"部门1采购清单"工作表标签。

❸选中单元格区域A2:B11。如右图所示。

步骤03 添加其他引用位置。

❶单击引用按钮返回"合并计算"对话框，单击"添加"按钮，添加其他工作表的数据。

❷勾选"最左列"复选框。

❸单击"确定"按钮即可看到合并计算汇总数据，如右图所示。

专家支招

1 按颜色和图标排序内容

利用 Excel 对数据进行排序时，用户不仅可以按照表格中的数据数值进行排序，还可以按照颜色和图标进行排序。

选中表格中的任一单元格，打开"排序"对话框，设置主要关键字后设置排序依据为"单元格图标"，然后设置单元格图标的排列次序，单击"确定"按钮返回工作簿，此时可看到按照单元格图标排序后的表格效果，如下图所示。

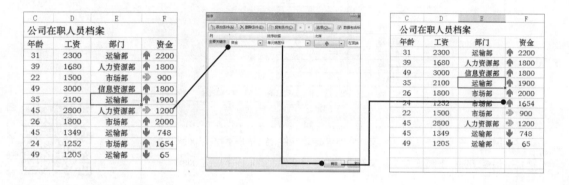

2 返回排序前的数据清单

在排序功能方面，虽然 Excel 没有提供返回排序操作前的功能，但是用户却可以巧借编号来让表格恢复到排序操作前的显示效果。排序前在表格中添加一列编号，编号数字从 1 开始，当用户对表格中的数据进行多次排序后，若要恢复排序前的表格，则对"编号"所在列进行升序排列即可。

3 自动建立分级显示

Excel 为用户提供了自动创建分级显示的功能，使用该功能之前，用户需要手动在表格中添加含有公式的汇总行，才可让 Excel 自动创建分级显示。

手动在表格中选择分组，并在每个分组的下方插入一行，输入汇总名称，然后利用公式计算指定字段的数值，单击"数据"选项卡中的"创建组"按钮，在展开的下拉列表中单击"自动建立分级显示"选项，此时可在工作表中看到 Excel 依据创建的汇总行自动建立了分级显示，如下图所示。

第7章 公式与函数

公式和函数是 Excel 最基本、最重要的应用工具。只需在公式中运用少量运算符，结合 Excel 提供的函数，就可以把 Excel 变成功能强大的数据分析工具。

7.1 公式的基础

Excel 中的公式是对工作表的数值进行计算和操作的等式，以 "=" 开始，主要包括运算符、单元格引用、值或常量以及工作表函数。其中，运算符指的是对公式的元素进行特定类型的计算，一个运算符就是一个符号，例如 +、-、*、/ 等；单元格引用指的是利用特殊引用格式对需要的单元格中的数据进行引用，例如 A5；值或常量则指的是直接输入公式的值或文本，例如 "5" 或 "姓名"；工作表函数包括一些函数和参数，可以返回一定的函数值，例如 SUM、AVERAGE 等。

7.1.1 公式中的多种运算符

Excel 为用户预设了 4 种运算符，分别是算术运算符、比较运算符、文本运算符和引用运算符。

1 算术运算符

算术运算符提供了基本的数学运算，例如加、减、乘、除、乘方和求百分数等，其详细信息见下表。

运 算 符	含 义	示 例	运 算 符	含 义	示 例
+	加	12+12	^	乘方	12^12
-	减号或负号	12-12、-12	%	求余	12%12
*	乘	12*12	( )	优先计算括号内的公式	(12+12)*12
/	除	12/12	—	—	—

2 比较运算符

比较运算符主要用来比较两个数值，并产生逻辑值 TRUE 和 FALSE，常见的比较运算符有大于、小于等，其详细信息见下表。

运 算 符	含 义	示 例	运 算 符	含 义	示 例
=	等于	C3=C4	>=	大于等于	C3>=C4
>	大于	C3>C4	<=	小于等于	C3<=C4
<	小于	C3<C4	<>	不等于	C3<>C4

3 文本运算符

文本运算符具有将多个文本组合为一个文本的功能，只包含一个符号，即 &。例如，"ABC"&"123"的结果是"ABC123"。

4 引用运算符

引用运算符可以将多个单元格进行合并，然后参与到计算中。引用运算符主要包括 3 种，即冒号、逗号和空格，其详细信息见下表。

运 算 符	含 义	示 例
：（冒号）	区域运算符，产生对包括在两个引用之间的所有单元格的引用	A3:B5
，（逗号）	联合运算符，将多个引用合并为一个引用	SUM(A2:B4,A5:B6)
（空格）	交叉运算符，产生同时属于两个引用的单元格区域的引用	SUM(A4:H4 B3:B8)

7.1.2　公式中运算符的优先级

运算公式中如果使用了多个运算符，那么将按照运算符的优先级从高到低进行运算，对于同级别的运算符将从左到右进行计算，对于不同级别的运算符则从高到低进行计算。运算符的优先级由高到低见下表。

优先级	运 算 符	备 注	优先级	运 算 符	备 注
1	：（冒号）、空格、，（逗号）	引用运算符	5	* 和 /	乘法与除法
2	-	负号	6	+ 和 -	加法与减法
3	%	百分比	7	&	文本连接符
4	^	乘幂	8	=、<=、>=、<、>	比较运算符

> 🔅 **知识补充**
>
> 像其他运算一样，Excel 中的括号（包括各类括号）可以覆盖其内置优先顺序，括号中的表达式将享有最高优先级被最先计算。

7.2 公式的应用

公式在 Excel 中的主要应用就是参与数据的计算，具体可以分为输入公式、编辑公式、复制与移动公式、公式中的单元格引用以及设置在单元格中显示公式。

7.2.1　手动输入公式

手动输入公式的操作方法主要有两种，第 1 种是直接在单元格中输入公式，第 2 种是在编辑栏中输入公式。

原始文件：下载资源\实例文件\第7章\原始文件\员工工资表.xlsx

最终文件：下载资源\实例文件\第7章\最终文件\手动输入公式.xlsx

扫码看视频

步骤01 输入等号。打开原始文件，单击要输入公式的单元格E3，输入等号"="，如下图所示。

步骤02 引用单元格数据。单击单元格B3，引用单元格B3中的数据，然后在单元格E3中可看到引用的单元格名称，如下图所示。

步骤03 完善公式。使用相同的方法输入运算符和引用单元格，最后单元格E3中的公式为"=B3+C3-D3"，如下图所示。

步骤04 查看计算结果。按【Enter】键后便可看到计算出的结果，如下图所示。

步骤05 在编辑栏中输入公式。利用编辑栏来实现手动输入公式时，❶选中单元格E4，❷在编辑栏中输入计算公式"=B4+C4-D4"，如下图所示。

步骤06 查看计算结果。按【Enter】键后便可看到计算出的结果，如下图所示。

7.2.2 编辑公式

在 Excel 中输入公式时，有时候会因为某种原因造成输入的公式有误，这时用户就需要手动编辑公式，纠正公式中的错误。

原始文件： 下载资源\实例文件\第7章\原始文件\员工工资表1.xlsx

最终文件： 下载资源\实例文件\第7章\最终文件\编辑公式.xlsx

步骤01 查看公式。打开原始文件，选中单元格 E3，在编辑栏中可看到公式中引用了错误的单元格C7，如下图所示。

步骤02 修改单元格引用。❶将鼠标指针定位在编辑栏中，选中单元格C7中的文本，❷单击单元格C3，如下图所示。

> 💡 **知识补充**
>
> 引用单元格 C3 既可通过单击单元格 C3 来实现，又可通过输入"C3"文本来实现。

步骤03 查看结果。按【Enter】键后便可在单元格E3中看到编辑公式后的计算结果以及编辑栏中的公式，如右图所示。

> 💡 **知识补充**
>
> 用户还可以在单元格中编辑公式，只需双击指定单元格，便可在该单元格中修改公式。

7.2.3 公式的复制和移动

公式的移动与复制在操作上与单元格或单元格区域的移动与复制基本相同。将一个单元格移动 / 复制到另一单元格时，该单元格中的公式必然也会被移动 / 复制过去。

原始文件： 下载资源\实例文件\第7章\原始文件\员工工资表.xlsx

最终文件： 下载资源\实例文件\第7章\最终文件\公式的复制与移动.xlsx

扫码看视频

步骤01 复制公式。打开原始文件，❶在单元格E3中输入公式"=B3+C3-D3"计算应得工资，❷单击"剪贴板"组中的"复制"按钮，如下图所示。

步骤02 粘贴公式。选中单元格E4，按【Ctrl+V】组合键即可看到粘贴后的显示效果，如下图所示。

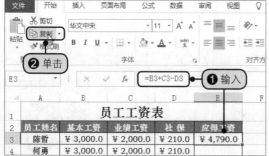

步骤03 剪切单元格E5中的公式。❶在单元格E5中输入公式"=B5+C5-D5"，❷单击"开始"选项卡下"剪贴板"组中的"剪切"按钮，如下图所示。

步骤04 粘贴公式。选中单元格E6，按【Ctrl+V】组合键可看到粘贴后的显示效果（单元格E6粘贴了单元格E5中的公式和计算结果），同时单元格E5不显示任何内容，如下图所示。

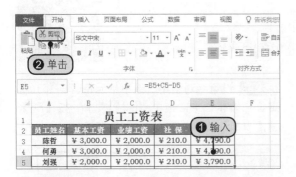

知识补充

　　复制含有公式的指定单元格后，用户可以利用选择性粘贴来实现仅粘贴数值、仅粘贴公式等目的；而剪切含有公式的指定单元格后，用户只能将公式和数值一同粘贴到指定单元格中。

7.2.4　相对、绝对和混合引用

　　Excel 中的每个单元格都有与之对应的行列坐标，这些行、列坐标位置称为单元格引用。在公式中，单元格引用可以代替单元格中的实际数值。公式中的单元格引用包括相对引用、绝对引用和混合引用 3 种。

1　相对引用

　　相对单元格引用是基于包含公式和单元格引用的单元格的相对位置。公式所在单元格的位置改变时，引用也会随之改变。多行或多列地复制公式时，引用会自动调整。

原始文件：下载资源\实例文件\第7章\原始文件\员工工资表.xlsx
最终文件：下载资源\实例文件\第7章\最终文件\相对引用.xlsx

扫码看视频

步骤01 输入公式。打开原始文件，❶在单元格E3中输入计算公式"=B3+C3-D3"后按【Enter】键，❷将鼠标指针移至该单元格右下角，使其呈十字状，如下图所示。

步骤02 利用相对引用进行计算。❶按住鼠标左键不放，向下拖动至单元格E12处，释放鼠标后便可以看到利用相对引用计算出的应得工资，❷选中单元格E6，在编辑栏中可看到该单元格中公式引用的单元格变成B6、C6和D6，如下图所示。

绝对引用

绝对单元格引用总是在指定位置引用单元格。公式所在单元格的位置改变时，绝对引用的单元格始终保持不变。多行或多列地复制公式时，绝对引用将不做调整。

原始文件： 下载资源\实例文件\第7章\原始文件\员工工资表2.xlsx
最终文件： 下载资源\实例文件\第7章\最终文件\绝对引用.xlsx

扫码看视频

步骤01 输入公式。打开原始文件，在单元格E3中输入公式"=B3+C3-D3"后按【Enter】键，如下图所示。

步骤02 设置绝对引用。选中单元格E3，将光标定位在编辑栏中，选中"D3"文本，按【F4】键，为其添加绝对符号，如下图所示。

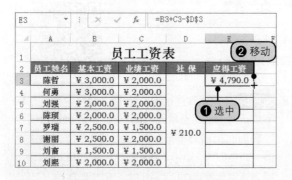

步骤03 移动鼠标指针。❶按【Enter】键后再次选中单元格E3，❷将鼠标指针移至该单元格右下角，使其呈十字状，如下图所示。

步骤04 查看绝对引用结果。❶按住鼠标左键不放，向下拖动至单元格E12处，释放鼠标后便可以看到利用绝对引用计算出的应得工资，❷选中单元格E5，在编辑栏中可看到公式仍绝对引用单元格D3，如下图所示。

混合引用

混合引用具有绝对列和相对行，或者绝对行和相对列。绝对引用列采用 $A1、$B1 等形式，绝对引用行采用 A$1、B$1 等形式。公式所在单元格的位置改变时，相对引用改变，而绝对引用不变。多行或多列地复制公式时，相对引用自动调整，而绝对引用不做调整。

原始文件： 下载资源\实例文件\第7章\原始文件\乘法表.xlsx
最终文件： 下载资源\实例文件\第7章\最终文件\混合引用.xlsx

扫码看视频

步骤01 输入计算公式。打开原始文件，选中单元格B3，在该单元格中输入计算公式"=A3*B2"，如下图所示。

步骤02 修改公式的引用方式。在公式中添加绝对符号，使其变成"=$A3*B$2"，如下图所示。

步骤03 复制公式。将鼠标指针移至单元格B3右下角，呈十字状时按住鼠标左键不放，拖动至I3单元格处，释放鼠标，可看到单元格区域B3:I3中显示的计算结果，如下图所示。

步骤04 继续复制公式。继续上一步骤，将鼠标指针移至单元格I3右下角，呈十字状时按住鼠标左键不放，拖动至I10单元格处，释放鼠标，选中单元格I10，可看到公式中引用了绝对列A和绝对行2，如下图所示。

知识补充

要更改单元格的引用方式，除了可以直接输入"$"符号来设置以外，还可以使用【F4】键，按1次该键时，可以对单元格进行绝对引用；按2次该键时，则可以绝对引用行；按3次该键时，则可以绝对引用列；继续按【F4】键，单元格就返回了引用前的形式。

实例精练——计算公司月度平均费用

很多公司为了控制成本，经常会计算月度平均费用。当公司的月度费用数据已被录入 Excel 中后，用户就可以利用公式来计算公司的月度平均费用了，完成后的最终效果如右图所示。

最终效果

日期\类别	1月	2月	3月	4月	5月	6月	平均费用
办公费用	¥ 500	¥ 400	¥ 600	¥ 700	¥ 500	¥ 600	¥ 550
通讯费用	¥ 650	¥ 480	¥ 590	¥ 620	¥ 700	¥ 650	¥ 615
租赁费用	¥1,500	¥1,500	¥1,500	¥1,500	¥1,500	¥1,500	¥ 1,500
维修费用	¥ 300	¥ 400	¥ 250	¥ 360	¥ 480	¥ 520	¥ 385
水电费用	¥ 400	¥ 500	¥ 600	¥ 500	¥ 600	¥ 750	¥ 558
物业费用	¥ 680	¥ 680	¥ 680	¥ 680	¥ 680	¥ 680	¥ 680
停车费用	¥2,500	¥2,500	¥2,500	¥2,500	¥2,500	¥2,500	¥2,500

公司上半年月度平均费用

步骤01 输入计算公式。

打开原始文件。

❶单击单元格H3，在单元格中输入"="。

❷在单元格H3中输入计算公式"=(B3+C3+D3+E3+F3+G3)/6"后按【Enter】键。如右图所示。

步骤02 计算其他平均费用。

❶将鼠标指针移至单元格H3右下角，呈十字状时按住鼠标左键不放，向下拖动鼠标指针至单元格H9。

❷释放鼠标左键后可看到利用相对引用计算出的其他平均费用，选中单元格H8，可看到单元格中相对引用后的计算结果。如右图所示。

7.3 公式的名称

在 Excel 中，使用名称可以让用户更容易编辑和理解公式，但是用户需要了解名称命名的一些限制，同时还需要掌握名称的定义、修改以及如何在公式中应用名称等操作。需要注意的是，在 Excel 中定义名称时，限制条件大致有以下 5 条。

（1）名称的第一个字符必须是字母、下划线字符"_"或反斜杠"\"，名称中的其余字符可以是字母、数字、句点和下划线。

（2）名称不能与单元格引用相同，例如 A$20 或 R1C1 就无法作为名称使用。

（3）名称不允许出现空格。

（4）名称最多可包含 255 个字符。

（5）名称可以包含大写字母和小写字母。用户在创建名称时可以不区分大写字母和小写字母。

7.3.1 定义名称

Excel 提供了 3 种定义名称的方法，分别是利用"定义名称"选项定义名称、利用名称栏定义名称以及根据选定区域定义名称。下面通过实例来介绍这 3 种方法的操作步骤。

步骤01 选择单元格区域。打开原始文件，选中单元格区域B3:B12，如下图所示。

	A	B	C	D	E	F
1			员工工资表			
2	员工姓名	基本工资	业绩工资	社 保	应得工资	
3	陈哲	￥3,000.0	￥2,000.0	￥210.0		
4	何勇	￥3,000.0	￥2,000.0	￥210.0		
5	刘强	￥2,000.0	￥2,000.0	￥210.0		
6	陈顼	￥2,000.0	￥2,000.0	￥210.0		
7	罗瑞	￥2,500.0	￥1,500.0	￥210.0		
8	谢丽	￥2,500.0	￥2,000.0	￥210.0		
9	刘畜	￥1,500.0	￥1,500.0	￥210.0		
10	刘熙	￥2,000.0	￥2,000.0	￥210.0		

步骤03 设置名称和引用位置。弹出"新建名称"对话框，❶设置"名称"为"基本工资"，❷单击"确定"按钮，如下图所示。

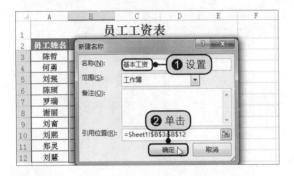

步骤05 在名称框中定义名称。❶选中单元格区域C3:C12，❷将光标定位到名称框中，输入名称"业绩工资"，如下图所示。

	A	B	C	D	E	F	G
	业绩工资		2000				
		A	B	C	D	E	F	G
			员工工资表				
2	员工姓名	基本工资	业绩工资	社 保	应得工资		
3	陈哲	￥3,000.0	￥2,000.0	￥210.0			
4	何勇	￥3,000.0	￥2,000.0	￥210.0			
5	刘强	￥2,000.0	￥2,000.0	￥210.0			
6	陈顼	￥2,000.0	￥2,000.0	￥210.0			
7	罗瑞	￥2,500.0	￥1,500.0				
8	谢丽	￥2,500.0	￥2,000.0	￥210.0			
9	刘畜	￥1,500.0	￥1,500.0	￥210.0			
10	刘熙	￥2,000.0	￥2,000.0	￥210.0			
11	郑灵	￥2,500.0	￥2,000.0	￥210.0			
12	刘慧	￥1,500.0	￥1,500.0	￥210.0			

步骤07 选择单元格区域。继续选择要定义名称的单元格区域，如选中单元格区域D2:D12，如右图所示。

步骤02 定义名称。❶单击"公式"选项卡中的"定义名称"右侧的下三角按钮，❷在展开的列表中单击"定义名称"选项，如下图所示。

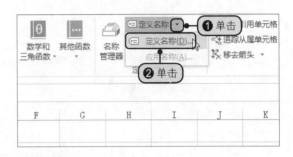

步骤04 查看定义的名称。返回工作表中，此时可看到名称框中显示的名称为"基本工资"，如下图所示。

			fx	3000			
基本工资							
	A	B	C	D	E	F	G
定义的名称		员工工资表					
2	员工姓名	基本工资	业绩工资	社 保	应得工资		
3	陈哲	￥3,000.0	￥2,000.0	￥210.0			
4	何勇	￥3,000.0	￥2,000.0	￥210.0			
5	刘强	￥2,000.0	￥2,000.0	￥210.0			
6	陈顼	￥2,000.0	￥2,000.0	￥210.0			
7	罗瑞	￥2,500.0	￥1,500.0	￥210.0			
8	谢丽	￥2,500.0	￥2,000.0	￥210.0			
9	刘畜	￥1,500.0	￥1,500.0	￥210.0			
10	刘熙	￥2,000.0	￥2,000.0	￥210.0			
11	郑灵	￥2,500.0	￥2,000.0	￥210.0			
12	刘慧	￥1,500.0	￥1,500.0	￥210.0			

步骤06 查看定义的名称。按【Enter】键后可看到名称框中显示的名称为"业绩工资"，如下图所示。

			fx	2000			
业绩工资							
	A	B	C	D	E	F	G
定义的名称		员工工资表					
2	员工姓名	基本工资	业绩工资	社 保	应得工资		
3	陈哲	￥3,000.0	￥2,000.0	￥210.0			
4	何勇	￥3,000.0	￥2,000.0	￥210.0			
5	刘强	￥2,000.0	￥2,000.0	￥210.0			
6	陈顼	￥2,000.0	￥2,000.0	￥210.0			
7	罗瑞	￥2,500.0	￥1,500.0	￥210.0			
8	谢丽	￥2,500.0	￥2,000.0	￥210.0			
9	刘畜	￥1,500.0	￥1,500.0	￥210.0			
10	刘熙	￥2,000.0	￥2,000.0	￥210.0			
11	郑灵	￥2,500.0	￥2,000.0	￥210.0			
12	刘慧	￥1,500.0	￥1,500.0	￥210.0			

	A	B	C	D	E	F
1			员工工资表			
2	员工姓名	基本工资	业绩工资	社 保	应得工资	
3	陈哲	￥3,000.0	￥2,000.0	￥210.0		
4	何勇	￥3,000.0	￥2,000.0	￥210.0		
5	刘强	￥2,000.0	￥2,000.0	￥210.0		
6	陈顼	￥2,000.0	￥2,000.0	￥210.0		
7	罗瑞	￥2,500.0	￥1,500.0	￥210.0		
8	谢丽	￥2,500.0	￥2,000.0	￥210.0		
9	刘畜	￥1,500.0	￥1,500.0	￥210.0		
10	刘熙	￥2,000.0	￥2,000.0	￥210.0		

步骤08 根据所选内容创建名称。在"公式"选项卡下的"定义的名称"组中单击"根据所选内容创建"按钮，如下图所示。

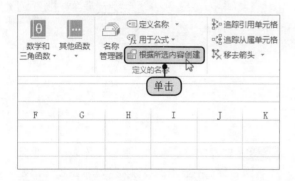

步骤09 设置首行内容为名称。弹出"以选定区域创建名称"对话框，❶在"以下列选定区域的值创建名称"下勾选"首行"复选框，❷单击"确定"按钮，如下图所示。

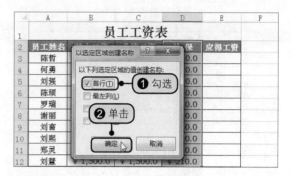

步骤10 查看定义的名称。返回工作表，选中单元格区域D3:D12，在名称框中可看到显示的名称"社_保"，如右图所示。

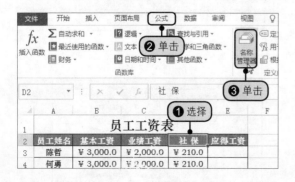

7.3.2 修改名称

当用户发现定义的名称中有部分名称不合适时，可以利用"名称管理器"对其进行修改。

原始文件： 下载资源\实例文件\第7章\原始文件\员工工资表3.xlsx
最终文件： 下载资源\实例文件\第7章\最终文件\名称的修改.xlsx

步骤01 单击"名称管理器"按钮。打开原始文件，❶选择任一单元格，❷切换至"公式"选项卡，❸单击"名称管理器"按钮，如下图所示。

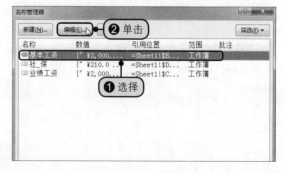

步骤02 编辑指定名称。弹出"名称管理器"对话框，❶选择要修改的名称选项，❷单击"编辑"按钮，如下图所示。

步骤03 编辑名称。弹出"编辑名称"对话框，❶在"名称"文本框中输入新的名称"底薪"，❷单击"确定"按钮，如下图所示。

步骤04 查看修改后的名称。返回工作簿窗口，❶选中单元格区域B3:B12，❷在名称栏中可看到显示的名称"底薪"，如下图所示。

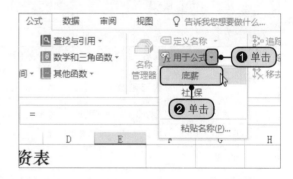

7.3.3 在公式中使用名称

无论采用哪种方式定义名称，定义的名称都可以参与到公式中进行计算。用户通过定义的名称可以更容易地理解公式。

 原始文件： 下载资源\实例文件\第7章\原始文件\员工工资表4.xlsx

最终文件： 下载资源\实例文件\第7章\最终文件\在公式中使用名称.xlsx

步骤01 输入等号。打开原始文件，在单元格E3中输入等号"="，如下图所示。

步骤02 选择名称。❶单击"公式"选项卡中的"用于公式"按钮，❷在展开的列表中单击"底薪"选项，如下图所示。

步骤03 完善公式。接着按照相同的方法使用名称，使得单元格E3中的计算公式为"=底薪+业绩工资-社_保"，如右图所示。

步骤04 计算其他员工的应得工资。按【Enter】键后可看到计算结果，❶将鼠标指针移至单元格E3右下角，呈十字状时按住鼠标左键不放，向下拖动至单元格E12处，❷选择单元格区域E3:E12中任一单元格，可在编辑栏中看到其计算公式，如右图所示。

7.4 公式的错误信息与循环引用

扫码看视频

如果公式的参数个数、参数类型或参数值超过了规定的范围，就会导致 Excel 不能正确求解，这时就会给出特定的出错信息。例如：在需要数字的公式中使用文本、删除了被公式引用的单元格或是使用了其宽度不足以显示结果的单元格时，都会产生错误值。

这些信息均以"#"开头，后面是特殊的字母，如 #N/A、#NAME? 等。要更正这些错误，就必须弄清楚这些出错信息的含义。下表列出了 Excel 单元格公式中可能出现的错误类型和原因。

错误值	原因
#####	单元格所含的数字、日期或时间比单元格宽；或者单元格的日期、时间公式产生了一个负值
#VALUE!	在需要数字或逻辑值时输入了文本，不能将文本转换为正确的数据类型；输入或编辑数组公式时，按【Enter】键；把单元格引用、公式或函数作为数组常量输入；把一个数值区域赋给了只需要单一参数区运算符或函数
#DIV/0!	输入的公式中包含明显的除数为零（0）；公式中的除数使用了指向空单元格或包含零值单元格的单元格引用
#NAME?	在公式中输入文本时没有使用双引号；函数名的拼写错误；删除了公式中使用的名称或是在公式中使用了定义的名称；名字拼写有误
#N/A	内部函数或自定义工作表函数中缺少一个或多个参数；在数组公式中，所用参数的行数或列数与包含数组公式的区域的行数或列数不一致；在没有排序的数据表中使用了 VLOOKUP、HLOOKUP 或 MATCH 工作表函数查找数值
#REF!	删除了公式中所引用的单元格或单元格区域
#NUM!	由公式产生的数字太大或太小，不能表示；在需要数字参数的函数中使用了非数字参数
#NULL!	在公式的两个区域中加入了空格求交叉区域，但实际上这两个区域无交叉区域

当公式引用了自身所在的单元格时，不论是直接的还是间接的，都称为循环引用。例如，在单元格 B3 中输入公式"=10+B3"，由于公式出现在单元格 B3 中，相当于单元格 B3 引用了单元格 B3，产生了循环引用，当输入以上公式后，按【Enter】键会弹出如下图所示的提示框。

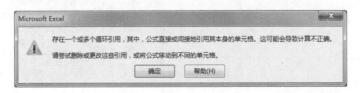

在弹出的警告框中有两个按钮，分别是"确定"和"帮助"，当用户单击"确定"按钮时将会定位循环引用，单击"帮助"按钮时可查看循环引用的更多信息。

例如，在单元格A1中输入公式"=A2+A3"，在单元格A2中输入数据"2"，在单元格A3中输入公式"=A1*0.3"，这样，单元格A3的值依赖于A1，而单元格A1的值又依赖于A3，形成了间接的循环引用，但这种循环引用又是必需的。

在上述的循环引用过程中，用户如果想得到正确的结果，需要启用迭代计算。

步骤01 单击"选项"命令。打开一个空白工作簿，❶单击"文件"按钮，❷在弹出的视图菜单中单击"选项"命令，如下图所示。

步骤02 启用迭代计算。弹出"Excel选项"对话框，❶单击"公式"选项，❷在右侧勾选"启用迭代计算"复选框，如下图所示，最后单击"确定"按钮保存退出。

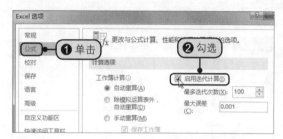

7.5 公式的审核

Excel提供了公式审核的功能，主要包括追踪箭头的使用、对公式求值进行分步检查以及让Excel自动检查表格中的错误公式等，本节将对这些内容进行详细的介绍。

7.5.1 使用追踪箭头

在Excel中，用户可以使用追踪箭头来查看公式所在单元格的从属单元格和引用单元格，当单元格B2中引用了单元格A2，而单元格C2又引用了单元格B2，则单元格A2称为单元格B2的引用单元格，单元格C2称为单元格B2的从属单元格。

原始文件：下载资源\实例文件\第7章\原始文件\一周销售额统计表.xlsx

最终文件：无

扫码看视频

步骤01 选择单元格。打开原始文件，选择要使用追踪箭头的单元格D9，如下图所示。

步骤02 追踪引用单元格。在"公式"选项卡下的"公式审核"组中单击"追踪引用单元格"按钮，如下图所示。

D9				fx	=SUM(D2:D8)
	A	B	C	D	E
1	日 期	单 价	销售量	销售额	
2	4月1日	¥ 220.0	85	¥ 18,700.0	
3	4月2日	¥ 250.0	82	¥ 20,500.0	
4	4月3日	¥ 280.0	89	¥ 24,920.0	
5	4月4日	¥ 360.0	110	¥ 39,600.0	
6	4月5日	¥ 350.0	100	¥ 35,000.0	
7	4月6日	¥ 340.0	85	¥ 28,900.0	
8	4月7日	¥ 420.0	120	¥ 50,400.0	
9	合 计	¥ 2,220.0		¥ 218,020.0	选择

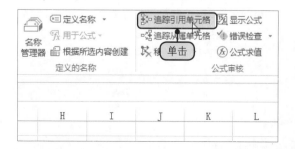

步骤03 查看引用的单元格。此时工作表中将显示一个蓝色的区域和方向箭头，用于标示单元格D9的引用单元格为单元格区域D2:D8，如下图所示。

▲	A	B	C	D	E
1	日　期	单　价	销售量	销售额	
2	4月1日	¥　220.0	85	¥　18,700.0	
3	4月2日	¥　250.0	82	¥　20,500.0	
4	4月3日	¥　280.0	89	¥　24,920.0	
5	4月4日	¥　360.0	110	¥　39,600.0	
6	4月5日	标示引用单元格	¥　35,000.0	
7	4月6日		¥　28,900.0	
8	4月7日	¥　420.0	120	¥　50,400.0	
9	合　计	¥ 2,220.0		¥ 218,020.0	
10	平　均	¥　317.1		¥　31,145.7	

步骤04 追踪从属单元格。要查看单元格D9的从属单元格，在"公式"选项卡下的"公式审核"组中单击"追踪从属单元格"按钮，如下图所示。

步骤05 查看从属单元格。此时工作表中将显示一个方向箭头，用于标示单元格D9的从属单元格为单元格D10，如下图所示。

▲	A	B	C	D	E
1	日　期	单　价	销售量	销售额	
2	4月1日	¥　220.0	85	¥　18,700.0	
3	4月2日	¥　250.0	82	¥　20,500.0	
4	4月3日	¥　280.0	89	¥　24,920.0	
5	4月4日	标示从属单元格	¥　39,600.0	
6	4月5日	¥　350.0	100	¥　35,000.0	
7	4月6日	¥　340.0	85	¥　28,900.0	
8	4月7日	¥　420.0	120	¥　50,400.0	
9	合　计	¥ 2,220.0		¥ 218,020.0	
10	平　均	¥　317.1		¥　31,145.7	

步骤06 移去箭头。要移除工作表中所有的追踪箭头时，①单击"公式审核"组中的"移去箭头"右侧的下三角按钮，②在展开的列表中单击"移去箭头"选项，如下图所示。

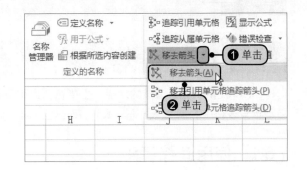

7.5.2　显示公式

在 Excel 中，含有公式的单元格默认只显示公式计算的结果，为了方便查看、修改公式内容，用户可以设置在单元格中显示公式。

原始文件： 下载资源\实例文件\第7章\原始文件\一周销售额统计表.xlsx

最终文件： 下载资源\实例文件\第7章\最终文件\显示公式.xlsx

扫
码
看
视
频

步骤01 选中单元格。打开原始文件，可看到单元格区域D2:D10中显示的是数值，而非计算公式，如右图所示。

▲	A	B	C	D	E
1	日　期	单　价	销售量	销售额	
2	4月1日	¥　220.0	85	¥　18,700.0	
3	4月2日	¥　250.0	82	¥　20,500.0	
4	4月3日	¥	显示默认内容	¥　24,920.0	
5	4月4日	¥　360.0	110	¥　39,600.0	
6	4月5日	¥　350.0	100	¥　35,000.0	
7	4月6日	¥　340.0	85	¥　28,900.0	
8	4月7日	¥　420.0	120	¥　50,400.0	
9	合　计	¥ 2,220.0		¥ 218,020.0	
10	平　均	¥　317.1		¥　31,145.7	
11					

步骤02 显示公式。在"公式"选项卡的"公式审核"组中单击"显示公式"按钮，如下图所示。

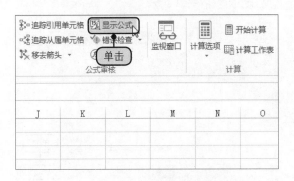

步骤03 显示公式的效果。此时可在工作表中看到显示的是计算公式，而不是数值，如下图所示。

7.5.3 公式求值的分步检查

Excel 提供了公式求值的功能。利用该功能可以查看指定单元格中公式的单步运算情况。当公式比较复杂时，使用该方法将会大大提高检查错误公式的效率。

 原始文件：下载资源\实例文件\第7章\原始文件\一周销售额统计表.xlsx

最终文件：无

步骤01 选中单元格。打开原始文件，选择要检查的公式所在的单元格D10，如下图所示。

步骤02 公式求值。在"公式"选项卡中单击"公式求值"按钮，如下图所示。

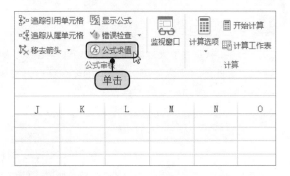

步骤03 单击"求值"按钮。弹出"公式求值"对话框，单击"求值"按钮，如下图所示。

步骤04 代入单元格值。可看到代入的单元格D9值，继续单击"求值"按钮，如下图所示。

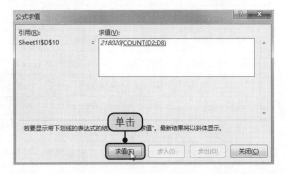

步骤05 查看代入值。此时可看到COUNT(D2:D8)的计算结果，继续单击"求值"按钮，如下图所示。

步骤06 查看公式的最终值。在新的界面中可看到公式计算出的最终结果，最后单击"关闭"按钮，如下图所示。

7.6 函数

普通的电子表格（如 Word 中的表格）只能完成一般的表格制作功能，仅能进行相当简单的数据处理，如排序、求和等，而且操作复杂，而 Excel 拥有强大的函数功能，使其与普通的电子表格区分开来。

7.6.1 函数简介

函数处理数据的方式与公式处理数据的方式是相同的。函数通过接收参数并对所接收的参数进行相关的运算返回计算结果。大多数情况下，函数的计算结果是数值，但也可以返回文本、引用、逻辑值、数组或工作表的信息。

1 函数的分类

Excel 中提供了大量的内置函数，这些函数涉及许多工作领域，如财务、工程、统计、数据库、时间、数学等。此外，用户还可以利用 VBA 编写自定义函数，以完成特定的需要。函数按照功能的不同可以分为 13 类，详细信息见下表。

类别名称	功 能
数据库函数	用于分析数据清单中的数值是否符合特定的条件
日期与时间函数	用于在公式中分析、处理日期和时间值
工程函数	用于工程分析，例如对复数进行处理、在不同的数值系统间进行转换等
财务函数	用于一般的财务计算，例如投资未来值、确定贷款的支付额等
信息函数	用于确定存储在单元格中的数据类型
逻辑函数	用于进行真假判断，或者进行复合检验
查找与引用函数	用于在数据清单或表格中查找或引用特定的数值
数学与三角函数	用于进行数学和三角运算
统计函数	用于对数据区域进行统计分析
文本函数	用于在公式中处理字符串
多维数据集函数	主要用于计算多维数据集中的相关数据，例如计算多维数据集中的成员、元组以及属性值等

类别名称	功能
Web 函数	Web 函数主要用于计算 URL 编号的字符串和 Web 服务中的数据
自定义函数	用户根据自己的需要编制的函数，前提是 Excel 无法提供该功能的函数

2 函数的结构

Excel 中的函数一般由函数名称、参数和括号 3 部分组成，其基本结构为：

函数名称（参数1，参数2，…，参数n）

其中，函数名称指出函数的含义，每个函数都有唯一的函数名称；函数名称后面是把参数括起来的圆括号，若有多个参数，则参数之间需要用半角的逗号分隔开。参数是一些可以变化的量，参数的数量随着函数改变。在单元格中输入函数时，需要在函数名前输入等号，例如"=AVERAGE(A1,B2:B9,230)"。

3 函数的参数类型

在 Excel 中，函数的参数既可以是常量、逻辑值、数组、错误值或单元格引用，又可以是另一个或几个函数等。其中，参数的类型和位置必须满足函数语法的要求，否则将返回错误信息。

► 常量：直接输入到单元格或公式中的数字或文本，或者由名称所代表的数字或文本值，例如数字"235"、日期"2015-4-5"和文本"销量"等。

► 逻辑值：比较特殊的一类参数，只有 TRUE（真）和 FALSE（假）两种类型。

► 数组：用于可产生多个结果或可以对存放在行和列中的一组参数进行计算的公式。

► 错误值：使用错误值作为参数的主要是信息函数，例如"ERROR.TYPE"函数，它的语法为 ERROR.TYPE(error_val)，若其中的参数是 #NUM!，则返回数值"6"。

► 单元格引用：函数中最常见的参数，引用的目的在于标示工作表单元格或单元格区域，并指明公式或函数所使用的数据的位置，便于它们使用工作表各处的数据，或者在多个函数中使用同一个单元格的数据。还可以引用同一工作簿不同工作表的单元格，甚至引用其他工作簿中的数据。

► 嵌套函数：函数可以作为其他函数的参数，例如"=INDEX(B:B,SMALL(IF(A$2:A$10=" 张三 ",row($2:$10)),row(1:1)))"。

► 名称和标志：为了更加直观地标示单元格或单元格区域，可以给它们赋予一个名称，从而在公式或函数中直接引用。

7.6.2 调用函数

在 Excel 中，函数可以参与数据的计算，既可以参与到公式中进行数据计算，又可以参与到其他函数中计算。无论是参与到公式中还是参与到函数中，都可称为函数的调用。

1 在公式中直接调用函数

如果函数以公式的形式出现，需要在函数名称前面输入等号"="。下面是在公式中直接调用函数的计算公式。在此公式中调用了平均值函数 AVERAGE，用于计算 A1:B5 和 C1:D2 两个单元格区域中的数值，以及 E5 单元格的数值与 12、32、12 所有数的平均值。

=AVERAGE(A1:B5,C1:D2,E5,12,32,12)

2 在表达式中调用函数

除了在公式中直接调用函数外，也可以在表达式中调用函数。例如，先求 A1:A5 单元格区域的平均值与 B1:B5 区域的总和，然后除以 10，再把计算结果放在 C2 单元格，就可以在表达式中调用函数。（可以在 C2 单元格中输入下面的公式。）

$$=(AVERAGE(A1:A5)+SUM(B1:B5))/10$$

3 嵌套调用函数

嵌套函数也叫多重函数，就是指在一个函数中调用另一个函数。下面的公式就是函数的嵌套调用公式，平均值函数 AVERAGE 和汇总函数 SUM 都作为重要条件函数 IF 的参数使用。

$$=IF(AVERAGE(F2:F5)>50,SUM(G2:G5),0)$$

7.6.3 输入函数

Excel 提供了输入函数的功能，利用该功能可快速计算工作表中指定的数据。在工作表中输入函数的方法主要有 3 种：第 1 种是手动输入函数，第 2 种是利用"插入函数"对话框实现函数的输入，第 3 种是利用 Excel 提供的"自动求和"功能实现部分函数的快速输入。

原始文件：下载资源\实例文件\第7章\原始文件\第1季度销量统计表.xlsx
最终文件：下载资源\实例文件\第7章\最终文件\输入函数的方法.xlsx

1 手动输入函数

手动输入函数要求用户对函数有一定的了解，因为手动输入函数时需要准确无误地输入函数名，一旦输入错误就无法获得计算结果。

步骤01 输入等号。打开原始文件，单击单元格 F3，在单元格中输入等号"="，如下图所示。

步骤02 选择函数。❶输入"AVE"，❷在下方显示的列表框中选择函数，如双击"AVERAGE"函数，如下图所示。

步骤03 完善公式。继续输入函数，使得单元格 F3中的公式为"=AVERAGE(B3:D3)"，如下图所示。

步骤04 计算其他员工的销量。按【Enter】键后可看到计算的结果。选中单元格F3，将鼠标指针移至该单元格右下角，呈十字状时按住鼠标左键不放，向下拖动至单元格F9，选中F列任一单元格，即可看到复制的公式效果，如下图所示。

2 利用对话框插入函数

如无法准确输入要参与计算的函数，可以利用"插入函数"对话框来实现。"插入函数"对话框的显示界面如右图所示。

扫码看视频

选择函数类别　利用关键字搜索函数　选择指定类别下的函数

步骤01 插入函数。继续上面的例子进行操作，❶选择要插入函数的单元格，如选中单元格G3，❷切换至"公式"选项卡，❸单击"插入函数"按钮，如下图所示。

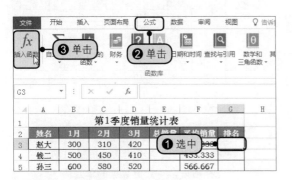

步骤02 选择函数类别。弹出"插入函数"对话框，❶单击"或选择类别"右侧的下三角按钮，❷在展开的下拉列表中选择"统计"函数，如下图所示。

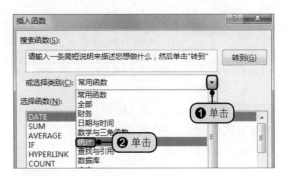

步骤03 选择函数。❶在"选择函数"列表框中单击"RANK.AVG"函数，❷单击"确定"按钮，如下图所示。

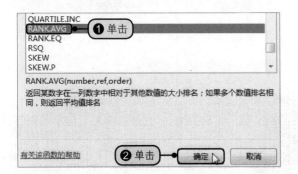

步骤04 设置函数参数。弹出"函数参数"对话框，设置"Number"参数的值为单元格F3中的数值，设置"Ref"参数的值为单元格区域F3:F9，其他保持默认设置，如下图所示。

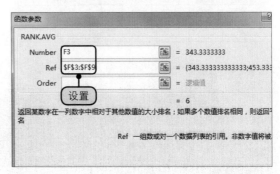

步骤05 计算其他员工的排名。单击"确定"按钮，返回工作簿窗口，可看到计算出的排名。将该单元格中的公式复制到单元格区域G4:G9，计算其他员工的排名，如右图所示。

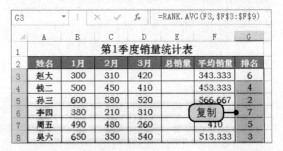

117

3 利用"自动求和"功能插入函数

Excel 提供了自动求和的功能，不仅能够实现自动求和，还能实现自动求平均值、最大值和最小值，非常实用。

步骤01 自动求和。继续上例进行操作，❶选择要插入函数的单元格，如选中单元格E3，❷切换至"公式"选项卡，单击"自动求和"下三角按钮，❸在展开的列表中单击"求和"选项，如下图所示。

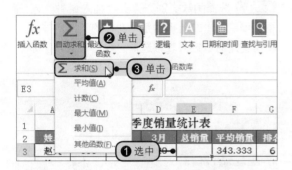

步骤02 自动插入公式。在单元格E3中可看到公式自动对单元格区域B3:D3进行求和，如下图所示。按【Enter】键后可看到结果。

	A	B	C	D	E	F	G
1				第1季度销量统计表			
2	姓名	1月	2月	3月	总销量	平均销量	排名
3	赵大	300	310		=SUM(B3:D3)	3	6
4	钱二	500	450	410	SUM(number1, [number2], ...)		
5	孙三	600	580	5		566.667	2
6	李四	380	210	5	自动插入	300	7
7	周五	490	480	260		410	5
8	吴六	650	350	540		513.333	3
9	郑七	720	620	710		683.333	1

RANK.AVG ▾ × ✓ fx =SUM(B3:D3)

步骤03 计算其他员工的销量。将该单元格中的公式复制到单元格区域E4:E9中，计算其他员工的总销量，如下图所示。

E7 ▾ × ✓ fx =SUM(B7:D7)

	A	B	C	D	E	F	G
1				第1季度销量统计表			
2	姓名	1月	2月	3月	总销量	平均销量	排名
3	赵大	300	310	420	1030	343.333	6
4	钱二	500	450	410		453.333	4
5	孙三	600	580	520	复制公式	6.667	2
6	李四	380	210	310	900	300	7
7	周五	490	480	260	1230	410	5
8	吴六	650	350	540	1540	513.333	3

💡 **知识补充**

Excel 提供的自动求和功能能够自动识别指定单元格附近含有数值数据的单元格，并将这些单元格作为函数参数。如果在"第1季度销量统计表"中的单元格 F3 利用自动求和计算平均销量，则 Excel 会自动将单元格区域 B3:E3 作为参数，此时就需要用户手动修改，因此用户使用自动求和时需要核对函数的参数是否正确。

💡 **知识补充**

Excel 提供的自动求和功能包含求和、平均值、计数、最大值以及最小值。其实这些功能都是通过内置的函数来实现的，其中求和对应 SUM 函数、平均值对应 AVERAGE 函数、计数对应 COUNT 函数、最大值对应 MAX 函数，最小值对应 MIN 函数。

7.6.4 修改函数

谁都不能保证输入的函数全都准确无误，那么发现已输入的函数出现错误时怎么办呢？当然是在工作表中进行修改了。修改函数的方法与编辑公式的方法基本一致。

原始文件：下载资源\实例文件\第7章\原始文件\第1季度销量统计表1.xlsx
最终文件：下载资源\实例文件\第7章\最终文件\修改函数.xlsx

步骤01 选择要修改函数的单元格。打开原始文件，选择单元格F3，将光标定位在编辑栏中，如下图所示。

RANK.AVG	=AVERAGE(B3:E3)

第1季度销量统 定位

	A	B	C	D	E	F	G
2	姓名	1月	2月	3月	总销量	平均销量	排名
3	赵大	300	310	420	1030	=AVERAG	3
4	钱二	500	450	410	1360	453.333	5
5	孙三	600	580	520	1700	566.667	2
6	李四	380	210	310	900	300	7
7	周五	490	480	260	1230	410	6
8	吴六	650	350	540	1540	513.333	4

步骤02 查看修改参数后的函数。将AVERAGE函数中的"B3:E3"参数更改为"B3:D3"，然后按【Enter】键即可完成函数的修改，如下图所示。

F3	=AVERAGE(B3:D3)

第1季度销量统 修改

	A	B	C	D	E	F	G
2	姓名	1月	2月	3月	总销量	平均销量	排名
3	赵大	300	310	420	1030	343.333	6
4	钱二	500	450	410	1360	453.333	4
5	孙三	600	580	520	1700	566.667	2
6	李四	380	210	310	900	300	7
7	周五	490	480	260	1230	410	5
8	吴六	650	350	540	1540	513.333	3

实例精练——使用嵌套函数计算员工工龄

工龄是人事管理和劳资管理中经常涉及的一项重要内容，员工的职务升迁、薪资和各种福利都与之有关。在 Excel 中，用户可以利用 IF 函数、DAY 函数、MONTH 函数和 YEAR 函数之间的嵌套来计算工龄，完成后的最终效果如右图所示。

最终效果

	A	B	C	D	E	F
1	员工工龄计算表					
2	编号	姓名	性别	部门	入职日期	工龄
3	001	张军	男	综合部	2005年6月20日	12
4	002	李艾	男	开发部	2010年7月14日	7
5	003	王维	女	设计部	2001年12月3日	15
6	004	周露	女	开发部	2011年12月1日	5
7	005	田奇	男	推广部	1999年12月9日	17
8	006	雷骏	男	维修部	2000年3月20日	17

原始文件：下载资源\实例文件\第7章\原始文件\员工工龄计算表.xlsx
最终文件：下载资源\实例文件\第7章\最终文件\员工工龄计算表.xlsx

扫码看视频

步骤01 选择函数。

打开原始文件。

❶选中单元格F3。

❷单击"插入函数"按钮。

❸弹出"插入函数"对话框，选择逻辑类函数。

❹选择IF函数。如右图所示。

步骤02 计算工龄。

❶弹出"函数参数"对话框，分别设置Logical_test、Value_if_true和Value_if_false的参数值。

❷单击"确定"按钮，返回工作表可看到"张军"的工龄值（随进行计算时的日期变化），然后将该单元格中的公式复制到单元格区域中。如右图所示。

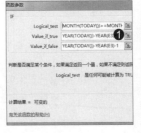

7.7 使用"Excel帮助"理解函数

Excel 内置了帮助系统，用户利用该系统可以解决在使用过程中遇到的各种问题，不仅包括 Excel 的新技术、疑难、专用名词解释等，还包括函数说明、应用等。

扫码看视频

步骤01 搜索IF函数。打开任意工作簿窗口，按【F1】键打开"Excel帮助"窗口，❶在搜索框中输入关键字"IF函数"，❷单击"搜索"按钮，如下左图所示。

步骤02 选择搜索结果。切换至新界面，在界面中单击"IF函数"的链接，如下中图所示。

步骤03 查看帮助信息。此时可在界面中看到IF函数的说明以及参数含义等信息，如下右图所示。

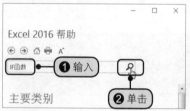

专家支招

1 ▶ 数组公式的使用方法

数组公式是指以数组为参数的公式，可以对一组数或多组数进行多重计算，并返回一个或多个结果。

选中要放置数组公式计算结果的单元格区域，在编辑栏中输入数组公式后按【Ctrl+Shift+Enter】组合键即可计算出数组公式的结果，如下图所示。

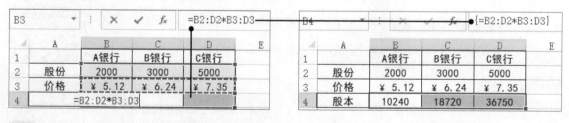

2 ▶ 使 Excel 的计算更加精确

用户若要使 Excel 的计算更加精确，则可以通过"将精度设为所显示的精度"功能来实现。

单击"文件"按钮，在弹出的视图菜单中单击"选项"命令，弹出"Excel选项"对话框，在左侧单击"高级"选项，在右侧勾选"将精度设为所显示的精度"复选框，单击"确定"按钮保存退出，如下图所示。

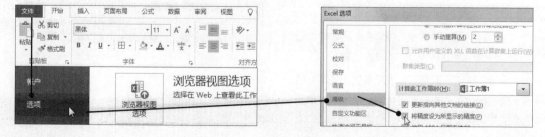

第8章 常用函数的使用

使用函数能快速完成数据的相关计算，如财务函数、统计函数、数学与三角函数、逻辑函数、日期和时间函数、文本函数等。

8.1 财务函数

财务函数是 Excel 中非常重要的函数，实际上在日常使用 Excel 的过程中，大多数情况下都是在计算与货币有关联的问题。Excel 的财务函数可以进行一般的财务计算，如确定贷款的支付额、投资的未来值或净现值，以及债券或股票的价值。财务函数可以分为折旧计算函数、本金和利息计算函数、投资计算函数、报酬率计算函数。这些函数都为财务分析提供了极大的便利。

8.1.1 折旧计算函数

企业固定资产的使用寿命是有限的，在其使用年限内，固定资产会逐年因有形或无形的损耗而丧失自身的服务能力，因此有必要将其成本根据使用年限转化为费用，这就是折旧。折旧计算函数是用于计算固定资产折旧值的一类函数。

> **原始文件：** 下载资源\实例文件\第8章\原始文件\固定资产折旧表.xlsx
> **最终文件：** 下载资源\实例文件\第8章\最终文件\折旧计算函数.xlsx

1 DB函数固定余额递减法计算折旧值

DB 函数表达式为：DB(cost,salvage,life,period,month)。该函数的功能是使用固定余额递减法，计算一笔资产在给定期间内的折旧值。其共有 5 个参数：cost 为资产原值；salvage 为资产在折旧期末的价值，即残值；life 为折旧期限；period 为需要计算折旧值的期间；month 为第一年的月份数，若省略，则假设为 12。例如，某企业在第一年的 3 月份购买了一台新机器，价值为 150 万元，使用年限为 6 年，估计残值为 10 万元，现在要计算这台机器每年的折旧费。

扫码看视频

步骤01 计算第1年折旧额。打开原始文件，❶切换至"DB函数"工作表中，❷在单元格D5中输入公式"=DB($A$2,$B$2,$C$2,C5,$D$2)"，按【Enter】键，如下图所示。

步骤02 填充公式。此时可在单元格D5中看到计算结果，将鼠标指针移动到单元格D5的右下角，当其变成十字形状时按住鼠标左键不放，向下拖动鼠标，如下图所示。

	机器成本	资产残值	使用年限	第一年度使用月数
1	¥1,500,000.00	¥100,000.00	6	10
2				
3				
4	表达含义		折旧年份	折旧值
5	第1年10个月内的折旧值		1	¥453,750.00
6	第2年折旧值		2	
7	第3年折旧值		3	
8	第4年折旧值		4	
9	第5年折旧值		5	拖动
10	第6年折旧值		6	
11	第7年2个月内的折旧值		7	

步骤03 填充效果。拖动到单元格D11中释放鼠标左键，释放后的效果如下图所示，在鼠标经过的单元格区域中显示了折旧值。

	A	B	C	D
1	机器成本	资产残值	使用年限	第一年度使用月数
2	¥1,500,000.00	¥100,000.00	6	10
3				
4	表达含义		折旧年份	折旧值
5	第1年10个月内的折旧值		1	¥453,750.00
6	第2年折旧值		2	¥379,788.75
7	第3年折旧值		3	¥241,925.43
8	第4年折旧值		4	¥154,106.50
9	第5年折旧值		5	¥98,165.84
10	第6年折旧值	显示折旧值	6	¥62,531.64
11	第7年2个月内的折旧值		7	¥6,638.78
12	累积折旧			

步骤04 计算累积折旧额。在单元格D12中输入公式"=SUM(D5:D11)"，按【Enter】键，在单元格中显示的计算结果即累积折旧额，如下图所示。

D12				=SUM(D5:D11)	
	A	B	C	D	E
1	机器成本	资产残值		第一年度使用月数	
2	¥1,500,000.00	¥100,000.00	输入	10	
3					
4	表达含义		折旧年份	折旧值	
5	第1年10个月内的折旧值		1	¥453,750.00	
6	第2年折旧值		2	¥379,788.75	
7	第3年折旧值		3	¥241,925.43	
8	第4年折旧值		4	¥154,106.50	
9	第5年折旧值		5	¥98,165.84	
10	第6年折旧值		6	¥62,531.64	
11	第7年2个月内的折旧值		7	¥6,638.78	
12	累积折旧			¥1,396,906.94	

💡 知识补充

　　还可以使用DDB函数计算折旧值，DDB函数的表达式为：DDB(cost,salvage,life,period, factor)。该函数使用双倍余额递减法或其他指定方法计算一笔资产给定期间内的折旧值。其共有5个参数，前4个与DB函数相同，最后一个参数factor表示递减速率，若省略，则假定其值为2，表示双倍余额递减。

2 SLN函数直线法计算折旧值

　　SLN函数的表达式为：SLN(cost,salvage,life)。该函数的功能是返回某项资产一个期间内的直线折旧值。其共有3个参数：cost为资产原值；salvage为资产在折旧期末的价值，即残值；life为折旧期限。

扫码看视频

　　例如，某企业以180万元买了一台机器，使用年限为6年，估计残值为10万元，现在计算每年的折旧费。

步骤01 计算折旧额。继续使用上例中的工作簿，❶切换至"SLN函数"工作表，❷在单元格E3中输入公式"=SLN(B3,C3,D3)"，如下图所示。

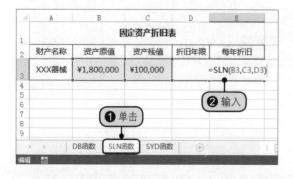

步骤02 显示计算结果。按【Enter】键，即可显示计算结果，从而计算出线性折旧费的折旧值，如下图所示。

E3				=SLN(B3,C3,D3)	
	A	B	C	D	E
1	固定资产折旧表				
2	财产名称	资产原值	资产残值	折旧年限	每年折旧
3	XXX器械	¥1,800,000	¥100,000	6	¥283,333.33

DB函数　　SLN函数　　SYD函数

💡 知识补充

　　直线法是固定资产的使用年限平均计提折旧的一种方法，是最简单、最普遍的折旧方法，又称"平均年限法"或"平均法"。

3 SYD函数年限总和折旧法计算折旧值

SYD 函数的表达式为：SYD(cost,salvage,life,per)。该函数的功能是返回某项资产按年限总和折旧法计算的指定期间的折旧值。其共有 4 个参数：cost 为资产原值；salvage 为资产在折旧期末的价值，即残值；life 为折旧期限；per 为期间，其单位与 life 相同。例如，某企业以 180 万元买了一台机器，使用年限为 8 年，残值为 10 万元，计算折旧值。

扫码看视频

步骤01 计算每年折旧额。继续使用上例中的工作簿，❶切换至"SYD函数"工作表中，❷在单元格C5中输入公式"=SYD($A$2,$B$2,$C$2,B5)"，按【Enter】键后显示计算结果，❸将公式填充到单元格区域C6:C12中，计算其他年份的折旧值，如下图所示。

步骤02 计算累积折旧额。在单元格C13中输入公式"=SUM(C5:C12)"，按【Enter】键，计算单元格区域C5:C12的数据之和，即累积折旧额，如下图所示。

8.1.2 本金和利息计算函数

本金和利息计算函数是用于计算本金和利息部分的函数。所谓本金，是指未来各期年金现值的总和，如贷款。利息是指个人拥有债权而取得的利息，包括存款利息、贷款利息和各种债券的利息。下面简单介绍本金和利息函数。

原始文件： 下载资源\实例文件\第8章\原始文件\贷款计算.xlsx
最终文件： 下载资源\实例文件\第8章\最终文件\本金和利息计算函数.xlsx

1 PMT函数返回贷款的每期付款额

PMT 函数的表达式为：PMT(rate,nper,pv,fv,type)。该函数的功能是基于固定利率及等额分期付款方式返回贷款的每期付款额。其共有 5 个参数：rate 为贷款利率；nper 表示该贷款的付款总期数；pv 表示本金或一系列未来付款的当前值的累积和；fv 表示在最后一次付款后希望得到的现金余额，若省略，则假设其值为零；type 可以为 0 或 1，表示指定各期的付款时间是在期末还是在期初。

扫码看视频

例如，某人买房贷款 30 万元，分 10 年偿还，年利率为 9%，计算按年偿还和按月偿还的金额。

步骤01 计算每年偿还额。打开原始文件，❶切换至"PMT函数"工作表中，❷在单元格E1中输入公式"=PMT(B3,B2,B1)"，计算按年还款的每年偿还额，按【Enter】键显示计算结果，如右图所示。

123

步骤02 计算每月偿还额。在单元格E2中输入公式"=PMT(B3/12,B2*12,B1)"，此处参数rate与nper单位必须保持一致，都以月为单位，按【Enter】键，在单元格中显示计算结果，如右图所示。

2 IPMT函数返回贷款的利息

IPMT 函数的表达式为：IPMT(rate,per,nper,pv,fv,type)。该函数的功能是基于固定利率及等额分期付款方式返回给定期数内对投资的利息的偿还额。其共有 6 个参数：rate 为贷款利率；per 表示计算利息数额的期数，必须在 1 到付款总数之间；nper 表示付款总期数；pv 表示本金或一系列未来付款的当前值的累积和；fv 表示在最后一次付款后希望得到的现金余额，若省略，则假设其值为零；type 可以为 0 或 1，表示指定各期的付款时间是在期末还是在期初。

扫码看视频

例如，某人买车贷款 10 万元，分 5 年偿还，年利率为 6%，计算每年需要偿还的利息。

步骤01 计算第1年偿还的利息。继续使用上例中的工作簿，❶切换至"IPMT函数"工作表，❷在单元格E2中输入公式"=IPMT($B$3,D2,$B$2,$B$1)"，计算贷款第一年需要偿还的利息，按【Enter】键显示结果，如下图所示。

步骤02 计算其他年份偿还的利息。将鼠标指针移动到单元格右下角，呈十字形状时向下拖动鼠标，计算其他年份应偿还的利息，如下图所示。

3 CUMPRINC函数返回贷款的本金

CUMPRINC 函数的表达式为：CUMPRINC(rate,nper,pv,start_period,end_period,type)。该函数的功能是返回贷款在给定的开始日期和结束日期期间累积偿还的本金数额。其共有 6 个参数：rate 为贷款利率；nper 表示付款总期数；pv 表示本金或一系列未来付款的当前值的累积和；start_period 表示计算中的首期，付款期数从 1 开始计数；end_period 表示计算中的末期；type 可以为 0 或 1，表示指定各期的付款时间是在期末还是在期初。

扫码看视频

例如，某人贷款 10 万元，分 5 年偿还，年利率为 6%，计算指定期间的本金数额。

> **知识补充**
>
> 使用 CUMPRINC 函数和 IPMT 函数计算的相同期间的本金和利息数额相加等于该期间的偿还金额，可使用 PMT 函数计算得出。计算时需要注意偿还的类型，期末或期初应相同。

步骤01 计算指定期间偿还的本金数额。继续使用上例中的工作簿，❶切换至"CUMPRINC函数"工作表，❷在单元格G2中输入公式"=CUMPRINC($B$3/12,$B$2*12,$B$1,E2,F2,0)"，如下图所示。

步骤02 显示计算及复制结果。按【Enter】键，然后将公式填充到单元格区域G3:G6中，如下图所示，即可计算出从第1年到第5年的本金数额。

OFFSET	▾	:	×	✓	fx	=CUMPRINC($B$3/12, $B$2*12, $B$1, E2, F2, 0)

	A	B	C	D	E	F	G
1	贷款总额	¥100,000.00		年份	开始月份	结束月份	本金
2	还款时间（年）	5		1	1	12	=CUMPRINC($B$3/12,$B$2*12,$B$1,E2,F2,0)
3	年利率	6%		2	13	24	
4				3	25	36	
5				4	37	48	❷输入
6				5	49	60	
7							
8				❶单击			

PMT函数　IPMT函数　CUMPRINC函数

G2	▾	:	×	✓	fx	=CUMPRINC($B$3/12, $B$2*12, $B$1, E2, F2, 0)

	A	B	C	D	E	F	G
1	贷款总额	¥100,000.00		年份	开始月份	结束月份	本金
2	还款时间（年）	5		1	1	12	(¥17,680.32)
3	年利率	6%		2	13	24	(¥18,770.80)
4				3	25	36	(¥19,928.54)
5				4	37	48	(¥21,157.69)
6				5	49	60	(¥22,462.65)
7							
8							填充

PMT函数　IPMT函数　CUMPRINC函数

8.1.3　投资计算函数

投资函数是用于计算投资与收益的一类函数，应用较为广泛。

原始文件：下载资源\实例文件\第8章\原始文件\投资计算函数.xlsx
最终文件：下载资源\实例文件\第8章\最终文件\投资计算函数.xlsx

1 ▏ FV函数计算一笔投资的未来值

FV 函数的表达式为：FV(rate,nper,pmt,pv,type)。该函数的功能是基于固定利率及等额分期付款方式返回某项投资的未来值。其共有 5 个参数：rate 为各期利率；nper 为总投资期；pmt 为各期所应支付的金额；pv 表示从该项投资开始计算时已经入账的款项，即本金；type 用于指定各期的付款时间是在期初还是期末。

扫码看视频

例如，现需要投资某个项目，先在账户中存入 10 万元，年利率为 2.5%，并在以后的 36 个月中每个月存入 15000 元到账户中，计算 3 年后该账户的存款额。

步骤01 计算未来存款额。打开原始文件，❶切换至"FV函数"工作表，❷在单元格D2中输入公式"=FV(B2/12,B4,-B3,-B1,0)"，如下图所示。

步骤02 显示计算结果。按【Enter】键，可看到在单元格中显示了未来的存款额计算结果，如下图所示。

OFFSET	▾	:	×	✓	fx	=FV(B2/12, B4, -B3, -B1, 0)

	A	B	C	D	E
1	初期存款	¥100,000.00		三年后的存款额	
2	年利率	2.50%		=FV(B2/12,B4,-B3,-B1,0)	
3	每月存款	¥15,000.00		❷输入	
4	存款时间	36			
5	❶单击				

FV函数　PV函数　NPV函数

编辑

D2	▾	:	×	✓	fx	=FV(B2/12, B4, -B3, -B1, 0)

	A	B	C	D
1	初期存款	¥100,000.00		三年后的存款额
2	年利率	2.50%		¥667,940.45
3	每月存款	¥15,000.00		
4	存款时间（月）	36		
5				

FV函数　PV函数　NPV函数

2 PV函数返回投资的现值

扫码看视频

　　PV 函数的表达式为：PV(rate,nper,pmt,fv,type)。该函数的功能是返回投资的现值。其共有 5 个参数：rate 为各期利率；nper 为总投资期；pmt 为各期所应支付的金额；fv 表示未来值，或最后一次付款后希望得到的现金余额；type 用以指定各期的付款时间是在期初还是期末。

　　例如，某人存款 3 年后需要得到 50 万元，这 3 年中每个月存款 15000 元，年利率为 2.5%，需要计算第一次需要存款多少元。

步骤01 计算现值。继续使用上例中的工作簿，❶切换至"PV函数"工作表，❷在单元格D2中输入公式"=PV(B2/12,B4,-B3,B1,0)"，如下图所示。

步骤02 显示计算结果。按【Enter】键，可看到在单元格D2中显示了现值的计算结果，如下图所示。

OFFSET		fx	=PV(B2/12,-B3,B1,0)
	A	B	C	D
1	未来值	¥500,000.00		现在存入金额
2	年利率	2.50%		=PV(B2/12,B4,-B3,B1,0)
3	每月存款	¥15,000.00		❷输入
4	存款时间（月）	❶单击		

FV函数　PV函数　NPV函数

D2		fx	=PV(B2/12,-B3,B1,0)
	A	B	C	D
1	未来值	¥500,000.00		现在存入金额
2	年利率	2.50%		¥55,817.81
3	每月存款	¥15,000.00		
4	存款时间（月）	36		

FV函数　PV函数　NPV函数

3 NPV函数计算投资的净现值

扫码看视频

　　NPV 函数的表达式为：NPV(rate,value1,[value2],…)。该函数的功能是使用贴现率和一系列未来支出和收益来计算一项投资的净现值，其中支出为负值，收益为正值。rate 为各期利率；value1,value2,…为代表收益及支出的 1 到 254 个参数。

　　例如，某人投资 250 万元，年贴现率为 8.2%，今后 5 年的收益分别为 100 万元、90 万元、80 万元、67 万元和 59 万元，计算现金流的净现值。

步骤01 计算投资的净现值。继续使用上例中的工作簿，❶切换至"NPV函数"工作表，❷在单元格D3中输入公式"=NPV(B1,B3:B7)+B2"，如下图所示。

步骤02 显示计算结果。按【Enter】键，在单元格D2中显示了投资的净现值计算结果，如下图所示。

OFFSET			fx	=NPV(B1,B3:B7)+B2	
	A	B	C	D	E
1	贴现率	8.20%		投资的净现值	
2	期初投资	(¥2,500,000.00)		=NPV(B1,B3:B7)+B2	
3	第1年收益	¥1,000,000.00		❷ 输入	
4	第2年收益	¥900,000.00			
5	第3年收益	¥800,000.00			
6	第4年收益	¥670,000.0	❶ 单击		
7	第5年收益	¥590,000.00			

FV函数　PV函数　NPV函数　⊕

D2			fx	=NPV(B1,B3:B7)+B2	
	A	B	C	D	E
1	贴现率	8.20%		投资的净现值	
2	期初投资	(¥2,500,000.00)		¥711,205.71	
3	第1年收益	¥1,000,000.00			
4	第2年收益	¥900,000.00			
5	第3年收益	¥800,000.00			
6	第4年收益	¥670,000.00			
7	第5年收益	¥590,000.00			

FV函数　PV函数　NPV函数　⊕

8.1.4 报酬率计算函数

报酬率计算函数是一类用于计算内部资金流量的回报率的函数。本小节主要介绍其中的 IRR 和 MIRR 函数。

原始文件： 下载资源\实例文件\第8章\原始文件\报酬率计算函数.xlsx

最终文件： 下载资源\实例文件\第8章\最终文件\报酬率计算函数.xlsx

1 IRR函数返回现金流的内部收益率

IRR 函数的表达式为：IRR(values,guess)。该函数的功能是返回由数值代表的一组现金流的内部收益率。内部收益率为投资的回收利率，其中包含定期支付和定期收入。其共有 2 个参数：values 为数组类型，表示用来计算返回的内部收益率的数字；guess 为对函数 IRR 计算结果的估计值，若省略，则假设为 0.1（10%）。

扫码看视频

例如，要开办一家公司，投资额为 150 万元。预计在今后 5 年内的收益分别为 40 万元、45 元、58 万元、66 万元和 71 万元，现要计算投资 1 年后、3 年后、5 年后的内部收益率。

步骤01 计算投资后第1年的内部收益率。打开原始文件，❶切换至"IRR函数"工作表，❷在单元格E2中输入公式"=IRR(B1:B2,-0.5)"，按【Enter】键，即可显示计算结果，如下图所示。

步骤02 计算投资后第3年的内部收益率。在单元格E3中输入公式"=IRR(B1:B4)"，按【Enter】键即可显示投资3年后的内部收益率，如下图所示。

E2			fx	=IRR(B1:B2,-0.5)	
	A	B	C	D	E	F
1	投资额	(¥1,500,000.00)		投资年数	内部收益率	
2	第一年收入	¥400,000.00		1	-73%	
3	第二年收入	¥450,000.00		3	❷ 输入	
4	第三年收入	¥580,000.00		5		
5	第四年收入	¥0,000.00				
6	第五年收入	¥710,000.00	❶ 单击			

IRR函数　MIRR函数　⊕

E3			fx	=IRR(B1:B4)	
	A	B	C	D	E	F
1	投资额	(¥1,500,000.00)		投资年数	内部收益率	
2	第一年收入	¥400,000.00		1	-73%	
3	第二年收入	¥450,000.00		3	-2%	
4	第三年收入	¥580,000.00		5	输入	
5	第四年收入	¥660,000.00				
6	第五年收入	¥710,000.00				

IRR函数　MIRR函数　⊕

步骤03 计算投资后第5年的内部收益率。在单元格E4中输入公式"=IRR(B1:B6)"，按【Enter】键即可显示投资5年后的内部收益率，如右图所示。

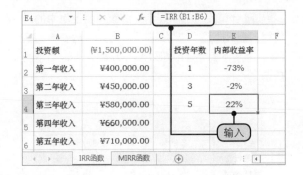

> **💡 知识补充**
>
> 如果 IRR 函数返回错误值"#NUM!"，或结果没有靠近期望值，可换另一个 guess 值再试一次。

2 MIRR函数返回现金流的修正内部收益率

MIRR 函数的表达式为：MIRR(values,finance_rate,reinvest_rate)。该函数的功能是返回某一连续期间内现金流的修正内部收益率。其共有 3 个参数：values 为数组类型，表示用来计算返回的内部收益的数字；finance_rate 表示现金流中使用的资金支付的利率；reinvest_rate 表示将现金流再投资的收益率。

扫码看视频

例如，某公司以 12% 的年利息贷款 200 万元购买了一批卡车，5 年来的收入分别是 30 万元、41 万元、59 万元、68 万元和 76 万元。其间又将收入用于重新投资，每年的收益率为 15%，要计算购买卡车 3 年后及 5 年后的修正内部收益率。

步骤01 计算投资3年后的修正内部收益率。继续使用上例中的工作簿，❶切换至"MIRR函数"工作表，❷在单元格C6中输入公式"=MIRR(B1:B4,B7,B8)"，按【Enter】键显示计算结果，如下图所示。

步骤02 计算投资5年后的修正内部收益率。在单元格C8中输入公式"=MIRR(B1:B6,B7,B8)"，按【Enter】键即可显示5年后的收益率，如下图所示。

8.2 统计和数学函数

统计函数是用于对数据区域进行统计分析的函数。Excel 2016 提供的统计函数可分为一般统计函数和比较专业的数理统计函数。此外，Excel 还提供了许多数学函数，这些函数可以在公式中直接引用，然后把公式的计算结果返回到输入公式的单元格中。

8.2.1 一般统计函数

一般统计函数包括求平均值的统计函数 AVERAGE 和 TRIMMEAN，以及用于求单元格个数的统计函数 COUNT 等。

原始文件：下载资源\实例文件\第8章\原始文件\一般统计函数.xlsx

最终文件：下载资源\实例文件\第8章\最终文件\一般统计函数.xlsx

1 AVERAGEA和AVERAGE函数计算平均值

AVERAGEA 函数的表达式为：AVERAGEA(value1, value2,…)。AVERAGE 函数的表达式为：AVERAGE(number1, number2,…)。AVERAGEA 函数的功能是计算所有非空单元格的平均值，AVERAGE 函数的功能是计算所有含数值数据的单元格的平均值。这两个函数的参数都是可选的，个数在 1 到 255 之间，表示要计算平均值的参数。

扫码看视频

例如，根据某公司上半年销售数据表计算该公司上半年的销售平均值。

步骤01 计算非空平均值。打开原始文件，❶切换至"平均值函数"工作表，❷在单元格D3中输入公式"=AVERAGEA(B3:B8)"，按【Enter】键显示计算结果，如下图所示。

步骤02 计算数据平均值。在单元格D5中输入公式"=AVERAGE(B3:B8)"，忽略4月和5月的停业期间，计算上半年平均销售量，按【Enter】键显示计算结果，如下图所示。

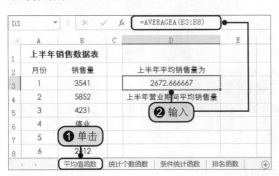

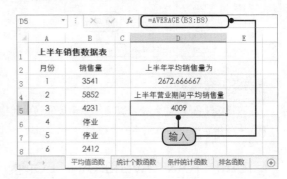

2 COUNT和COUNTA函数统计单元格个数

COUNT 函数的表达式为：COUNT(value1,value2,…)。COUNTA 函数的表达式为：COUNTA(value1, value2,…)。COUNT 函数的功能是统计参数列表中含有数值数据的单元格个数，COUNTA 函数的功能是统计参数列表中非空值的单元格个数。参数都是可选的，个数在 1 到 255 之间，表示所要统计的值。

扫码看视频

例如，在预付款统计表中，应用 COUNT 函数和 COUNTA 函数统计预付款个数和总个数。

步骤01 计算数值单元格个数。继续使用上例中的工作簿，❶切换至"统计个数函数"工作表，❷在单元格D3中输入"=COUNT(B3:B7)"，计算包含数字的单元格个数，如下图所示。

步骤02 计算非空单元格个数。在单元格D5中输入公式"=COUNTA(B3:B7)"，计算非空单元格的个数，即计算总的客户人数，如下图所示。

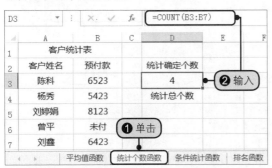

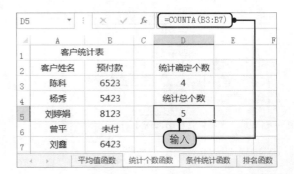

3 COUNTIF函数按条件统计

扫码看视频

COUNTIF 函数的表达式为：COUNTIF(range,criteria)。该函数的功能是统计区域中满足给定条件的单元格的个数。其共有 2 个参数，range 为需要统计其中满足条件的单元格数目的单元格区域，criteria 为确定的条件。

例如，在销量统计表中统计销售量大于 4500 的产品种类。

步骤01 按条件计算个数。继续使用上例的工作簿，❶切换至"条件统计函数"工作表，❷在单元格D3中输入公式"=COUNTIF(B3:B7,">4500")"，输入条件时需加引号，如下图所示。

步骤02 显示计算结果。按【Enter】键，即可得到销售量大于4500的数量值，如下图所示。

OFFSET		fx	=COUNTIF(B3:B7,">4500")
	A	B	C	D	E
1	销量统计表			❷输入	
2	产品型号	销售量		销量大于4500的数量	
3	D425	6668		=COUNTIF(B3:B7,">4500")	
4	S542	6469			
5	G323	3965			
6	E225	5423		❶单击	
7	S252	2132			

平均值函数　统计个数函数　条件统计函数　排名函数

D3		fx	=COUNTIF(B3:B7,">4500")
	A	B	C	D	E
1	销量统计表				
2	产品型号	销售量		销量大于4500的数量	
3	D425	6668		3	
4	S542	6469			
5	G323	3965			
6	E225	5423			
7	S252	2132			

平均值函数　统计个数函数　条件统计函数　排名函数

> 💡**知识补充**
>
> 在 Excel 2016 中若要计算满足多个条件的单元格的个数，可使用 COUNTIFS 函数，该函数用于统计满足一组给定条件的单元格的个数。

4 RANK、RANK.AVG和RANK.EQ函数返回排名

扫码看视频

RANK 函数的表达式为：RANK(number,ref,[order])。RANK.AVG 函数的表达式为：RANK.AVG (number,ref,[order])。RANK.EQ 函数的表达式为：RANK.EQ (number,ref,[order])。这 3 个函数的功能是返回一列数字的排位。其有 3 个参数，number 表示要找到其排位的数字，ref 表示数字列表的数组，order 指定数字排位方式。

例如，在员工培训成绩表中计算各员工的排名。

步骤01 显示相同名次的平均值。继续使用上例的工作簿，❶切换至"排名函数"工作表，❷在单元格C3中输入公式"=RANK.AVG(B3,$B$3:$B$9,0)"，若分数相同，则显示平均排名，❸将公式填充到单元格区域C4:C9中，如下图所示。

步骤02 显示相同名次。❶在单元格D3中输入公式"=RANK(B3,$B$3:$B$9,0)"，若分数相同，则显示相同的排名，❷将公式填充到单元格区域D4:D9中，如下图所示。

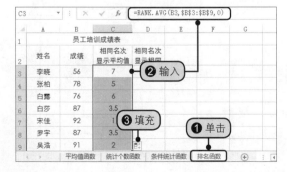

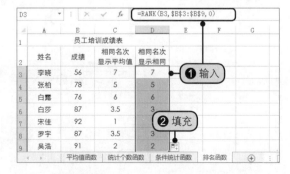

8.2.2　数学函数

数学函数主要是运用于数学计算的公式。每个数学函数的功能都不相同。下面介绍常用的数学函数。

原始文件： 下载资源\实例文件\第8章\原始文件\数学函数.xlsx
最终文件： 下载资源\实例文件\第8章\最终文件\数学函数.xlsx

1 SUM函数计算数字之和

SUM 函数是 Excel 中使用最多的函数，用其进行求和运算时可以忽略存有文本、空格等数据的单元格，语法简单。该函数的功能是计算某一单元格区域中所有数字之和。SUM 函数的表达式为：SUM(number1,number2,…)，其中的参数是可选的，数量必须在 1 到 255 个之间，表示将进行加法运算的数。

例如，在第一季度销售数据表中记录了各月份各地区的销售数据，需要计算第一季度的总销售量。

扫码看视频

步骤01 计算各地区总销量。打开原始文件，❶切换至"SUM函数"工作表，❷在单元格E4中输入公式"=SUM(B4:D4)"，计算单元格区域数据之和，❸将公式填充到单元格区域E5:E7中，如下图所示。

步骤02 计算各月份总销量。❶在单元格B8中输入公式"=SUM(B4:B7)"，计算单元格区域数据之和，❷将公式填充到单元格区域C8:E8中，显示结果如下图所示。

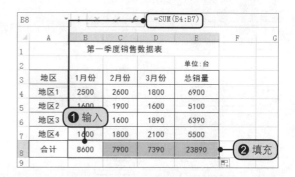

2 SUMIF函数按条件求和

利用 SUMIF 函数可以对满足条件的不同单元格区域求和。SUMIF 函数的表达式为：SUMIF(range, criteria,sum_range)。其共有 3 个参数，range 表示用于条件判断的单元格区域，criteria 表示确定哪些单元格将被相加求和的条件，sum_range

扫码看视频

表示需要求和的实际单元格。

例如，需要使用SUMIF函数计算销售量大于12000的总销售量和销售人数。

步骤01 计算满足条件的总销量。继续使用上例中的工作簿，❶切换至"SUMIF函数"工作表，❷在单元格E4中输入公式"=SUMIF(B3:B7,">12000")"，按【Enter】键，结果如下图所示。

步骤02 计算满足条件的总人数。在单元格E7中输入公式"=SUMIF(B3:B7,">12000",C3:C7)"，对单元格区域B3:B7中满足条件对应行到C3:C7区域中的数据求和，结果如下图所示。

E4					fx	=SUMIF(B3:B7,">12000")	
	A	B	C	D	E		F
1	各品牌销量表						
2	品牌	销售量	销售人数		销售量大于12000的总销售		
3	A	23561	66				
4	B	5236	32		38413	❷ 输入	
5	C	14852			销售量大于12000		
			❶ 单击		的总销量人数		
6	D	7654	26				
	SUM函数	SUMIF函数	INT函数	⊕			

E7					fx	=SUMIF(B3:B7,">12000",C3:C7)	
	A	B	C	D	E		F
1	各品牌销量表						
2	品牌	销售量	销售人数		销售量大于12000的总销售		
3	A	23561	66				
4	B	5236	32		38413		
5	C	14852	54		销售量大于12000		
6	D	7654	26		的总销量人数		
7	E	1263	12		120	输入	
	SUM函数	SUMIF函数	INT函数	⊕			

3 INT函数向下取整

正数的取整在实际生活中应用非常广泛，INT函数的功能就是将数字向下舍入到最接近的整数。其表达式为：INT(number)。只有一个参数number，表示需要取整的数。

例如，有5000元可以购买商品，计算能购买各类商品的最多数量。购买的数量应该为整数，此时就可以利用INT函数向下取整。

扫码看视频

步骤01 计算购买数。继续使用上例中的工作簿，❶切换至"INT函数"工作表，❷在单元格C4中输入公式"=INT($B$1/B4)"，对除数的商进行向下取整，如下图所示。

步骤02 显示计算结果并复制公式。按【Enter】键显示结果，然后拖动鼠标向下复制公式，即可得到其他商品的购买数，如下图所示。

	A	B	C	D	E
1	现金	5000			
2					
3	商品	单价	购买数		
4	彩电	1900	=INT($B$1/B4)	❷ 输入	
5	冰箱	2300			
6	空调	3800	❶ 单击		
7	手机	1500			
	SUM函数	SUMIF函数	INT函数	⊕	

C4					fx	=INT($B$1/E4)		
	A	B	C	D	E		F	
1	现金	5000						
2								
3	商品	单价	购买数					
4	彩电	1900	2					
5	冰箱	2300	2					
6	空调	3800	1					
7	手机	1500	3		填充			
	SUM函数	SUMIF函数	INT函数	⊕				

8.2.3 数组函数

在Excel的数学函数中还有多个数组函数。和其他数学函数不同的是，这类函数的参数都是数组类型。本小节将主要介绍SUMPRODUCT函数。

SUMPRODUCT函数的表达式为：SUMPRODUCT(array1, array2, array3,…)。该函数的功能是将数组间对应的元素相乘，并返回乘积之和。参数是可选的，个数在2到255之间，表示需要求和的数组。还可以使用SUM函数和PRODUCT函数实现SUMPRODUCT函数的计算。

例如，已知产品的单价和销售数量，需要计算销售总额，可使用SUM函数和PRODUCT函数分步计算，也可使用SUMPRODUCT函数一步计算。

原始文件: 下载资源\实例文件\第8章\原始文件\产品销量表.xlsx
最终文件: 下载资源\实例文件\第8章\最终文件\数组函数.xlsx

步骤01 计算各个产品的销售额。打开原始文件，❶在单元格E3中输入公式"=PRODUCT(C3,D3)"，计算单价和数量的乘积，按【Enter】键，❷将公式填充到单元格区域E4:E10中，如下图所示。

E3				fx	=PRODUCT(C3,D3)
	A	B	C	D	E
1			**产品销售表**		
2	序号	产品名称	产品单价	销售数量	总销售额
3	1	产品A	¥99.00	❶输入	¥1,485.00
4	2	产品B	¥150.00		¥2,400.00
5	3	产品C	¥126.00	17	¥2,142.00
6	4	产品D	¥199.00	20	¥3,980.00
7	5	产品E	¥126.00	22	¥2,772.00
8	6	产品F	¥128.00	24	¥3,072.00
9	7	产品G	¥299.00		¥7,475.00
10	8	产品H	¥166.00	❷填充	¥3,486.00
11	SUM函数和PRODUCT函数计算的总销售额				
12	SUMPRODUCT函数计算总销售额				

步骤02 计算总销售额。在单元格E11中输入公式"=SUM(E3:E10)"，计算单元格区域E3:E10中的数据之和，即所有产品的销售额总和，结果如下图所示。

E11				fx	=SUM(E3:E10)
	A	B	C	D	E
1			**产品销售表**		
2	序号	产品名称	产品单价	销售数量	总销售额
3	1	产品A	¥99.00	15	¥1,485.00
4	2	产品B	¥150.00	16	¥2,400.00
5	3	产品C	¥126.00	17	¥2,142.00
6	4	产品D	¥199.00	20	¥3,980.00
7	5	产品E	¥126.00	22	¥2,772.00
8	6	产品F	¥128.00	24	¥3,072.00
9	7	产品G	¥299.00	25	输入
10	8	产品H	¥166.00	21	¥3,486.00
11	SUM函数和PRODUCT函数计算的总销售额				¥26,812.00
12	SUMPRODUCT函数计算总销售额				

步骤03 计算销售总额。在单元格E12中输入公式"=SUMPRODUCT(C3:C10,D3:D10)"，计算单元格区域C3:C10和D3:D10中对应数据的乘积之和，即销售总额，按【Enter】键显示计算结果，如右图所示。从表中可以看到两种方法的计算结果相同。

E12				fx	=SUMPRODUCT(C3:C10,D3:D10)
	A	B	C	D	E
1			**产品销售表**		
2	序号	产品名称	产品单价	销售数量	总销售额
3	1	产品A	¥99.00	15	¥1,485.00
4	2	产品B	¥150.00	16	¥2,400.00
5	3	产品C	¥126.00	17	¥2,142.00
6	4	产品D	¥199.00	20	¥3,980.00
7	5	产品E	¥126.00	22	¥2,772.00
8	6	产品F	¥128.00	24	¥3,072.00
9	7	产品G	¥299.00	25	输入
10	8	产品H	¥166.00	21	
11	SUM函数和PRODUCT函数计算的总销售额				¥26,812.00
12	SUMPRODUCT函数计算总销售额				¥26,812.00

实例精练——员工出勤状况统计

统计员工出勤状况时，要通过员工出勤表统计应到人数、实到人数、缺勤人数、迟到人数等，有时还需要从表格中引用缺勤人员、迟到人员的名单。在本实例中，1表示准时出勤，完成后的最终效果如下图所示。

最终效果

	A	B	C	D	E	F
1		**员工出勤表**				
2	序号	员工编号	姓名	出勤情况		应到人数
3	1	JP-001	李娟	1		9
4	2	JP-002	宋超	迟到		准时出勤人数
5	3	JP-003	吴群	1		6
6	4	JP-004	刘豪	1		迟到人数
7	5	JP-005	杨燕	1		1
8	7	JP-007	陈名	缺勤		缺勤人数
9	8	JP-008	钟楠	1		2
10	9	JP-009	王芳	1		

扫码看视频

步骤01 计算应到人数。

打开原始文件。

❶在单元格F3中输入公式"=COUNTA(D3:D11)"，按下【Enter】键，计算该单元格区域非空单元格的个数。

❷在单元格F5中输入公式"=COUNT(D3:D11)"，按下【Enter】键，计算数值的个数。如右图所示。

步骤02 计算异常人数。

❶在单元格F7中输入公式"=COUNTIF(D3:D11,"迟到")"，按下【Enter】键，计算迟到人数。

❷在单元格F9中输入公式"=COUNTIF(D3:D11,"缺勤")"，按下【Enter】键，计算缺勤人数。如右图所示。

8.3 逻辑与文本函数

逻辑函数用于进行条件匹配、真假值的判断并返回不同的数值，还可进行多重复合检验。所谓文本函数，就是处理与文本相关内容的函数。Excel 中的文本函数大致分为文本处理函数和格式处理函数。

8.3.1 IF函数

IF 函数的表达式为：IF(logical test,value if true, value if false)。该函数的功能是执行真假值判断，根据逻辑计算的真假值返回不同结果。其共有 3 个参数：logical test 为公式或表达式，表示计算结果为 TRUE 或 FALSH 的任意值或表达式；value if true 为任意数据，表示 logical test 为 TRUE 时函数返回的值；value if false 为任意数据，表示 logical test 为 FALSH 时函数返回的值。

例如，根据培训成绩表中的成绩，判断学员的该科目是否合格。

扫码看视频

步骤01 使用IF函数判断合格情况。打开原始文件，在单元格D4中输入公式"=IF(C4>=60,"合格","不合格")"，如右图所示。

	A	B	C	D	E	F
1				培训成绩表		
2	序	姓名	科目1		科目2	
3	号					
4	1		=IF(C4>=60,"合格","不合格")			
5	2					
6	3	吴承恩	96	输入	76	
7	4	罗江浩	75		52	
8	5	米娜	55		79	
9	6	吴雨森	79		46	

步骤02 显示计算结果。按【Enter】键显示结果，并将公式填充到单元格区域D5:D15中，结果如右图所示。

=IF(C4)>=60,"合格","不合格")

序号	姓名	科目1		科目2		是否通过
		成绩	是否合格	成绩	是否合格	
1	张丛珊	59	不合格	59		
2	李雨	76	合格	69		
3	吴承恩	96	合格	76		
4	罗江洁	75	合格	52		
5	米娜	55	不合格	79		
6	吴雨森	79	合格	46		
7	张强	95	合格	79		
8	宋强	76	合格	94		
9	宋娟	84	合格	76		
10	邓强	76	合格	75		
11	邓丽娜	71	合格			填充
12	王洁	69	合格			

8.3.2　FALSE和TRUE函数

FALSE 函数的表达式为：FALSE()。TRUE 函数的表达式为：TRUE()。这两个函数的功能分别是返回逻辑值 FALSE 和 TRUE，都没有参数。

例如，根据培训成绩表中的成绩，判断该科目是否合格，TRUE 表示合格，FALSE 表示不合格。

原始文件：下载资源\实例文件\第8章\原始文件\员工培训成绩表1.xlsx

最终文件：下载资源\实例文件\第8章\最终文件\FALSE和TRUE函数.xlsx

步骤01 使用公式判断合格情况。打开原始文件，在单元格F4中输入公式"=C4>=60"，如下图所示。

序号	姓名	科目1		科目2	
		成绩	是否合格	成绩	是否合格
1	张丛珊	59	不合格	59	=C4>=60
2	李雨	76	合格	69	
3	吴承恩	96	合格	76	
4	罗江洁	75	合格	52	输入
5	米娜	55	不合格	79	
6	吴雨森	79	合格	46	
7	张强	95	合格	79	
8	宋强	76	合格	94	
9	宋娟	84	合格	76	
10	邓强	76	合格	75	

步骤02 显示计算结果。按【Enter】键，并将公式填充到单元格区域F5:F15中，结果如下图所示。

F4　=C4>=60

序号	姓名	科目1		科目2		是否通过
		成绩	是否合格	成绩	是否合格	
1	张丛珊	59	不合格	59	FALSE	
2	李雨	76	合格	69	TRUE	
3	吴承恩	96	合格	76	TRUE	
4	罗江洁	75	合格	52	TRUE	
5	米娜	55	不合格	79	FALSE	
6	吴雨森	79	合格	46	TRUE	
7	张强	95	合格	79	TRUE	
8	宋强	76	合格	94	TRUE	
9	宋娟	84	合格	76	TRUE	
10	邓强	76	合格	75	TRUE	
11	邓丽娜	71	合格	86	TRUE	填充
12	王洁	69	合格	89	TRUE	

8.3.3　AND函数

AND 函数的表达式为：AND(logical1,logical2,…)。该函数的功能是对多个逻辑值进行交集计算。参数是可选的，个数在 1 到 30 之间，表示待计算的多个逻辑值，函数返回值为逻辑值。如果所有参数的逻辑值为真，就返回 TRUE；如果有一个参数的逻辑值为假，就返回 FALSE。

例如，在员工培训成绩表中，判断员工的两科成绩是否都合格。

原始文件：下载资源\实例文件\第8章\原始文件\员工培训成绩表2.xlsx

最终文件：下载资源\实例文件\第8章\最终文件\AND函数.xlsx

> **知识补充**
>
> OR 函数用于返回满足其中一个条件的情况，即只要其中有一个参数满足条件，就返回 TRUE，只有所有参数都不满足条件才返回 FALSE。

打开原始文件，❶在单元格G4中输入公式"=IF(AND(C4>=60, E4>=60),"合格","不合格")"，判断两科是否大于等于60，是返回TRUE，否则返回FALSE，按【Enter】键，❷将公式填充到单元格区域G5:G15中，结果如右图所示。

8.3.4 文本处理函数

文本处理函数用于查找、提取、替换部分文本或者合并多个文本，如使用 FIND 函数查找指定文本中指定内容的位置。还可以比较文本、删除文本和重复文本。

 原始文件： 下载资源\实例文件\第8章\原始文件\文本处理函数.xlsx
最终文件： 下载资源\实例文件\第8章\最终文件\文本处理函数.xlsx

1 ▸ FIND函数查找文本

FIND 函数的表达式为：FIND(find_text,within_text,start_num)。该函数的功能是在第二个文本字符串中定位第一个文本字符串，并返回第一个文本字符串的起始位置的值。其共有 3 个函数：find_text 表示要查找的文本；within_text 表示包含要查找文本的文本；start_num 指定开始进行查找的字符，若省略，则假设其值为 1。

例如，已知完整的电话号码，需要从中获取区号。

步骤01 查找文本。打开原始文件，❶切换至"FIND函数"工作表，❷在单元格B2中输入公式"=LEFT(A2,FIND("-",A2)-1)"，如下图所示。

步骤02 显示计算结果。按【Enter】键显示计算结果，拖动鼠标将公式填充到单元格区域B3:B6中，如下图所示。

2 ▸ LEFT、RIGHT、MID函数提取文本

LEFT、RIGHT 函数用于获取指定文本最左边或最右边开始的特定个数的文本。MID 函数用于获取从指定文本开始的特定字符的文本。LEFT 函数的表达式为：LEFT(text,num_chars)，RIGHT 函数的表达式为：RIGHT(text,num_chars)。MID 函数的表达式为：MID(text,start_num,num_chars)。参数 text 为获取其中文本的文本；num_chars 表示获取文本的长度；start_num 为开始文本。

例如，根据已知的产品编号获取产品类别。

步骤01 提取文本。继续使用上例中的工作簿进行操作，❶切换至"提取文本"工作表，❷在单元格B2中输入公式"=IF(LEFT(A2)="1","衬衫","T恤")"，如下图所示。

步骤02 显示计算结果。按【Enter】键显示计算结果，然后将公式填充到单元格区域B3:B8中，如下图所示。

	A	B
1	产品编号	产品类别
2		=IF(LEFT(A2)="1","衬衫","T恤")
3	106	❷输入
4	201	
5	107	
6	222	❶单击
7	204	
	FIND函数	提取文本 ⊕

B2 ▼ : × ✓ fx =IF(LEFT(A2)="1","衬衫","T恤")

	A	B	C
1	产品编号	产品类别	
2	102	衬衫	
3	106	衬衫	
4	201	T恤	
5	107	衬衫	
6	222	T恤	
7	204	T恤	填充
8	151	衬衫	
	FIND函数	提取文本 ⊕	

8.3.5 格式处理函数

格式处理函数是指在文本的外观上进行处理，如数字与字符之间的转换、数值之间的转换、字符之间的转换和字节之间的转换。

原始文件：下载资源\实例文件\第8章\原始文件\格式处理函数.xlsx

最终文件：下载资源\实例文件\第8章\最终文件\格式处理函数.xlsx

1 UPPER函数将文本转换成大写

UPPER 函数的表达式为：UPPER(text)。该函数的功能是将一个文本字符串中的所有小写字母转换为大写字母。只有一个参数 text，为文本类型，表示需要转换成大写形式的文本，函数返回值为文本类型。

扫码看视频

步骤01 文本转换为大写。打开原始文件，❶切换到"UPPER函数"工作表，❷在单元格B2中输入公式"=UPPER(A2)"，如下图所示。

步骤02 显示计算结果并复制公式。按【Enter】键，然后拖动鼠标将公式填充到单元格区域B3:B13中，结果如下图所示。

	A	B	C
1	月份	转换为大写	
2	Jan	=UPPER(A2)	
3	Feb		
4	Mar	❷输入	
5	Apr		
6	May		
7	Jun		
8	Jul		
9	A	❶单击	
10	S		
11	Oct		
	UPPER函数	TEXT函数 ⊕	

E2 ▼ : × ✓ fx =UPPER(A2)

	A	B	C	D	E
1	月份	转换为大写			
2	Jan	JAN			
3	Feb	FEB			
4	Mar	MAR			
5	Apr	APR			
6	May	MAY			
7	Jun	JUN			
8	Jul	JUL			
9	Aug	AUG			
10	Sept	SEPT			
11	Oct	OCT			
12	Nov	NOV			
13	Dec	DBC	填充		
	UPPER函数	TEXT函数 ⊕			

> 💡 知识补充
>
> LOWER 函数可将文本中的字母全部转换为小写形式，即文本中的小写字母保持不变，大写字母转换为小写。

2 TEXT函数格式化文本

TEXT 函数的表达式为：TEXT(value,format_text)。该函数的功能是将数值转换为特殊格式的文本。其有 2 个参数，value 表示需要设置格式的内容，format_text 表示用双引号括起来作为文本字符串的数字格式。

扫码看视频

例如，获取已知日期中的月份，并将其以英文首字母大写的形式显示。

步骤01 转换为简写。继续使用上例中的工作簿，❶切换到"TEXT函数"工作表，❷在单元格B2中输入公式"=TEXT(A2,"mmm")"，❸将公式填充到单元格区域B3:B6中，结果如下图所示。

步骤02 转换为全写。❶在单元格C2中输入公式"=TEXT(A2,"mmmm")"，❷将公式填充到单元格区域C3:C6中，结果如下图所示。

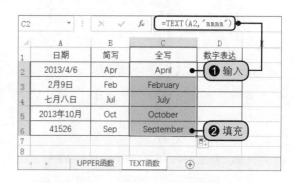

步骤03 转换为数字。❶在单元格D2中输入公式"=TEXT(B2&-1,"m")"，❷将公式填充到单元格区域D3:D6中，结果如右图所示。

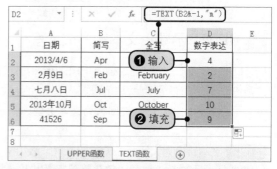

实例精练——
使用文本函数获取员工基本信息

身份证号码中包含籍贯、出生日期、性别等信息，使用文本函数能快速从身份证号码中获取员工的基本信息，完成后的最终效果如右图所示。

最终效果

序号	员工姓名	性别	身份证号码	出生日期	籍贯	
			员工基本信息表			
序号	员工姓名	性别	身份证号码	出生日期	籍贯	
1	王杨阳	男	51092119800101xx9x	1980/1/1	四川省	遂宁市蓬溪县
2	刘婷婷	女	13053219710128xx8x	1971/1/28	河北省	邢台市平乡县
3	罗娟	女	11010219890125xx4x	1989/1/25	北京市	东城区
4	杨燕	女	11022119790213xx4x	1979/2/13	北京市	昌平
5	李维伟	男	43010019890718xx5x	1989/7/18	湖南省	长沙市
6	张杰	男	51050019890918xx5x	1989/9/18	四川省	泸州市
7	宋超	男	51100019850816xx3x	1985/8/16	四川省	内江市
8	谢春花	女	51170019840213xx4x	1984/2/13	四川省	达州市
9	罗佳	男	37020019900717xx5x	1990/7/17	山东省	青岛市

原始文件： 下载资源\实例文件\第8章\原始文件\员工基本信息表xlsx
最终文件： 下载资源\实例文件\第8章\最终文件\员工基本信息表.xlsx

步骤01 判断性别。

打开原始文件。

❶ 在单元格C3中输入公式"=IF(MOD(RIGHT(LEFT(D3,17)),2),"男","女")"。

❷ 按【Enter】键，然后将公式向下填充到单元格区域C4:C13中。如右图所示。

步骤02 获取出生日期。

❶ 在单元格E3中输入公式"=--TEXT(MID(D3,7,8),"0000-00-00")"。

❷ 按【Enter】键，然后将公式向下填充到单元格区域E4:E13中。如右图所示。

步骤03 获取发证机关。

❶ 在单元格F3中输入公式"=IF(D3<>"",VLOOKUP(LEFT(D3,2),地址码!B:C,2,),)"。

❷ 按【Enter】键，然后将公式向下填充到单元格区域F4:F13中。

❸ 在单元格G3中输入公式"=IF(D3<>"",VLOOKUP(LEFT(D3,6),地址码!B:C,2,),)"。

❹ 按【Enter】键，然后将公式向下填充到单元格区域G4:G13中。如右图所示。

8.4 日期与时间函数

日期与时间函数用于对日期和时间进行处理。Excel中提供的日期与时间函数包括返回年、月、日、小时函数，返回序列号函数，日期推算函数以及星期推算函数。

8.4.1 返回年、月、日、小时函数

返回年、月、日、小时函数能够获取日期中的年、月、日或获取小时中的时、分、秒。

1 YEAR 、MONTH、DAY函数获取年、月、日

YEAR 函数的表达式为：YEAR(serial_number)。MONTH 函数的表达式为：MONTH(serial_number)。DAY 函数的表达式为：DAY(serial_number)。YEAR、MONTH 和 DAY 函数的功能是计算日期所代表的相应的年份、月份和日。只有一个参数 serial number，表示将要计算年份、月份或日的日期。

例如，已知员工进入公司的日期，需要从日期中获取年、月、日，可使用 YEAR、MONTH 和 DAY 函数分别获取。

原始文件： 下载资源\实例文件\第8章\原始文件\获取入公司年、月、日.xlsx
最终文件： 下载资源\实例文件\第8章\最终文件\函数获取年月日.xlsx

扫码看视频

步骤01 获取年份。打开原始文件，❶在单元格C2中输入公式"=YEAR(B2)"，获取单元格B2中日期的年份，按【Enter】键，❷将公式填充到单元格区域C3:C8中，如下图所示。

步骤02 获取月份。❶在单元格D2中输入公式"=MONTH(B2)"，获取单元格B2中日期的月份，按【Enter】键显示计算结果，❷将公式填充到单元格区域D3:D8中，结果如下图所示。

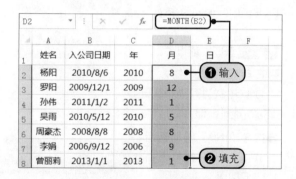

步骤03 获取日。❶在单元格E2中输入公式"=DAY(B2)"，获取单元格B2中日期的日，按【Enter】键显示计算结果，❷将公式填充到单元格区域E3:E8中，结果如右图所示。

💡**知识补充**

利用两个 YEAR 函数还能计算出时间的年份差，如输入公式：=YEAR("2013-12-04")-YEAR("2006-06-23")，可计算两个日期间相差的年数。

2 HOUR、MINUTE、SECOND函数获取时、分、秒

HOUR 函数的表达式为：HOUR(serial_number)。MINUTE 函数的表达式为：MINUTE (serial_number)。SECOND 函数的表达式为：SECOND (serial_number)。HOUR、MINUTE 和 SECOND 函数的功能是计算某一时间值或代表时间的系列编号所对应的小时数、分钟数和秒数。只有一个参数 serial number，表示将要计算小时数、分钟数或秒数的时间。

例如，出入登记表记录了员工出公司和回公司的时间，需要计算员工离开公司这段时间的小时数。

原始文件：下载资源\实例文件\第8章\原始文件\出入登记表.xlsx
最终文件：下载资源\实例文件\第8章\最终文件\函数获取小时数.xlsx

扫码看视频

步骤01 获取小时数。打开原始文件，在单元格D3中输入公式 "=HOUR(C3-B3)"，如下图所示。

	出入登记表		
姓名	出公司时间	回公司时间	小时数
王茹	9:14:10	：	=HOUR(C3-B3)
杨娟	9:31:27	17:25:43	
黄梅	9:15:36	17:32:51	
胡强	9:12:23	18:00:00	

输入

步骤02 显示计算结果。按【Enter】键，然后将公式填充到单元格区域D4:D6中，如下图所示。

D3　fx =HOUR(C3-B3)

	出入登记表		
姓名	出公司时间	回公司时间	小时数
王茹	9:14:10	16:54:32	7
杨娟	9:31:27	17:25:43	7
黄梅	9:15:36	17:32:51	8
胡强	9:12:23	18:00:00	8

填充

8.4.2 返回序列号函数

Excel 中用 DATE 函数和 TIME 函数返回日期和时间的序列号，用 NOW 函数获取当前日期和时间，用 TODAY 函数获取当前日期。

1 DATE函数返回日期序列号

DATE 函数的表达式为：DATE(year,month,day)，该函数的功能是计算某一特定日期的系列编号。其共有 3 个参数，year 表示年份，month 表示月份，day 表示天。

例如，在火车时刻表中，日期和时间都分别显示在各个单元格中，需要将其统一为一个数值。

原始文件：下载资源\实例文件\第8章\原始文件\火车时刻表.xlsx
最终文件：下载资源\实例文件\第8章\最终文件\火车时刻表.xlsx

扫码看视频

步骤01 返回日期序列号。打开原始文件，❶切换至 "DATE函数" 工作表，❷在单元格I3中输入公式 "=DATE(C3,D3,E3)"，如右图所示。

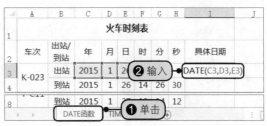

141

步骤02 显示计算结果。按【Enter】键，获取日期序列号，然后将公式填充到单元格区域I4:I8中，如右图所示。

	I3				fx	=DATE(C3,D3,E3)		

火车时刻表

车次	出站/到站	年	月	日	时	分	秒	具体日期
K-023	出站	2015	1	26	0	25	25	2015/1/26
	到站	2015	1	26	14	26	30	2015/1/26
T-B01	出站	2015	1	26	14	30	26	2015/1/26
	到站	2015	1	27	2	25	4	2015/1/27
T-C11	出站	2015	1	27	3	24	22	2015/1/27
	到站	2015	1	27	13	14	12	2015/1/27

填充

DATE函数　TIME函数

2 TIME函数返回时间序列号

TIME 函数的表达式为：TIME(hour,minute,second)。该函数的功能是计算某一特定时间的列编号。其共有 3 个参数，hour 表示小时数，minute 表示分钟数，second 表示秒数。

例如，在火车时刻表中，日期和时间都分别显示在各个单元格中，需要将其统一为一个数值。

扫码看视频

步骤01 获取时间序列号。继续使用上例中的工作簿，❶切换至"TIME函数"工作表，❷在单元格I3中输入公式"=TIME(F3,G3,H3)"，如下图所示。

火车时刻表

车次	出站/到站	年	月	日	时	分	秒	具体时间
K-023	出站	2013	1	26	1	25		=TIME(F3,G3,H3)
	到站	2013	1	26	14	26	30	
T-B01	出站	2013	1	26	14	30	26	
	到站	2013	1	27	2	25	4	
T-C11	出站	2013	1	27		24	22	
	到站	2013	1	27	13	14	12	

❷ 输入
❶ 单击

DATE函数　TIME函数

步骤02 显示计算结果并复制公式。按【Enter】键，返回时间序列号，然后将公式填充到单元格区域I4:I8中，如下图所示。

	I3				fx	=TIME(F3,G3,H3)		

火车时刻表

车次	出站/到站	年	月	日	时	分	秒	具体时间
K-023	出站	2013	1	26	1	25	25	1:25 AM
	到站	2013	1	26	14	26	30	2:26 PM
T-B01	出站	2013	1	26	14	30	26	2:30 PM
	到站	2013	1	27	2	25	4	2:25 AM
T-C11	出站	2013	1	27	3	24	22	3:24 AM
	到站	2013	1	27	13	14	12	1:14 PM

填充

DATE函数　TIME函数

💡 知识补充

如果插入函数后并没有显示出日期或时间编号，而是以日期格式或时间格式显示的，可以打开函数所在单元格的"单元格格式"设置对话框，将"数字"选项卡里的类型更改为"常规"即可。

3 NOW函数显示当前日期和时间

NOW 函数的表达式为：NOW()。该函数的功能是返回计算机系统内部时钟的当前日期和时间，没有参数。

例如，在预订票表格中显示当前订票的日期。

扫码看视频

原始文件： 下载资源\实例文件\第8章\原始文件\预订票.xlsx
最终文件： 下载资源\实例文件\第8章\最终文件\NOW函数.xlsx

💡 知识补充

NOW 函数返回的是当前的日期与时间，若要只显示日期，可将函数所在的单元格格式设置为日期格式。

步骤01 获取当前日期和时间。打开原始文件，在单元格B2中输入公式"=NOW()"，按【Enter】键，获取当前日期和时间，结果如下图所示。

步骤02 计算一周后的时间。在单元格B4中输入公式"=B2+7"，按【Enter】键，计算一周后的时间，结果如下图所示。

4 TODAY函数返回当前日期

TODAY 函数的表达式为：TODAY()。该函数的功能是返回当前日期的序列号，没有参数。例如，在工龄计算表中获取当前制表日期。

原始文件：下载资源\实例文件\第8章\原始文件\工龄计算表.xlsx
最终文件：下载资源\实例文件\第8章\最终文件\TODAY函数.xlsx

步骤01 获取当前日期。打开原始文件，在单元格D2中输入公式"=TODAY()"，如下图所示。

步骤02 显示计算结果。按【Enter】键显示计算结果，即可得到当前日期，如下图所示。

💡 知识补充

TODAY 函数可与其他的函数嵌套使用，如与 DATEDIF 函数嵌套使用，计算当前日期与指定日期之间相隔的整年或整月等数据。DATEDIF 函数为 Excel 的隐藏函数。

8.4.3　日期推算函数

日期推算函数是指根据指定日期，按要求获取需要的日期。如 DAYS360 函数按每年 360 天返回两个日期间相差的天数，WORKDAY 函数返回在指定的若干个工作日之前 / 之后的日期。

原始文件：下载资源\实例文件\第8章\原始文件\日期推算函数.xlsx
最终文件：下载资源\实例文件\第8章\最终文件\日期推算函数.xlsx

1 DAYS360函数按每年360天计算相差天数

DAYS360 函数的表达式为：DAYS360 (start_date,end_date,method)。该函数的功能是按每个月 30 天、一年 12 个月，共 360 天的算法返回两个日期间相差的天数。其共有 3 个参数，start_date 用于计算期间天数的开始日期，end_date 为结束日期，method 表示采用欧洲方法还是美国方法。

例如，假设当前日期为 2017 年 10 月 13 日，根据最后支付日期计算还款的剩余天数。

步骤01 计算剩余天数。打开原始文件，❶切换至"DAYS360函数"工作表中，❷在单元格D2中输入公式"=DAYS360(TODAY(),C2,TRUE)"，如下图所示。

步骤02 显示计算结果并复制公式。按【Enter】键显示计算结果，然后将公式填充到单元格区域D3:D5中，如下图所示。

2 WORKDAY函数计算工作日相关日期

WORKDAY 函数的表达式为：WORKDAY (start_date,days,holidays)。该函数的功能是返回某日期（起始日期）之前或之后相隔指定工作日的某一日期值。其共有 3 个参数，start_date 表示开始日期，days 表示之前或之后不含周末及节假日的天数，Holidays 表示从工作日历中排除的日期值。

例如，根据已知的项目开始日期、预计日数和休息日，计算预计完成日期。

步骤01 计算预计完成日期。继续使用上例中的工作簿，❶切换至"WORKDAY函数"工作表中，❷在单元格D2中输入公式"=WORKDAY(B2, C2,$F$2:$F$4)"，如下图所示。

步骤02 显示计算结果并复制公式。按【Enter】键显示计算结果，然后将公式填充到单元格区域D3:D7中，如下图所示。

8.4.4　星期推算函数

星期推算函数是指可返回代表一周中的某天数的数值或一年中的周数，如 WEEKDAY 函数返回代表一周中的第几天的数，WEEKNUM 函数返回一年中的周数。

1 WEEKDAY函数返回一周中的第几天

WEEKDAY 函数的表达式为：WEEKDAY (serial_number, return_type)。该函数的功能是返回对应于某个日期的一周中的第几天。其共有 2 个参数，serial_number 表示要查找的那一天的日期，return_type 表示确定返回值类型的数字。

例如，计算指定日期为星期几。

打开原始文件，❶切换至"WEEKDAY函数"工作表，❷在单元格B4中输入公式"="星期"&WEEKDAY(DATE($B$1,$B$2,A4),2)"，按【Enter】键，❸将公式填充到单元格区域B5:B13中，如右图所示。

> **💡 知识补充**
>
> WEEKDAY 函数中将 return_type 指定为 1 或省略，表示从数字 1（星期日）到数字 7（星期六）；指定为 2，表示从数字 1（星期一）到数字 7（星期日）；指定为 3，表示数字 0（星期一）到数字 6（星期日）。

2 WEEKNUM函数返回一年中的周数

WEEKNUM 函数的表达式为：WEEKNUM (serial_number, return_type)。该函数的功能是返回特定日期的周数。其共有 2 个参数，serial_number 表示一周中的日期，return_type 确定星期从哪一天开始。

例如，已知项目开始的时间和预计结束时间，计算这段时间的周数。

继续在上例的工作簿中进行操作，❶切换至"WEEKNUM函数"工作表，❷在单元格D2中输入公式"=WEEKNUM(C2)-WEEKNUM (B2)"，分别获取周数再将相减，按【Enter】键显示计算结果，❸公式填充到单元格区域D3:D6中，如右图所示。

实例精练——
值班表中的日期时间处理

值班表是公司常用表格之一，需要录入值班日期、周次、日期、星期等信息。在 Excel 中使用日期和时间函数，能在录入年份和月份之后不再录入其他信息就完成值班表的制作，完成后的最终效果如下图所示。

最终效果

	A	B	C	D	E
1	值班表				
2	单位：			制表日期：	2015/11/9
3	年份：	2015		月份：	11
4	**周次**	**日期**	**星期**	**值班人员**	**值班电话**
5	44	2015/11/1	星期日		
6	45	2015/11/2	星期一		
7	45	2015/11/3	星期二		
8	45	2015/11/4	星期三		
9	45	2015/11/5	星期四		
10	45	2015/11/6	星期五		
11	45	2015/11/7	星期六		
12	45	2015/11/8	星期日		
13	46	2015/11/9	星期一		
14	46	2015/11/10	星期二		

原始文件： 下载资源\实例文件\第8章\原始文件\值班表.xlsx

最终文件： 下载资源\实例文件\第8章\最终文件\值班表.xlsx

步骤01 获取当前日期。

打开原始文件。

❶在单元格E2中输入公式"=TODAY()"，获取当前日期。

❷按【Enter】键，在单元格E2中显示当前日期。如右图所示。

步骤02 获取日期序列号。

❶在单元格B5中输入公式"=DATE($B$3,$E$3,ROW(A1))"，获取日期序列号。

❷按下【Enter】键，然后将公式填充到单元格区域B6:B14中。如右图所示。

步骤03 返回周数。

❶在单元格A5中输入公式"=WEEKNUM(B5,2)"，获取周数。

❷按下【Enter】键，然后将单元格A5中的公式填充到单元格区域A6:A14中。如右图所示。

步骤04 返回星期。

❶在单元格C5中输入公式"=CHOOSE(WEEKDAY(B5,2),"星期一","星期二","星期三","星期四","星期五","星期六","星期日")"，获取星期。

❷按下【Enter】键，然后将单元格C5中的公式填充到单元格区域C6:C14中，如右图所示。

8.5 查找与引用函数

查找与引用函数是对用户所建的数据清单或工作表中特定的数值进行查找或对特定单元格的引用。

8.5.1 查找函数

查找函数偏重于在数据清单或工作表中按要求查找特定的内容，并返回相关指定位置的内容。

1 VLOOKUP函数垂直查找

VLOOKUP 函数的表达式为：VLOOKUP(lookup_value, table_array, col_index_num, range_lookup)。该函数的功能为搜索某个单元格区域的第一列，然后返回该区域相同行上任何单元格中的值。其共有 4 个参数：lookup_value 表示需要在数据表第一行或列中进行查找的数值；参数 table_array 表示需要在其中查找数据的数据表；col_index _num 为 table_array 中待返回的匹配值的序列号；range_lookup 指明函数查找时是精确匹配还是近似匹配。

例如，在产品销售价目表中查找指定产品名称对应的价格。

 原始文件： 下载资源\实例文件\第8章\原始文件\产品销售价目表.xlsx
最终文件： 下载资源\实例文件\第8章\最终文件\VLOOKUP函数.xlsx

扫码看视频

步骤01 垂直查找。打开原始文件，在单元格B9中输入公式 "=VLOOKUP(A9,B3:C6,2,FALSE)"，如下图所示。

步骤02 显示计算结果。按【Enter】键显示计算结果，如下图所示。

	A	B	C	D	E
1	产品销售价目表				
2	产品编号	产品名称	销售单价	预计下半年销量	预计下半年销售额
3	NO.001	苹果	￥6.80	12000	￥81,600.00
4	NO.002	橙子	￥5.50	15900	￥87,450.00
5	NO.003	香蕉	￥4.50	11200	￥50,400.00
6	NO.004	梨子	￥7.50	11500	￥86,250.00
7		输入			
8	产品名称	单价			
9	=VLOOKUP(A9,B3:C6,2,FALSE)				
10					

B9 ｜ fx ｜ =VLOOKUP(A9,B3:C6,2,FALSE)

	A	B	C	D	E
1	产品销售价目表				
2	产品编号	产品名称	销售单价	预计下半年销量	预计下半年销售额
3	NO.001	苹果	￥6.80	12000	￥81,600.00
4	NO.002	橙子	￥5.50	15900	￥87,450.00
5	NO.003	香蕉	￥4.50	11200	￥50,400.00
6	NO.004	梨子	￥7.50	11500	￥86,250.00
7					
8	产品名称	单价			
9	香蕉	￥4.50			

> **知识补充**
>
> HLOOKUP 函数用于水平查找，即主要用于在表格或数组的首行查找指定的数值，并返回表格或数组当前列中指定行处的值。LOOKUP 常用于模糊查找，即在查找的区域没有找到完全相同的数据时，可以查找接近的数据。

2 MATCH函数返回指定内容的位置

MATCH 函数的表达式为：MATCH (lookup_value,lookup_array,match_type)。该函数的功能为返回在指定方式下与指定数值匹配的数组中元素的相对位置。其共有 3 个参数，lookup_value 为需要在数据表中查找的数值；lookup_array 表示可能包含所要查找的数值的单元格区域；match_type 指明查找行为，为 1 或省略时，查找小于或等于 lookup_array 的最大值，查找区域必须以升序排序。

例如，查找销售额最高和销售额最低的产品序号。

原始文件： 下载资源\实例文件\第8章\原始文件\查找产品序号.xlsx

最终文件： 下载资源\实例文件\第8章\最终文件\MATCH函数.xlsx

步骤01 引用最大值的序号。打开原始文件，在单元格E2中输入公式"=MATCH(MAX(C2:C10),C2:C10,0)"，返回最大值在单元格区域C2:C10中的位置，结果如下图所示。

步骤02 引用最小值的序号。在单元格E4中输入公式"=MATCH(MIN(C2:C10),C2:C10,0)"，查找最小值在单元格区域C2:C10中的位置，结果如下图所示。

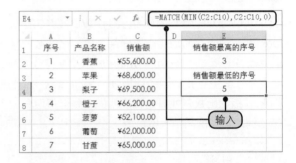

8.5.2　引用函数

引用函数侧重于单元格的引用，如返回单元格的地址、返回文本字符串中指定的引用等。当用户需要更改公式中单元格的引用，而不更改公式本身时，需使用 INDIRECT 函数。

INDIRECT 函数的表达式为：INDIRECT(ref_text,al)。该函数的功能是用于返回文本字符串指定的引用。其共有 2 个参数：参数 ref_text 为对单元格的引用，此单元格可以包含 A1 或 R1C1 样式的引用，定义为引用的名称或对文本字符串单元格的引用，如果不是合法的单元格引用，函数返回错误值 #REF!；al 为逻辑值，指明包含在单元格 ref_text 中的引用类型。

例如，在数据表的 A 列显示的是单元格的引用标号，B 列显示的是引用的值，根据要求进行计算。

原始文件： 下载资源\实例文件\第8章\原始文件\返回引用值.xlsx

最终文件： 下载资源\实例文件\第8章\最终文件\引用函数.xlsx

步骤01 输入公式。打开原始文件，在单元格B5中输入公式"=INDIRECT($A$2)"，按【Enter】键，结果如下图所示。

步骤02 引用单元格中的值。在单元格B6中输入公式"=INDIRECT("B"&A3)"，首先引用B列的内容，再引用单元格A3的引用值，二者联合在一起就表示B列中的第3行，即返回单元格B3的值，结果如下图所示。

专家支招

1　使用计算结果替换公式的一部分

在工作表中选定包含公式的单元格，如果公式是数组公式，就选定包含数组公式的单元格区域。在编辑栏中，选定公式中需要用计算结果替换的部分。在进行选择时，确认包含了整个运算对象。例如，选择一个函数，就必须选定整个函数名称、左圆括号、参数和右圆括号。

如果要计算选定的部分，可以按【F9】键；如果要用计算结果替换选定的部分，就按【Enter】键；如果公式为数组公式，就按【Ctrl+Shift+Enter】组合键；如果要保持原来的公式，则按【Esc】键。

2　不能使用 1900 年以前的日期

用户在使用 Excel 处理历史信息时，有时需要使用 1900 年 1 月 1 日以前的日期，做法是把时间作为文本输入到单元格中。例如，把文本"July6.1862"输入到单元格中，单元格显示正确，但是用户不能对识别文本的日期进行任何操作，不能改变数字格式，不能够确定此日期是星期几，也不能计算 7 天以后的日期。

读书
笔记

第9章 使用图表分析数据

在实际运用中，仅有表格形式的数据清单是不够的，需要更直观的数据呈现形式，此时就可以使用 Excel 中的绘制图表功能。图表比数据清单更加清晰明了，方便用户查看数据的差异、预测趋势。

9.1 认识图表

Excel 具有完整的图表功能，不仅可以生成诸如条形图、柱形图、饼图等标准的图表，对于较繁杂的数据还可以生成三维立体图，这些图表为用户的数据分析提供了很大的帮助。本节就详细介绍一下图表的基础知识。

9.1.1 图表的组成

所谓图表，就是表格中数据的图形表现。要正确使用图表，首先就要了解图表的有关术语和组成部分。下面以某影院总入场数与平均消费额之间的关系图为例认识图表，如下图和下表所示。

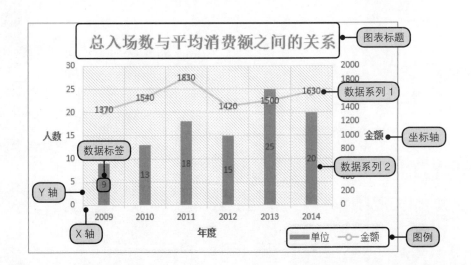

名　称	作　用
标题	标题用于表明图表或分类的内容。一般来说，用于表明图表内容的标题位于图表的顶部，如上图中顶部的"总入场数与平均消费额之间的关系"就是该图表的主标题
坐标轴	坐标轴是作为绘图区一侧边界的直线，在图表中进行度量或比较时提供参考框架，对于多数图表而言，数据值均沿数值轴即 Y 轴绘制，类别均沿分类轴即 X 轴绘制。如上图中表示年度的为类别轴 X 轴，表示人数和金额的为数值轴 Y 轴
数据系列	绘制在图表中的一组相关数据点就是一个数据系列。图表中的每一个数据系列都有特定的颜色或图案。如上图的柱形表示一组数据系列，折线形表示另一组数据系列

名　称	作　用
数据点	数据点又称数据标记。在 Excel 中，图表与源数据表是不可分割的，图表是工作表中数据的图形化，一个数据点本质上就是源工作表中一个单元格的数据值的图形表示。如上图共有 6 个数据点，每一个点对应一个单元格中的数据
网格线	网格线是指可以添至图表的线条，有助于查看和评估数据。网格线从方向轴上的刻度线处开始延伸过绘图区，包括水平网格线和垂直网格线两种，根据需要可以设置或取消
刻度线与刻度线标志	刻度线是与轴交叉的起度量作用的短线，类似于尺子上的刻度。刻度线标志用于标明图表中的类别、数值或数据系列来自于用于创建图表的单元格中的数据。如上图水平方向有 6 个刻度，分别表示 2009 年、2010 年、2011 年、2012 年、2013 年和 2014 年
图例	图例用于说明每个数据系列中的图形外表，可以是一个方框、一个菱形或其他小图块，用于标示图表中为数据系列或分类所指定的图案或颜色。如上图的图例为柱形和数据点折线形
数据标签	数据标签是图表中专为数据标记提供附加信息的标签，代表源于数据表单元格的单个数据点或值。如上图中浮于两个数据系列中的数值即为数据标签

9.1.2　常用的图表类型

合适的图表类型能够使数据具有更好的视觉效果，使图表更清楚、更易于理解，因此，选择合适的图表类型是使信息更加突出的一个关键步骤。Excel 中的图表类型包含 14 个标准类型和多种组合类型。下面主要介绍几种常用的图表类型。

1　柱形图

柱形图是最常用的图表类型之一，用于表示不同项目之间的比较结果或说明一段时间内数据的变化。由于柱形图中数据系列的排列方向和日常阅读时眼光移动方向都是从左到右移动，因此柱形图非常适合用在左右互相比较的时间系列上。

柱形图的子类型较多，共有 7 种，分别是"簇状柱形图""堆积柱形图""百分比堆积柱形图""三维簇状柱形图""三维堆积柱形图""三维百分比堆积柱形图""三维柱形图"。

簇状柱形图可比较多个类别的值，有二维和三维两种，其中二维的簇状柱形图用垂直矩形显示值，而三维簇状柱形图仅使用三维的透视效果来显示表现数据，并不会使用第三条数值轴（竖坐标轴）。如下左图所示为销售表的簇状柱形图，明确地显示了每季度预估销售量与实际销售量的比较。

堆积柱形图常用于比较每个值对所有类别的总计贡献，例如每个季度的销售额以及该季度各商品的销售额贡献。堆积柱形图同样有二维和三维两种，其中二维的堆积柱形图使用垂直的堆积矩形来显示值，而三维堆积柱形图则使用三维的矩形效果来显示值（不会使用第三条数值轴），如下右图所示为每季度 MP3 销售额与 MP4 销售额比较的二维堆积柱形图。

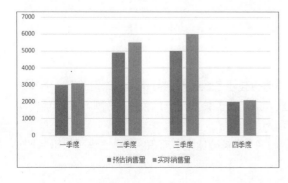
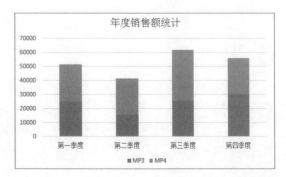

百分比堆积柱形图和三维百分比堆积柱形图可以跨类别比较每个值占总体的百分比。百分比堆积柱形图使用二维垂直百分比堆积矩形显示值，而三维百分比堆积柱形图则使用三维的矩形来显示值。如下左图所示为使用百分比堆积柱形图显示每季度 MP3 销售额与 MP4 销售额的比值，该图表的数据轴显示百分比而不是数值。如果用户的图表中有多个数据系列，并且要强调每个值占整体的百分比，尤其是当各类别的总数相同时，可使用百分比堆积柱形图。

柱形图中还有一个完全采用三维矩形来创建的图表——三维柱形图，该类型的图表使用 3 个可以修改的坐标轴（横坐标轴、纵坐标轴和竖坐标轴），并沿横坐标轴和竖坐标轴比较数据点，让显示出的数据非常直观、形象，如下右图所示。

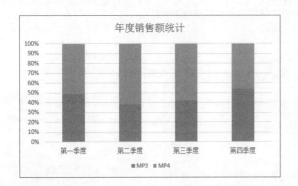
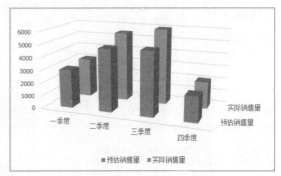

2 条形图

条形图显示了各个项目之间的比较情况，纵轴表示分类，横轴表示值。当图表的轴标签过长或显示的数值是持续型的时候，建议使用条形图。

条形图有 6 种子类型，分别是"簇状条形图""堆积条形图""百分比堆积条形图""三维簇状条形图""三维堆积条形图""三维百分比堆积条形图"。

下面介绍其中的两种："簇状条形图"与"堆积条形图"。"簇状条形图"可比较多个类别的值，通常沿纵坐标轴组织类别，沿横坐标轴组织值，如下左图所示为簇状条形图。而堆积条形图则显示单个项目与总体的关系，如下右图所示。

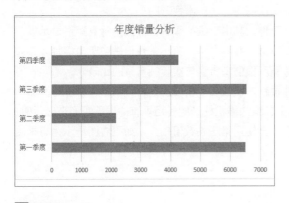
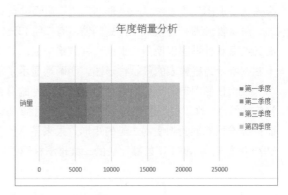

3 面积图

面积图用于显示不同数据系列之间的对比关系，同时也显示各数据系列与整体的比例关系，尤其强调随时间的变化幅度。通过显示数据的总和，还能直观地表现出整体和部分的关系。例如，表示随时间而变化的销售利润的数据可通过绘制面积图以强调总利润。

面积图有 6 种子类型，分别是"面积图""堆积面积图""百分比堆积面积图""三维面积图""三维堆积面积图""三维百分比堆积面积图"。

下面介绍其中的两种图形："面积图"和"三维面积图"。无论是用二维的面积图还是三维的面积图，面积图的值都显示随时间或其他类别数据变化而变化的趋势线。三维面积图使用三个可以修改的轴（横坐标轴、纵坐标轴和竖坐标轴）。

通常办公图表应用中应谨慎使用堆积面积图，因为使用堆积面积图时，一个系列中的数据可能会被另一系列中的数据遮住，如下左图和右图所示分别为面积图和三维面积图。

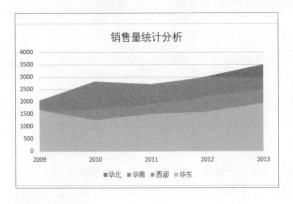 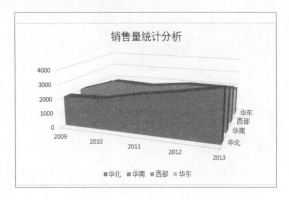

4 折线图

折线图强调数据的发展趋势，表示随时间而变化的连续数据，因此非常适合于显示在同等均匀时间间隔情况下数据的变化趋势。在折线图中，类别数据沿水平轴均匀分布，所有的值沿垂直轴均匀分布。折线的子类型也较多，共有7种，分别是"折线图""堆积折线图""百分比堆积折线图""三维折线图""带数据标记的折线图""带标记的堆积折线图""带数据标记的百分比堆积折线图"。

下面介绍其中的两种："折线图"和"堆积折线图"。折线图非常适合于显示随时间或排序的类别变化的趋势，尤其是当有多个数据点并且它们的显示顺序很重要的时候。如果有多个类别或者值是近似的，则建议用户使用不带数据标记的折线图，如下左图所示为折线图。堆积折线图则用于显示每个值所占大小随时间或排序类别而变化的趋势，如下右图为堆积折线图。

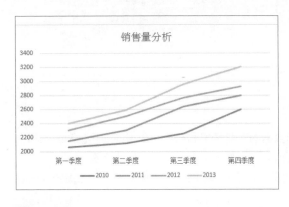 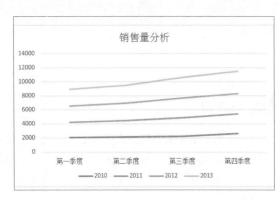

5 饼图

饼图强调总体与个体的关系，显示数据系列中的项目和该项目数值总和的比例关系。饼图中的数据点所显示的为该数据占整个饼图的百分比。当需创建图表的数据仅有一个要绘制的数据系列、要绘制的数值没有负值、要绘制的数值几乎没有零值且各类别分别代表整个饼图的一部分时，建议用户选择饼图。

饼图有5种子类型，分别是"饼图""三维饼图""复合饼图""复合条饼图"和"圆环图"，如下左图所示为饼图。

圆环图是一种特殊类型的饼图，也显示了部分与整体的关系，而且可以含有多个数据系列，每一个圆环图中的环都代表一个数据系列，如下右图所示为圆环图。

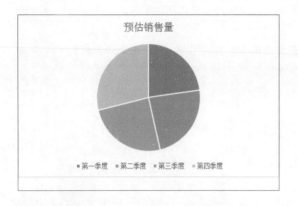
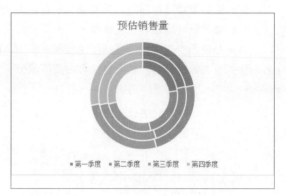

6 雷达图

雷达图常用于多个数据系列之间的总和值的比较，可以显示独立的数据之间或单个数据系列与整体之间的关系。在雷达图中，每个分类都有各自的数值轴，每个数值轴都从中心向外辐射，同一数据系列的数值之间用折线相连，连接数据点的折线定义了该数据系列所覆盖的区域。

雷达图有 3 种子类型，分别是"雷达图""带数据标记的雷达图""填充雷达图"。

下面介绍其中的两种："雷达图"和"填充雷达图"。"雷达图"显示各值相对于中心点的变化，如下左图所示。而在填充雷达图中，则用覆盖一个区域的颜色来表示一个数据系列，如下右图所示。

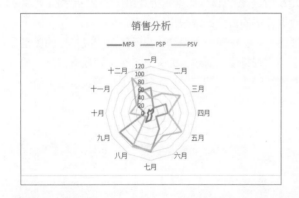
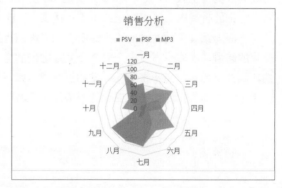

7 曲面图

曲面图显示了图表的最高点和最低点，用于显示数据的变化情况和趋势，用相同的颜色和图案指出在同一取值范围内的区域。如果用户想要找到两组数据之间的最佳组合，可以使用曲面图。

曲面图有 4 种类型，分别是"三维曲面图""三维曲面图（框架图）""曲面图""曲面图（俯视框架图）"。

下面介绍其中的"三维曲面图"和"曲面图"。在 Excel 中，三维曲面图以连续曲面的形式跨两维显示数值的趋势。曲面图中的颜色带不表示数据系列，而表示数值之间的差别。用户可将这种三维曲面图想象为三维柱形图上展开的橡胶板，它通常用于显示大量数据之间的关系，Excel 中的其他图表方式可能很难显示这种关系。

如下左图所示为三维曲面图。曲面图则是以俯视角度显示的一种曲面图，该类型的曲面图与地理上的二维地形图相似。曲面图中的颜色带表示特定范围的值，而曲面图中的线条则连接等值的内插点，如下右图所示为曲面图。

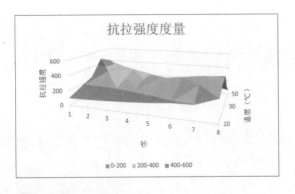

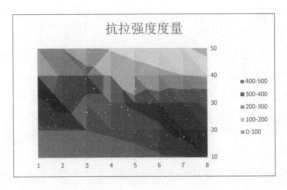

8 XY散点图

XY散点图主要用来比较在不均匀测量间隔上数据的变化趋势。当需要绘制的独立变量的数据以不等的间隔记录时，或者当分类数据点按不等的增量给定时，就需要使用散点图。

当用户遇到以下情况时，建议使用XY散点图。

▶　要更改水平轴的刻度。

▶　要将轴的刻度转换为对数刻度。

▶　水平轴的数值不是均匀分布的。

▶　水平轴上有许多数据点。

▶　要有效地显示包含成对或成组数值集的工作表数据，并调整散点图的独立刻度以显示关于成组数值的详细信息。

▶　要显示大型数据集之间的相似性而非数据点之间的区别。

▶　在不考虑时间的情况下比较大量数据点（在散点图中包含的数据越多，所进行的比较效果就越好）。

XY散点图中有5种子类型，分别是"散点图""带平滑线和数据标记的散点图""带平滑线的散点图""带直线和数据标记的散点图""带直线的散点图"。如下左图所示为散点图，下右图所示为带平滑线的散点图。

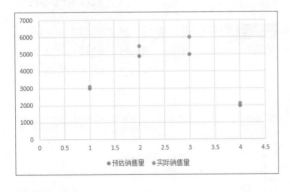

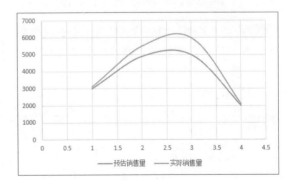

9 气泡图

气泡图实质上是一种XY散点图。数据标记的大小反映了第三个变量的大小。气泡图的数据应包括三行或三列，将X值放在一行或一列中，相邻的行或列中是对应的Y值，第三行或列的数据显示气泡的大小。

气泡图有两种子类型，分别是"气泡图"和"三维气泡图"。右图所示为气泡图。

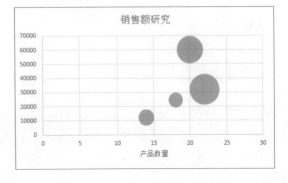

10 股价图

股价图，顾名思义，是一种用于显示股价的波动的图表，有时也被用于科学数据的分析，例如使用股价图来分析说明每天或每年降雨量的波动。

在实际使用中，用户必须按正确的顺序来组织数据才能成功创建股价图，例如，若要创建一个简单的盘高-盘低-收盘股价图，应根据盘高、盘低和收盘次序输入的列标题来排列数据。

股价图有 4 个子类型，分别是"盘高-盘低-收盘图""开盘-盘高-盘低-收盘图""成交量-盘高-盘低-收盘图"和"成交量-开盘-盘高-盘低-收盘图"。右图所示为盘高-盘低-收盘图。

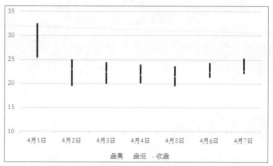

9.2 创建图表

在 Excel 中，一般使用"插入图表"对话框来创建图表。使用前，首先制作或打开一个需要创建图表的数据表格，然后再选择合适的图表类型来进行图表的创建。

9.2.1 使用推荐图表创建

Excel 中加入了一个通过推荐的图表来创建图表的功能，该功能能帮助用户快速选择适合自己的图表。

原始文件： 下载资源\实例文件\第9章\原始文件\创建图表.xlsx
最终文件： 下载资源\实例文件\第9章\最终文件\使用推荐图表.xlsx

扫码看视频

步骤01 插入图表。打开原始文件，❶选取需要创建图表的单元格区域，❷切换至"插入"选项卡，❸单击"图表"组中的"推荐的图表"按钮，如下图所示。

步骤02 选择图表。弹出"插入图表"对话框，然后在"推荐的图表"选项卡下选择合适的图表类型，如下图所示，最后单击"确定"按钮。

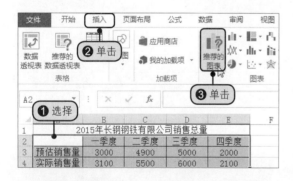

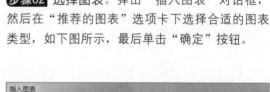

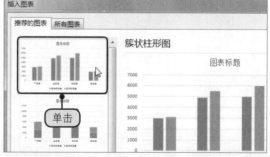

💡 **知识补充**

在 Excel 中，当用户选择了要创建图表的单元格数据区域后，系统将自动对这些数据进行分析，并智能判断出最适合的几种图表类型，这就是"推荐的图表"的来源。

步骤03 显示图表效果。此时在工作表中根据选定数据创建了对应的图表，如右图所示。

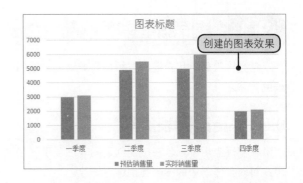

9.2.2　自定义选择图表类型创建

用户还可以自定义选择喜欢的图表类型来创建图表，下面就具体介绍一下详细的操作方法。

原始文件：下载资源\实例文件\第9章\原始文件\创建图表.xlsx
最终文件：下载资源\实例文件\第9章\最终文件\自定义选择图表类型创建.xlsx

扫码看视频

步骤01 启动对话框启动器。打开原始文件，❶选取需要创建图表的单元格区域，❷切换至"插入"选项卡，❸单击"图表"组中的对话框启动器，如下图所示。

步骤02 选择图表。弹出"插入图表"对话框，❶切换至"所有图表"选项卡，❷单击选择合适的图表类型，❸选择合适的图表，如下图所示，最后单击"确定"按钮。

步骤03 显示图表效果。此时在工作表中根据选定的类型创建了图表，如右图所示。

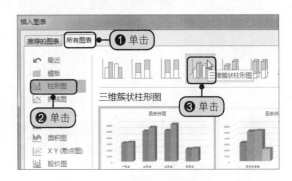

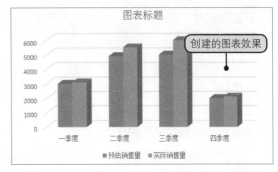

💡**知识补充**

在 Excel 中，当完成图表的创建后，若发现所创建图表的大小和工作簿的整体效果不符、需要调整其大小时，只需将鼠标指针移动至图表四周任意一个控点上，当指针改变形状后，单击鼠标不放并拖动即可调整大小。

9.3 图表的基本编辑

创建图表后，用户还可以根据需要对图表进行修改和调整，以使图表更符合要求。下面介绍编辑图表的方法。

9.3.1 更改图表类型

在实际应用中，若在成功创建图表后发现已创建的图表不能很好地对所选取的数据进行诠释分析，用户可对工作表中的图表类型进行更改。

原始文件： 下载资源\实例文件\第9章\原始文件\更改图表类型.xlsx
最终文件： 下载资源\实例文件\第9章\最终文件\更改图表类型.xlsx

扫码看视频

步骤01 更改图表类型。打开原始文件，❶选择要更改图表类型的图表，❷切换至"图表工具 - 设计"选项卡，❸单击"类型"组中的"更改图表类型"按钮，如下图所示。

步骤02 选择要更改的图表类型。弹出"更改图表类型"对话框，❶切换至"所有图表"选项卡，❷选择图表类型，❸选择要更改后的图表样式，如下图所示，最后单击"确定"按钮。

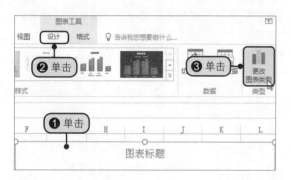

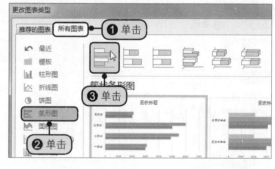

步骤03 显示更改图表类型后的效果。此时选中图表即被更改为用户所选的"簇状条形图"，得到如右图所示的图表效果。

> **💡 知识补充**
>
> 在实际办公操作中，用户若想要删除已创建的图表，只需单击选中该图表，然后按【Delete】键或【Backspace】键即可。

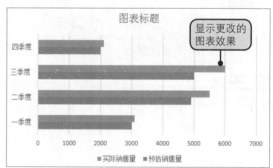

9.3.2 更改图表数据源

在实际工作中，常会遇到要修改工作表中的数据的情况。由于图表与其源数据之间建立了链接的关系，当工作表中的源数据修改后，图表也会自动更新，如果对图表中的数据进行修改，其源数据也会相应改变。

原始文件： 下载资源\实例文件\第9章\原始文件\更改图表数据源.xlsx
最终文件： 下载资源\实例文件\第9章\最终文件\更改图表数据源.xlsx

扫码看视频

步骤01 选择数据。打开原始文件，❶选择要更改数据源的图表，❷切换至"图表工具 - 设计"选项卡，❸单击"数据"组中的"选择数据"按钮，如下图所示。

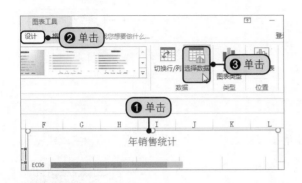

步骤02 单击"引用"按钮。弹出"选择数据源"对话框，单击"图表数据区域"右侧的引用按钮，如下图所示。

步骤03 选择数据区域。在工作表中通过拖动鼠标选择数据源范围，如下图所示，然后单击引用按钮。

步骤04 显示更改效果。返回"选择数据源"对话框，单击"确定"按钮后即可在工作表中看到更改数据源后图表的具体显示效果，如下图所示。

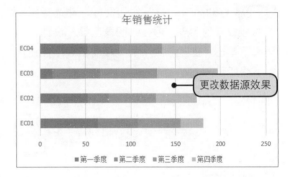

9.3.3 调整图表布局

在 Excel 中，图表布局是指由 Microsoft 公司在 Excel 中内置的一种包含多种图表元素的图表样式。用户只需通过简单的操作即可非常轻松地对图表的整体样式和显示效果进行更改，下面就介绍一下调整图表布局的方法。

原始文件： 下载资源\实例文件\第9章\原始文件\调整图表布局.xlsx
最终文件： 下载资源\实例文件\第9章\最终文件\调整图表布局.xlsx

扫码看视频

步骤01 快速布局。打开原始文件，❶选择要调整布局的图表，❷单击"图表工具 - 设计"选项卡的"快速布局"按钮，❸在展开的列表中单击"布局5"，如右图所示。

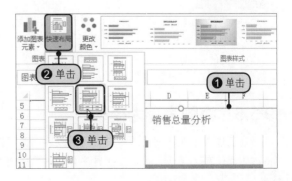

步骤02 显示调整效果。此时可以在工作表中看到更改图表布局后的效果，如右图所示。

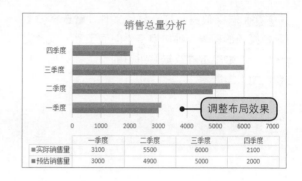

9.3.4 设置图表位置

用户若需要移动图表位置，例如将某个工作表中的图表移动到另一个工作表，除了可以拖动或复制粘贴外，还可以通过移动图表功能来实现此目的。

原始文件：下载资源\实例文件\第9章\原始文件\设置图表位置.xlsx
最终文件：下载资源\实例文件\第9章\最终文件\设置图表位置.xlsx

扫码看视频

步骤01 移动图表。打开原始文件，❶选择要设置图表位置的图表，❷在"图表工具 - 设计"选项卡下单击"位置"组中的"移动图表"按钮，如下图所示。

步骤02 设置移动位置。弹出"移动图表"对话框，❶单击"新工作表"单选按钮，❷在文本框中输入工作表名称，❸单击"确定"按钮，如下图所示。

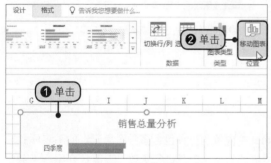

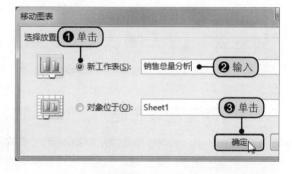

步骤03 显示移动效果。接着系统将自动切换至新建的"销售总量分析"图表工作表中，用户可在该工作表中看到移动位置后的图表，如右图所示。

🔆 知识补充

若用户仅想在图表本来的工作表中进行移动，则只需将鼠标指针移动至图表上，待指针变为双向的十字箭头时，单击鼠标并拖动即可。

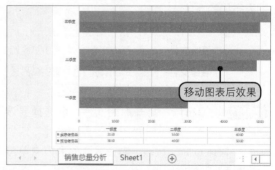

9.3.5 将图表存为模板

在工作表中对已创建的图表进行修改后，为了以后能快速套用该图表设置，用户可选择在 Excel 中将该图表保存为模板。本小节就具体介绍一下如何将图表存为模板。

原始文件： 下载资源\实例文件\第9章\原始文件\将图表存为模板.xlsx

最终文件： 下载资源\实例文件\第9章\最终文件\销售总量分析.xlsx

步骤01 单击"另存为模板"命令。打开原始文件，❶右击要保存为模板的图表，❷在弹出的快捷菜单中单击"另存为模板"命令，如下图所示。

步骤02 将图表存为模板。弹出"保存图表模板"对话框，❶在"文件名"文本框中输入模板名称，❷单击"保存"按钮，如下图所示。

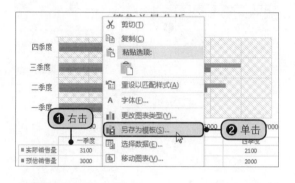

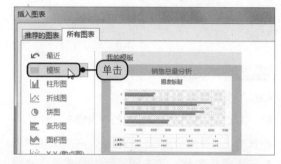

步骤03 查看保存的模板。当用户将选定的图表保存为模板后，若要再次使用该模板，只需要在创建图表时打开"插入图表"对话框，在"所有图表"选项卡下单击"模板"选项，即可在右侧看到自定义的图表类型，如右图所示。

实例精练——
创建考勤分析图并保存为模板

考勤一直是一种非常重要的考察员工的方式，在 Excel 中创建考勤分析图并进行专业的数据分析，能帮助公司制定更灵活的工作制度，完成后的最终效果如下图所示。

最终效果

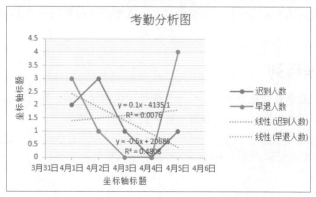

扫码看视频

步骤01 创建图表。

打开原始文件。

❶选中单元格区域A1:C6。

❷切换至"插入"选项卡，单击"推荐的图表"按钮。

❸在弹出的"插入图表"对话框中双击要插入的图表。如右图所示。

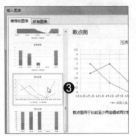

步骤02 设置图表布局。

❶在图表中标题处输入标题文字。

❷切换至"图表工具 - 设计"选项卡，单击"图表布局"中的"快速布局"按钮。

❸在展开的列表中单击选择喜欢的样式。如右图所示。

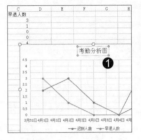
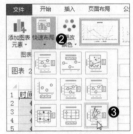

步骤03 保存为模板。

❶右击改变布局后的图表。

❷在弹出的快捷菜单中单击"另存为模板"命令。

❸弹出"保存图表模板"对话框，在"文件名"中输入模板名称，如右图所示，最后单击"保存"按钮即可。

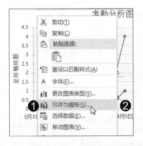

9.4 处理图表系列

在一个图表中，数据系列是其展示数据信息最直接也最核心的元素，正因为如此，学会正确的图表数据系列处理方法对用户的图表操作具有重要的意义。本节就详细介绍一下选择数据系列和追加数据系列的方法。

9.4.1 选择数据系列

用户若想要对某个数据系列进行处理，必须要先选中该数据系列。在 Excel 中，选择数据系列的方法有两种，一是直接在图表中选择，二是在功能区中选择。

1 直接在图表中选择

扫码看视频

鼠标作为操作计算机时使用最频繁的工具，在 Excel 的操作中也发挥着举足轻重的作用。用户想直接在图表中选择数据系列时，只需使用鼠标即可。

步骤01 单击要选择的数据系列。打开原始文件，选中要选择数据系列的图表，直接使用鼠标在图表中单击要选择的数据系列，如下图所示。

步骤02 选择效果。此时可发现该数据系列已经被成功选中，若想选择该图表中的其他数据系列，只需通过按键盘中的方向键（【↑】【↓】【←】【→】）进行切换选择即可，如下图所示。

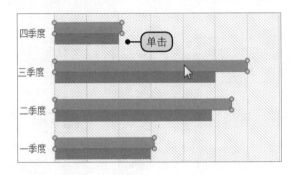

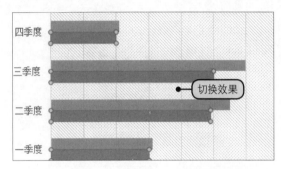

2 在功能区中选择

扫码看视频

当图表中数据系列过多、无法轻松地使用鼠标直接选择要选中的数据系列时，可选择在 Excel 窗口中通过功能区按钮来快速选中具体的数据系列。

步骤01 选择具体的数据系列。继续使用上例中的工作簿，❶选中图表，❷在"图表工具 - 格式"选项卡下单击"当前所选内容"组中的"图表区"下三角按钮，❸在展开的列表中单击要选择的数据系列，如下图所示。

步骤02 显示选中效果。此时用户即可发现该数据系列已经被成功选中，如下图所示，应用相同的方法还可以选中其他数据系列。

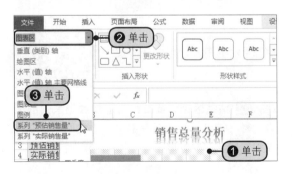

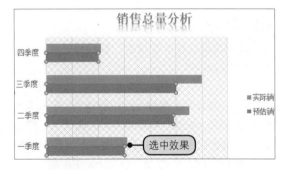

9.4.2　追加数据系列

用户需要在已创建的图表中添加一个新的数据系列时，不需要删除图表来重新创建，只需在原有图表中追加一个新的系列即可。向原有图表追加新系列的方法非常简单，共有 3 种不同的方法可供选择。

原始文件： 下载资源\实例文件\第9章\原始文件\新系列的追加.xlsx

最终文件： 下载资源\实例文件\第9章\最终文件\新系列的追加.xlsx

扫码看视频

1 通过拖动框线追加

通过框线追加数据系列是三种追加数据系列方法中最简单的一种，只需使用鼠标拖动框线即可。

步骤01 输入追加数据。打开原始文件，在工作表中输入要追加数据系列的具体数据信息，如下图所示。

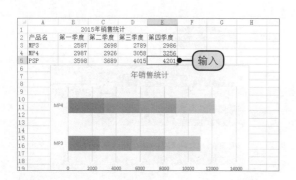

步骤03 显示追加数据效果。系统将自动调整原有图表的数据系列内容，此时用户即可在图表中看到追加数据系列后的效果，如右图所示。

> 💡 **知识补充**
>
> 拖动源数据单元格区域周围的不同颜色的框线，不仅可以对图表追加系列，还可以减少图表中的数据系列。

步骤02 拖动调整框线。❶单击要追加数据系列的图表，此时源数据单元格区域周围会显示红、蓝等颜色的框线，❷将鼠标移至蓝色框线右下角，待指针变成双向箭头时拖动鼠标，将蓝色框线区域扩大到包含新输入的数据，如下图所示。

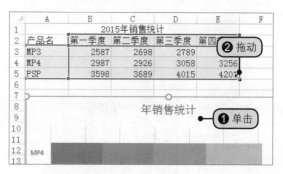

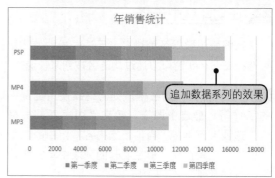

2 通过复制粘贴追加

复制和粘贴是最常用的计算机操作之一，该操作能在 Excel 中轻松向图表中追加新的数据系列。

扫码看视频

步骤01 复制区域。继续上例中的操作，❶在工作表中输入要追加数据系列的具体数据信息，❷选取追加数据信息的单元格区域并右击，❸在弹出的快捷菜单中单击"复制"命令，如下图所示。

步骤02 粘贴区域。❶右击需追加数据系列的图表，❷在弹出的快捷菜单中单击"粘贴"命令，如下图所示。

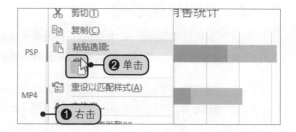

步骤03 显示追加数据的效果。此时即可在原有图表中查看到追加数据系列后的显示效果，如右图所示。

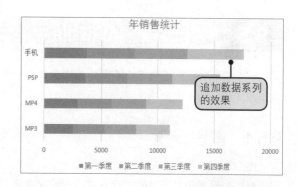

💡 **知识补充**

在工作表中成功复制了需追加的数据后，选择要追加数据系列的图表，然后按【Ctrl+V】组合键，同样也可达到追加数据系列的目的。

3 通过对话框追加

用户还可以通过"选择数据源"对话框来进行数据系列的追加。

扫码看视频

步骤01 选择数据。继续上例的操作，❶输入要追加数据系列的数据，单击要追加数据系列的图表，❷在"图表工具 - 设计"选项卡下单击"选择数据"按钮，如下图所示。

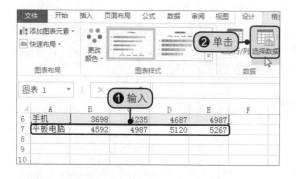

步骤02 单击引用按钮。弹出"选择数据源"对话框，单击"图表数据区域"文本框右侧的引用按钮，如下图所示。

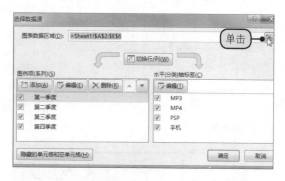

步骤03 选择数据区域。在工作表中通过拖动鼠标选择追加新系列后图表源数据单元格区域，如下图所示，然后单击对话框中的引用按钮。

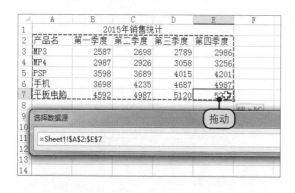

步骤04 显示追加数据的效果。返回"选择数据源"对话框，单击"确定"按钮，返回工作表中，即可看到追加数据后的效果，如下图所示。

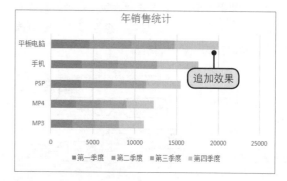

💡 **知识补充**

在 Excel 中，图表的显示效果随工作表单元格中数值的变化而变化。

9.5 图表元素的添加与格式设置

　　一个专业的图表是由多个不同的图表元素有机组合而成的，用户在实际操作中经常会遇到需要在图表中添加各种图表元素的情况，本节就详细介绍一下具体的操作方法和步骤。

9.5.1 图表标题

　　图表标题作为一个图表的重要组成部分，承担了让用户快速了解图表内容的作用。在实际操作中，图表标题的设置包括图表的放置方式、显示效果等。

原始文件： 下载资源\实例文件\第9章\原始文件\图表标题.xlsx
最终文件： 下载资源\实例文件\第9章\最终文件\图表标题.xlsx

扫码看视频

步骤01 添加图表标题。打开原始文件，选中要添加标题的图表，❶在"图表工具 - 设计"选项卡下单击"添加图表元素"按钮，❷在展开的列表中执行"图表标题>图表上方"选项，如下图所示。

步骤02 输入标题名称。接着即可看到添加的图表标题，❶在标题中输入图表名称，❷在"图表工具 - 格式"选项卡下单击"当前所选内容"组中的"设置所选内容格式"按钮，如下图所示。

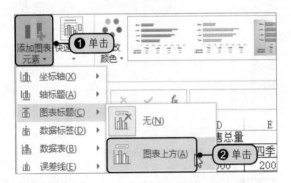

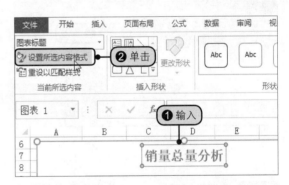

步骤03 设置标题格式。弹出"设置图表标题格式"任务窗格，❶单击"文本选项"选项，❷单击"文本效果"图标，❸单击"映像"选项，❹单击"预设"右侧的下三角按钮，❺在展开的库中选择喜欢的样式，如下图所示。

步骤04 显示图表效果。单击关闭按钮，即可在原有图表中看到设置图表标题后的显示效果，如下图所示。

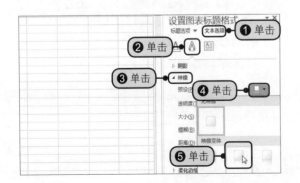

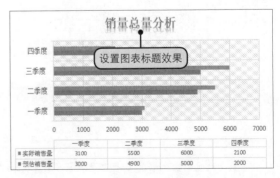

9.5.2　坐标轴

在大多数情况下，用户在 Excel 中创建的图表除饼图和圆环图外都自带有坐标轴。当图表中数据内容过多时，为了让图表的数据显示能更加清楚、便于理解，用户可以选择在图表中添加次坐标、设置坐标轴刻度以及添加坐标轴标题。

1　添加次坐标

当用户创建的图表中不同数据系列的数值变化范围很大，或图表中同时具有多种数据类型（例如人数和价格）时，可选择在次坐标轴上绘制一个或多个数据系列。次坐标轴的刻度反映了相应数据系列的值。其具体操作方法如下。

原始文件：下载资源\实例文件\第9章\原始文件\添加次坐标.xlsx
最终文件：下载资源\实例文件\第9章\最终文件\添加次坐标.xlsx

扫
码
看
视
频

步骤01 更改图表类型。打开原始文件，❶在工作表中选中要添加次坐标的图表，❷切换至"图表工具 - 设计"选项卡，❸单击"类型"组中的"更改图表类型"按钮，如下图所示。

步骤02 启用次坐标。弹出"更改图表类型"对话框，❶在"组合"选项卡中勾选需添加次坐标的数据系列复选框，❷单击"确定"按钮，如下图所示。

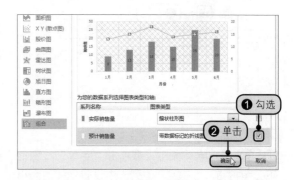

步骤03 显示添加次坐标轴后的效果。此时就在原有图表中添加了次坐标，显示效果如右图所示。

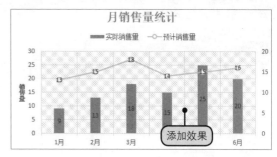

2　更改坐标轴刻度

在一个数据图表中，坐标轴刻度能直观地显示出一个数据系列的具体数值，但在默认情况下，若图表中几个数据的差距不大时，则差异性不能很好地表现出来，此时用户便可以更改坐标轴的刻度来对图表的显示效果进行改善。

原始文件：下载资源\实例文件\第9章\原始文件\坐标轴.xlsx
最终文件：下载资源\实例文件\第9章\最终文件\坐标轴.xlsx

扫
码
看
视
频

步骤01 设置所选内容格式。打开原始文件，❶选中图表中要更改刻度的坐标轴，❷在"图表工具 - 格式"选项卡下单击"当前所选内容"组中的"设置所选内容格式"按钮，如下图所示。

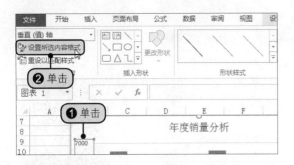

步骤03 设置坐标轴刻度。❶单击"坐标轴选项"图标，❷单击"坐标轴选项"选项，❸设置边界的最小值为"6000"，如下图所示。

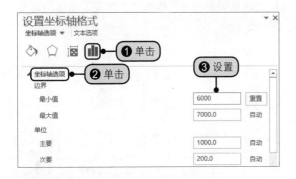

步骤05 设置字体大小。❶单击"字号"右侧的下三角按钮，❷在展开的列表中设置字体的大小为"12"磅，如下图所示。

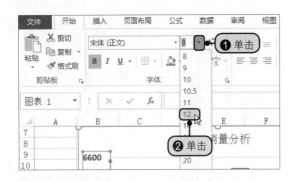

步骤02 设置坐标轴格式。弹出"设置坐标轴格式"任务窗格，❶单击"填充与线条"图标，❷单击"线条"选项，❸单击"箭头末端类型"下三角按钮，❹选择喜欢的样式，如下图所示。

步骤04 设置字体粗细。单击"关闭"按钮，❶切换至"开始"选项卡，❷单击"字体"组中的"加粗"按钮，如下图所示。

步骤06 更改轴刻度后的效果。此时即可看到在原有图表中更改坐标轴刻度后的显示效果，如下图所示。

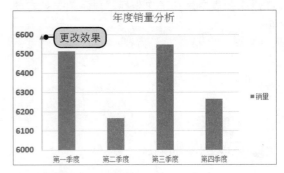

3 添加坐标轴标题

　　用户在创建图表时，还可以选择将坐标轴标题添加到图表中的任何坐标轴上，这些坐标轴标题可帮助用户更轻松地查看图表的数据内容。需要注意的是，不能向不含坐标轴的图表添加坐标轴标题（例如饼图或圆环图）。

扫码看视频

原始文件：下载资源\实例文件\第9章\原始文件\坐标轴标题.xlsx
最终文件：下载资源\实例文件\第9章\最终文件\坐标轴标题.xlsx

步骤01 添加坐标轴标题。打开原始文件，❶选中要添加坐标轴标题的图表，❷单击右侧的"图表元素"按钮，❸在展开的列表中勾选"坐标轴标题"复选框，如下图所示。

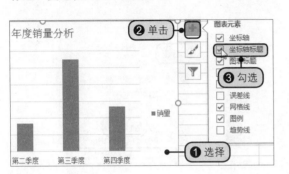

步骤02 设置坐标轴标题格式。❶右击图表左侧的纵坐标轴标题，❷在弹出的快捷菜单中单击"设置坐标轴标题格式"命令，如下图所示。

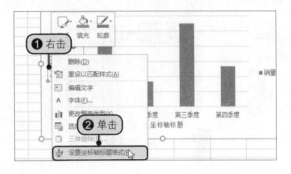

步骤03 设置文字方向。❶在弹出的"设置坐标轴标题格式"任务窗格中单击"大小属性"图标，❷单击"对齐方式"选项下的"文字方向"右侧的下三角按钮，❸在展开的列表中单击"竖排"选项，如下图所示。

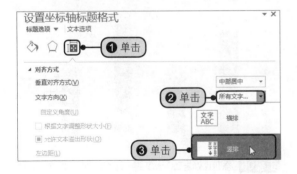

步骤04 显示添加坐标轴标题后的效果。此时即可看到在原有图表中添加坐标轴标题后的显示效果，如下图所示。

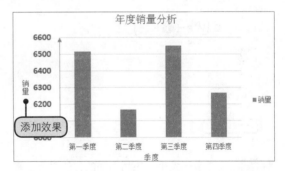

9.5.3 数据标签

数据标签主要用于帮助用户更加清楚地了解该数据系列的具体数值。在默认情况下，数据标签并没有显示出来，需要用户手动将其添加到图表中。成功添加数据标签后，用户还可选择在图表中改变引导线和数据标签的外观风格以及在数据系列中添加字段。

1 添加数据标签

数据标签作为图表中非常实用的一个元素，其添加的方法非常简单，只需简单几步即可完成。待完成数据标签的添加后，在数据标签和数据系列间添加引导线也是数据标签的正确使用方法之一。下面就详细介绍一下如何在图表中添加数据标签和引导线。

原始文件： 下载资源\实例文件\第9章\原始文件\数据标签.xlsx

最终文件： 下载资源\实例文件\第9章\最终文件\数据标签.xlsx

步骤01 添加数据标签。打开原始文件，❶选中要添加数据标签的图表，❷单击右侧"图表元素"按钮，❸在展开的列表中勾选"数据标签"复选框，如下图所示。

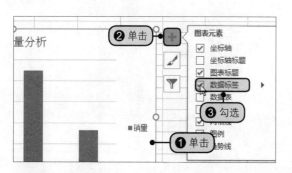

步骤02 设置数据标签格式。此时图表中添加了数据标签，❶右击任意数据标签，❷在弹出的快捷菜单中单击"设置数据标签格式"命令，如下图所示。

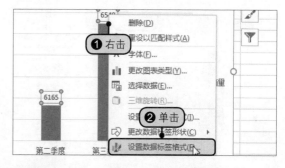

步骤03 显示引导线。弹出"设置数据标签格式"任务窗格，❶单击"图例选项"图标，❷在"标签选项"选项下勾选"显示引导线"复选框，如下图所示。

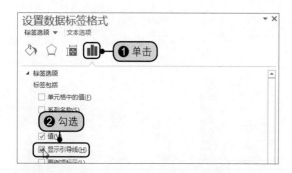

步骤04 拖动调出引导线。在图表中选中要添加引导线的具体数据标签，单击鼠标左键不放并拖动，即可将引导线显示出来，如下图所示，最后单击"关闭"按钮。

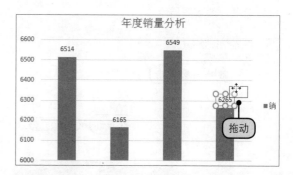

步骤05 设置字体大小。应用相同的方法显示出其他引导线，❶切换至"开始"选项卡，❷单击"字体"组中"字号"右侧的下三角按钮，❸在展开的列表中选择合适的字体大小，如下图所示。

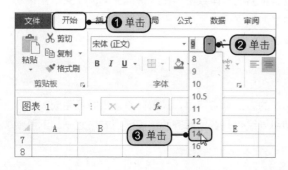

步骤06 添加数据标签效果。此时即可看到在原有图表中添加数据标签后的显示效果，如下图所示。

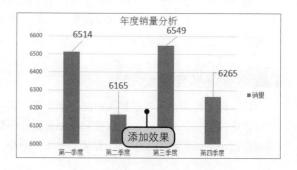

2 更改引导线、数据标签的外观

为了让制作的图表能在第一时间对观者产生吸引力，用户可以尝试在图表中更改引导线、数据标签的外观，这样既能彰显个性，又能有效凸显数据。

原始文件： 下载资源\实例文件\第9章\原始文件\更改引导线、数据标签的外观.xlsx
最终文件： 下载资源\实例文件\第9章\最终文件\更改引导线、数据标签的外观.xlsx

扫码看视频

步骤01 设置引导线格式。打开原始文件，❶在图表中右击任意引导线，❷在弹出的快捷菜单中单击"设置引导线格式"命令，如下图所示。

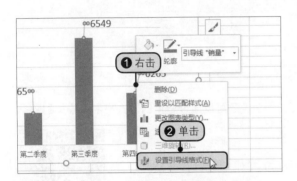

步骤02 设置引导线颜色。弹出"设置引导线格式"窗格，❶单击"填充与线条"图标，❷在"线条"选项下单击"颜色"右侧的按钮，❸在展开的列表中选择喜欢的颜色，如下图所示。

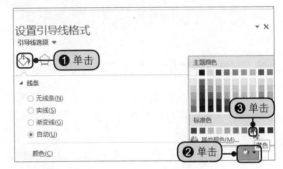

步骤03 设置引导线样式。❶单击"箭头末端类型"按钮，❷在展开的列表中单击选择喜欢的箭头类型，如下图所示。

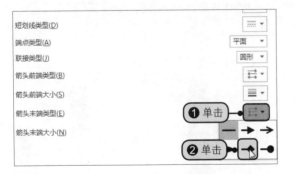

步骤04 选择数据标签。❶单击窗格顶部"引导线选项"下三角按钮，❷在展开的列表中单击"系列'销量'数据标签"，如下图所示。

步骤05 设置数据标签边框颜色。此时系统自动切换至"设置数据标签格式"任务窗格，❶单击"填充与线条"图标，❷在"边框"选项下单击"颜色"右侧的按钮，❸在展开的列表中选择喜欢的颜色，如右图所示。

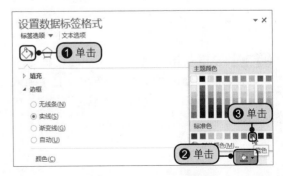

步骤06 设置数据标签边框样式。❶单击"短划线类型"下三角按钮，❷在展开的列表中单击选择喜欢的线条类型，如下图所示。

步骤07 显示更改效果。单击"关闭"按钮，此时可看到在原有图表中更改引导线、数据标签外观后的显示效果，如下图所示。

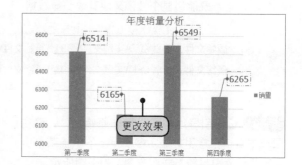

💡 **知识补充**

用户还可以对其背景进行各种填充设置，甚至可以设置数据标签中文字的显示效果。

---

3 将字段添加到数据标签中

用户不仅可以非常轻松地更改引导线、数据标签的外观，还可以通过引用的方式将字段添加到数据标签中，让数据标签更有意义。

原始文件： 下载资源\实例文件\第9章\原始文件\将字段添加到数据标签中.xlsx
最终文件： 下载资源\实例文件\第9章\最终文件\将字段添加到数据标签中.xlsx

扫码看视频

步骤01 插入数据标签字段。打开原始文件，❶在工作表中任意空白单元格中输入要添加的字段，如在单元格B18中输入"最低"，❷右击需要添加字段的数据标签，❸在弹出的快捷菜单中单击"插入数据标签字段"命令，如下图所示。

步骤02 添加字段。此时该数据标签右侧展开一个显示有各种可添加字段选项的列表，单击"[单元格(E)]选择单元格"选项，如下图所示。

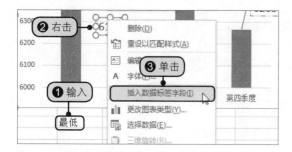

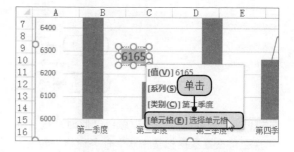

步骤03 设置引用数据。弹出"数据标签引用"对话框，❶在"选择引用"文本框中输入"=Sheet1 $B$18"，❷单击"确定"按钮，如右图所示。

步骤04 显示添加字段后的效果。此时即可在图表中对应的数据标签中看到添加字段后的显示效果，如右图所示。

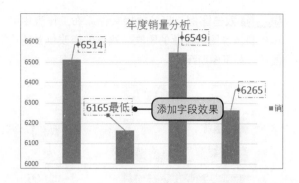

9.5.4　图例

　　无论是在地图中还是在 Excel 的图表中，图例都是一个非常重要的元素，它的存在保证了用户识图的快速与准确性。在 Excel 中，用户不仅可以随意设置图例的放置位置，还可以对图例的样式进行修改。

快速修改图例位置

　　Excel 中内置了可快速修改图表图例位置的功能，该功能可帮助用户轻松将图例快速放置在顶部、底部、左和右 4 个方向。

> **原始文件：** 下载资源\实例文件\第9章\原始文件\图例.xlsx
> **最终文件：** 下载资源\实例文件\第9章\最终文件\快速修改图例位置.xlsx

步骤01 修改图例位置。打开原始文件，❶在工作表中选中要修改图例位置的图表，❷单击图表右侧的"图表元素"按钮，❸在展开的列表中执行"图例>顶部"命令，如下图所示。

步骤02 显示修改图例位置后的效果。此时即可在图表中看到修改图例位置后的显示效果，如下图所示。

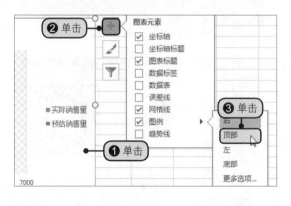

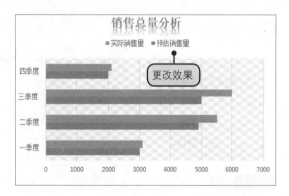

自定义图例位置

　　为了让图表达到更好的显示效果，用户还可以尝试自定义图例位置。

> **原始文件：** 下载资源\实例文件\第9章\原始文件\图例.xlsx
> **最终文件：** 下载资源\实例文件\第9章\最终文件\图例.xlsx

步骤01 双击图例。打开原始文件，在工作表中选中要修改图例位置的图表，双击要修改位置的图例，如下图所示。

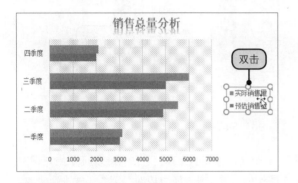

步骤02 取消勾选。弹出"设置图例格式"任务窗格，❶单击"图例选项"图标，❷取消勾选"显示图例，但不与图表重叠"复选框，如下图所示。

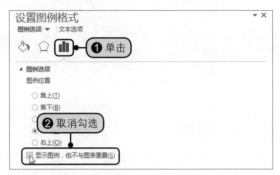

步骤03 拖动鼠标调整图例位置。单击图例，按住鼠标左键不放并向需要放置图例的位置处拖动，即可改变图例的位置，如下图所示。

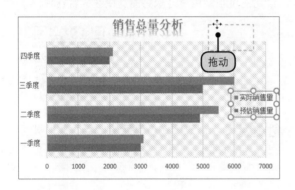

步骤04 自定义图例位置后的效果。单击"关闭"按钮，即可在图表中看到自定义图例位置后的显示效果，如下图所示。

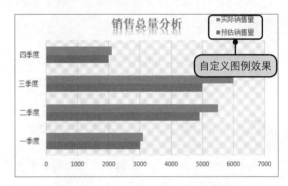

3 设置图例样式

与数据标签一样，图例同样也可以进行外观样式的修改。合理地运用该功能可以提升图表的美观度，给观者带来良好的阅读体验。

原始文件： 下载资源\实例文件\第9章\原始文件\设置图例样式.xlsx
最终文件： 下载资源\实例文件\第9章\最终文件\设置图例样式.xlsx

扫码看视频

步骤01 设置图例格式。打开原始文件，在工作表中选中要设置图例样式的图表，❶右击图例，❷在弹出的快捷菜单中单击"设置图例格式"命令，如右图所示。

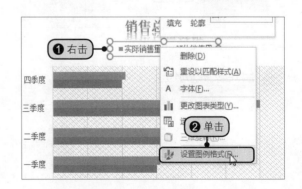

步骤02 设置图例填充颜色。弹出"设置图例格式"任务窗格，❶单击"填充与线条"图标，❷在"填充"选项下单击"颜色"右侧的按钮，❸在展开的列表中单击选择喜欢的颜色，如右图所示。

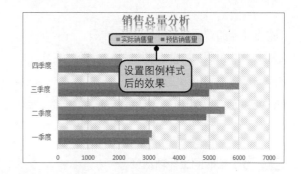

步骤03 调整透明度。拖动"透明度"右侧的滑块，以调节图例的填充颜色显示透明度，如下图所示。

步骤04 设置图例样式后的效果。此时即可在图表中看到设置图例样式后的显示效果，如下图所示。

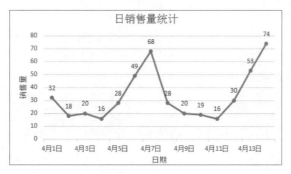

💡 **知识补充**

在 Excel 中，对图表中的图例样式设置种类很多，包括图例的背景填充、边框样式、阴影效果、发光效果、柔化边框效果等。除此之外，用户还可以直接对图例中的文字进行文本填充、文本边框、文字阴影效果、文字映像效果、文字柔化边缘效果、文字三维格式以及文字三维旋转等方面的设置。

实例精练——
格式化日销售记录折线图

日销售记录图不仅可以清楚地记录每日的具体销售情况，还能清晰地展现出商品的整体销售趋势，帮助用户指定商品的销售方案。下面就以日销售量统计图为例介绍一下格式化日销售记录折线图的具体操作方法，完成后的最终效果如下图所示。

最终效果

扫码看视频

步骤01 添加坐标轴题。

打开原始文件。

❶在图表中的标题位置输入图表名称。

❷单击图表右侧的"图表元素"按钮。

❸在展开的列表中勾选"坐标轴标题"复选框。如右图所示。

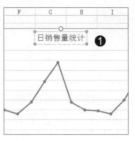

步骤02 添加数据标签。

❶在图表中为添加的坐标轴标题输入坐标轴名称。

❷单击图表右侧的"图表元素"按钮。

❸在展开的列表中勾选"数据标签"复选框。如右图所示。

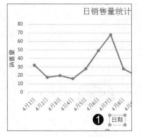

步骤03 设置时间坐标轴刻度。

❶右击图表底部的时间坐标轴。

❷在弹出的快捷菜单中单击"设置坐标轴格式"命令。

❸弹出"设置坐标轴格式"任务窗格，单击"图例选项"图标。

❹单击"坐标轴选项"选项。

❺设置主要天数为2天。如右图所示。

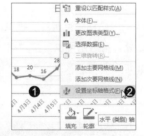

9.6 图表外观的美化

　　Excel 中内置了大量非常专业的图表美化样式，用户只需合理利用这些图表颜色或样式，就可轻松制作出精美的图表。

9.6.1 套用图表样式

　　在 Excel 中，图表样式是指包含了图表中各种元素设置效果的设置参数集合，用户只需选择某个图表样式，即可将该样式中包含的各种图表元素设置参数和效果套用到自己的图表中，以达到快速美化的目的。下图所示就是"图表样式"组。

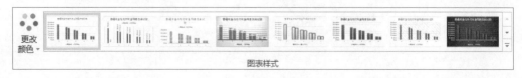

图表样式

原始文件： 下载资源\实例文件\第9章\原始文件\套用图表样式.xlsx
最终文件： 下载资源\实例文件\第9章\最终文件\套用图表样式.xlsx

步骤01 打开图表。打开原始文件，❶选中图表，❷在"图表工具‐设计"选项卡下单击"图表样式"组中的快翻按钮，如下图所示。

步骤02 选择图表样式。在展开的库中选择喜欢的图表样式，如"样式12"，如下图所示。

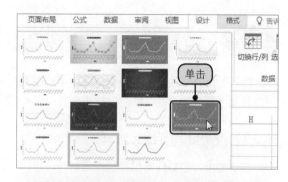

步骤03 显示套用图表样式后的效果。此时即可在图表中看到套用图表样式后的显示效果，如右图所示。

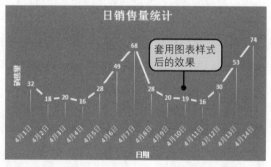

9.6.2　设置图表颜色

当创建的图表中数据系列过多时，为了能更好地分辨各数据系列，Excel 会自动为数据系列设置不同的颜色。当用户因眼疾或其他原因而不能正常地对数据系列的颜色进行分辨时，可尝试对图表颜色进行重新设置，其具体操作方法如下。

原始文件： 下载资源\实例文件\第9章\原始文件\设置图表颜色.xlsx
最终文件： 下载资源\实例文件\第9章\最终文件\设置图表颜色.xlsx

步骤01 选择要更改的颜色。打开原始文件，❶选中要设置图表颜色的图表，❷在"图表工具‐设计"选项卡下单击"图表样式"组中的"更改颜色"按钮，❸在展开的库中选择喜欢的颜色样式，如"颜色4"，如右图所示。

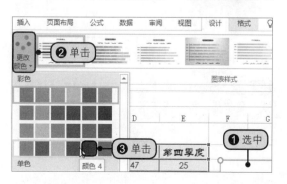

步骤02 显示设置图表颜色后的效果。此时即可在图表中看到设置图表颜色后的显示效果，如右图所示。

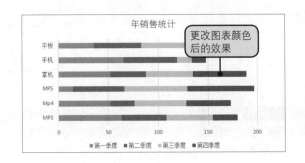

9.7 趋势线与误差线的添加

除了上面介绍的几种常用于折线图中的图表元素外，Excel 还有其他几种可用在任意图表类型中的图表元素，其中使用最频繁的就是趋势线和误差线。

9.7.1 添加趋势线

在图表中，趋势线常用来预测数据的走势，以及分析数据（也叫回归分析）。趋势线的工作原理是根据对图表中各数据系列的数值进行分析来绘制一条大致符合数据发展趋势的函数公式，并将函数图像绘制在图表中，用户只需观察该函数图像的走向，即可大致推测出下一个数据周期数据点的数值。

由于趋势线需要对数据进行分析，因此只适用于柱形图、条形图、折线图、XY 散点图、面积图以及气泡图。为图表添加趋势线的具体操作步骤如下。

原始文件：下载资源\实例文件\第9章\原始文件\添加趋势线.xlsx
最终文件：下载资源\实例文件\第9章\最终文件\添加趋势线.xlsx

扫码看视频

步骤01 添加趋势线。打开原始文件，❶选中要添加趋势线的图表，❷单击图表右侧的"图表元素"按钮，❸在展开的列表中执行"趋势线>更多选项"命令，如下图所示。

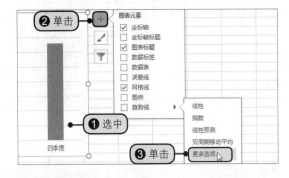

步骤02 选择趋势线类型。弹出"设置趋势线格式"任务窗格，❶单击"趋势线选项"图标，❷在"趋势线选项"下选择更符合实际情况的趋势线类型，如单击"对数"单选按钮，如下图所示。

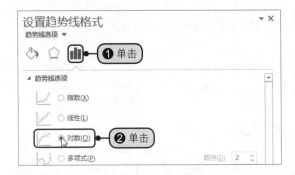

步骤03 显示公式。在任务窗格底部勾选"显示公式"复选框，如右图所示。

步骤04 显示趋势线效果。此时即可在图表中看到添加趋势线后的效果，如右图所示。

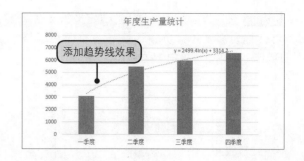

9.7.2　添加误差线

在 Excel 中，误差线常用于统计或预测，显示潜在的误差或数据系列中的不确定因素。误差线可以帮助用户快速查看误差幅度和标准偏差，用户可以在数据系列中的所有数据点或数据标记上添加误差线。需要注意的是，在添加误差线时，若图表中有多个数据系列，则必须选择要添加误差线的数据系列。

原始文件： 下载资源\实例文件\第9章\原始文件\添加误差线.xlsx

最终文件： 下载资源\实例文件\第9章\最终文件\添加误差线.xlsx

扫码看视频

步骤01 添加误差线。打开原始文件，❶在工作表中选中要添加误差线的图表，❷单击图表右侧的"图表元素"按钮，❸在展开的列表中执行"误差线>更多选项"命令，如下图所示。

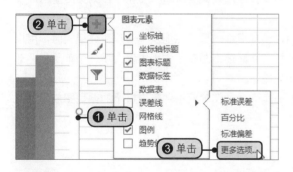

步骤02 选择要添加误差线的系列。弹出"添加误差线"对话框，❶在"添加基于系列的误差线"选项组中单击要添加误差线的数据系列，❷单击"确定"按钮，如下图所示。

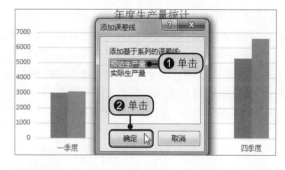

步骤03 设置误差线样式。弹出"设置误差线格式"任务窗格，❶单击"误差线选项"图标，❷在"垂直误差线"选项下单击"方向"选项下的"负偏差"单选按钮，❸在"末端样式"选项下单击"无线端"单选按钮，如下图所示。

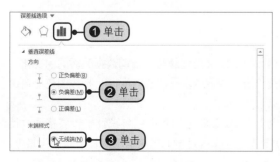

步骤04 自定义误差值。❶在"误差量"选项组中单击"自定义"单选按钮，❷单击"指定值"按钮，如下图所示。

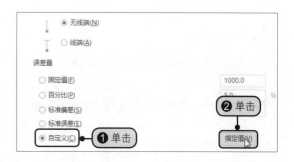

步骤05 设置误差范围。弹出"自定义错误栏"对话框，❶设置"负错误值"为单元格区域B5:E5，❷单击"确定"按钮，如下图所示。

步骤06 显示添加误差线后的效果。此时即可在图表中看到添加误差线后的显示效果，如下图所示。

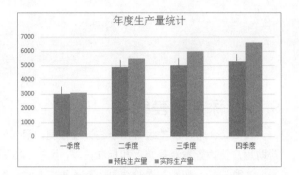

9.8 迷你图

为了让用户既能轻松地通过图表对工作表中的数据进行有效的分析，又能让工作表中的数据显得更加直观，Excel 中还加入了迷你图功能。

9.8.1 认识迷你图

迷你图是一种可直接在 Excel 工作表单元格中插入的微型图表，可以对单元格中的数据进行最直观的表示。迷你图常用于显示一系列值的变化趋势（如周期性增加或减少、销售变化），或突出显示最大值和最小值。

当工作表单元格行或列中所呈现的数据非常有用，但却很难一目了然地发现其规律或模式时，用户可以通过在数据旁边插入迷你图来对这些数字进行分析。虽然迷你图在工作表中仅占用一个单元格，却能够以清晰简洁的图形形式来显示基于相邻数据的变化趋势。

与 Excel 工作表上的图表不同，迷你图并非对象—实际上是在单元格背景中显示的微型图表，故而不能像图表一样在工作表中随意移动。

简而言之，迷你图具有以下优势。

▶ 可以直观清晰地看出数据的分布形态。

▶ 可减小工作表的空间占用大小。

▶ 可快速查看迷你图及其数据间的关系。

▶ 待数据变化时，可快速查看迷你图的相应变化。

▶ 可使用填充输入快速创建迷你图。

迷你图分为折线图、柱形图和盈亏 3 种。这 3 种迷你图各有特点，用户可根据自身的实际需求来选择合适的迷你图类型。

1 折线图

折线图是迷你图中的一种，常用来表示一组单元格数据的发展变化趋势，强调数据随时间的变化而发生的改变，因此非常适合于显示在同等均匀时间间隔情况下数据的变化趋势。同时，折线图还能自由地显示和隐藏数据标记以及使用颜色突出特殊的数据点。

下图所示的表格为 MP3、MP4、MP5 以及"掌机"在 2015 年上半年的销售统计。该表格通过使用迷你图中的折线图，直观地反映了这几种商品在 2015 年上半年各月份的销售情况以及销量变化趋势。

	A	B	C	D	E	F	G	H
1			2015年上半年销售统计表					
2	产品名	1月	2月	3月	4月	5月	6月	销售趋势分析
3	MP3	658	680	678	698	654	690	
4	MP4	926	943	930	970	954	969	
5	MP5	879	890	920	893	930	926	
6	掌机	657	698	680	713	698	730	
7	总销量	3120	3211	3208	3274	3236	3315	
8								

2 柱形图

柱形图作为迷你图中的一种，能够通过使用不同高度的柱形来对一组单元格中的数据进行比较，使工作表中的数据阅读起来更加直观、生动。

柱形图不仅可用于对单元格中的数据进行比较，还能让图形大小随单元格变化而变化，甚至能使用不同的颜色来对特殊的数据点进行突出显示。

在下图所示的"2015年下半年销售统计表"中，柱形图分别对MP3、MP4、MP5及"掌机"在2015年下半年7—12月各月的销售增量数据进行了比较，用户可非常直观地在表格中查看到各产品的增量情况。在柱形图中，视增量的正负采用了不同的颜色和高度增加方向。在本表格中，增量为负时，数据点显示为红色，且数据点高度的增加方向为向下；增量为正时，数据点显示为黑色，且数据点高度的增加方向为向上。

	A	B	C	D	E	F	G	H
1			2015年下半年销售统计表					
2	产品名	7月	8月	9月	10月	11月	12月	销售趋势分析
3	MP3	100	-25	16	23	-56	14	
4	MP4	200	145	-15	-45	2	48	
5	MP5	78	15	-26	-15	26	157	
6	掌机	89	48	23	-26	-59	12	
7								

3 盈亏

迷你图中的盈亏图并不强调数据的大小，只强调数据的盈利或亏损情况。当用户仅需要分析数据的盈亏情况而并不关心具体的数值时，可尝试使用盈亏图。

下图所示的"手机话费余额分析"表即为一个典型的盈亏表，使用盈亏图反映了用户在某个时段手机话费余额的情况：表格中蓝色方块表示盈余，即话费还有余额；红色方块代表亏损，即话费余额为负数。需要注意的是，用户可自由设置盈亏图的颜色搭配，例如设置盈余显示为绿色，亏损显示为黑色。

N21			fx					
	A	B	C	D	E	F	G	H
1	手机话费余额分析							
2	日期	1月1日	2月1日	3月1日	4月1日	5月1日	6月1日	余额盈亏分析
3	张三	20	-15	62	32	15	-23	
4	李四	-56	12	-50	15	89	-1	
5	王五	56	12	-9	59	23	5	
6								

9.8.2　创建迷你图

在 Excel 中，用户只需简单几步即可成功创建迷你图。除单纯的迷你图创建之外，创建迷你图组、将多个独立的迷你图组合成组以及取消迷你图的组合都是用户需要掌握的知识。

1　创建单个迷你图

如果用户想要为单个数据系列创建迷你图，可通过以下方式来实现。

　原始文件： 下载资源\实例文件\第9章\原始文件\创建单个迷你图.xlsx
最终文件： 下载资源\实例文件\第9章\最终文件\创建单个迷你图.xlsx

步骤01 创建单个迷你图。打开原始文件，❶选择要创建迷你图的单元格，❷切换至"插入"选项卡，❸单击"迷你图"组中的"折线图"按钮，如下图所示。

步骤02 设置迷你图数据。弹出"创建迷你图"对话框，❶在"数据范围"文本框中输入"B3:D3"，❷单击"确定"按钮，如下图所示。

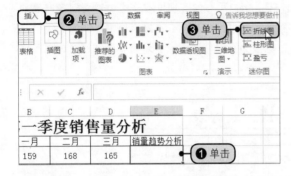

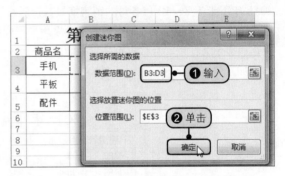

步骤03 显示创建的单个迷你图。返回工作表中，可看到单元格E3中显示了根据选定的单元格区域创建的迷你图，如右图所示。

> **💡 知识补充**
>
> 若想将迷你图放置在某一具体的位置，只需在弹出的"创建迷你图"对话框的"位置范围"文本框中输入放置迷你图的位置，然后单击"确定"按钮即可。

2　创建迷你图组

当需要创建的迷你图数量较多时，可以直接在工作表中创建迷你图组。通过这种方法不仅可快速创建多个迷你图，还能对创建的多个迷你图同时进行修改和设置。

　原始文件： 下载资源\实例文件\第9章\原始文件\创建迷你图组.xlsx
最终文件： 下载资源\实例文件\第9章\最终文件\创建迷你图组.xlsx

步骤01 创建迷你图组。打开原始文件，❶选择要创建迷你图组的单元格区域E3:E5，❷切换至"插入"选项卡，❸单击"迷你图"组中的"柱形图"按钮，如下图所示。

步骤02 设置迷你图数据。弹出"创建迷你图"对话框，❶在"数据范围"文本框中输入"B3:D5"，❷单击"确定"按钮，如下图所示。

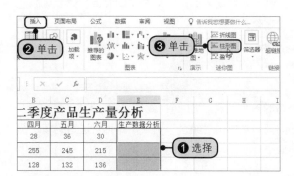

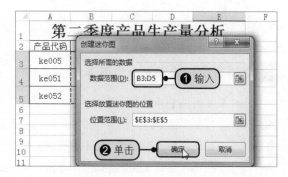

步骤03 显示创建的迷你图组。返回工作表中，可以看到单元格区域E3:E5中显示了根据选定的单元格数据区域创建的迷你图组，如右图所示。

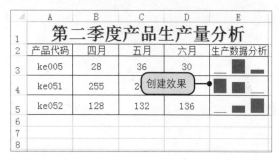

专家支招

1 将隐藏系列显示在图表中

通常情况下，Excel 并不会对隐藏单元格中的数据进行图表的绘制，但是，当用户想要将被隐藏起来的系列重新在图表中显示时，可以在选中图表后打开"选择数据源"对话框，单击"隐藏的单元格和空单元格"按钮，如下左图所示。弹出"隐藏和空单元格设置"对话框，勾选"显示隐藏行列中的数据"复选框，如下右图所示，单击"确定"按钮，返回"选择数据源"对话框，然后单击"确定"按钮。返回工作表后，在图表中就显示了被隐藏的数据系列。

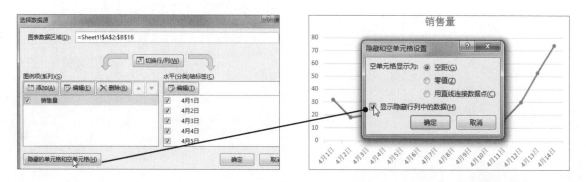

2 从图表中删除数据

在 Excel 中，从图表中删除数据的方法有两种。

（1）直接从工作表中的数据源区域中删除。数据完成删除后，图表将会自动更新。

（2）从图表中直接删除。在图表中单击选中需要删除的数据系列，然后按【Delete】键即可。通过这种方法删除数据后，工作表中的源数据并不会随之删除。

3 将多个图表连为一个整体

用户只需在按【Ctrl】键的同时，选中需要连为整体的多个图表，切换至"绘图工具 - 格式"选项卡，然后单击"排列"组中的"组合"按钮，接着在展开的列表中单击"组合"选项，即可将选定的多个图表连为一个整体，如下图所示。如果需要将其恢复为单个的图表，就选中图表，再次单击"排列"组中的"组合"按钮，接着在展开的列表中单击"取消组合"选项。

4 在图表中为坐标轴添加单位

当需要在图表中为坐标轴添加单位时，用户只需在要添加单位的坐标轴上右击，然后在弹出的快捷菜单中单击"设置坐标轴格式"命令，接着在弹出的"设置坐标轴格式"窗格中单击"坐标轴选项"图标，接着单击"坐标轴选项"选项，如下左图所示，然后在"显示单位"中设置要显示的单位，如"百"，最后勾选"在图表上显示刻度单位标签"复选框即可，如下右图所示。

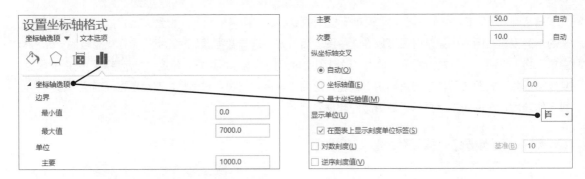

第 10 章

高级图表

当用户需要制作一个包含多种数据信息的图表时，为了让图表中的各数据系列显示得更加有条理，且不对数据分析产生干扰，可选择在 Excel 中创建高级图表。

10.1 使用断层图处理相差较大的数据点

如果图表中的数据相差较大，制作出的图表就会出现无法清楚展示小的数据或留下大量空白区域的情况，此时可以使用断层图来解决。断层图一般是在柱形图中制作的，就是将数据系列和纵坐标轴呈现出断层的效果，便于隐藏空白区域。常用的创建断层图的方法有两种，一是使用单个柱形图创建，二是使用模拟 Y 轴法创建。

10.1.1 使用单个柱形图创建断层图

使用单个柱形图创建断层图的方法很简单，只需要在数据差距大的柱形图的数据系列合适位置处绘制形状，做出断层的效果即可。

扫码看视频

原始文件：下载资源\实例文件\第10章\原始文件\使用单个柱形图创建断层图.xlsx
最终文件：下载资源\实例文件\第10章\最终文件\使用单个柱形图创建断层图.xlsx

步骤01 创建图表。打开原始文件，❶选中单元格区域A1:B13，❷在"插入"选项卡下单击"插入柱形图或条形图"按钮，❸在展开的列表中单击"簇状柱形图"，如下图所示。

步骤02 显示创建的图表效果。此时即可看到插入的图表效果，由于图表的刻度会自动地适应最大数值，因此其他数据虽然展现在了图表中，但是可以发现其数值较小，很不直观，如下图所示。

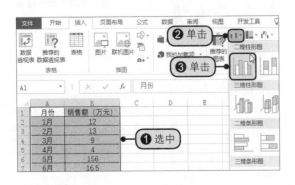

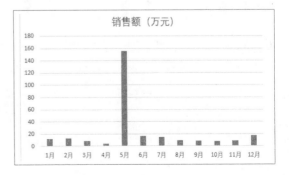

185

步骤03 设置坐标轴格式。❶右击纵坐标轴，❷在弹出的快捷菜单中单击"设置坐标轴格式"命令，如下图所示。

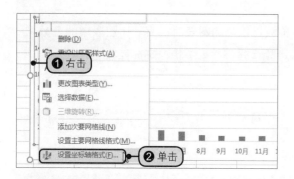

步骤04 设置最大值。弹出"设置坐标轴格式"任务窗格，设置"最大值"为30，如下图所示。

步骤05 显示设置效果。单击"关闭"按钮，更改图表的标题，删除纵坐标轴，如下图所示。

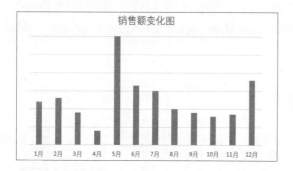

步骤06 选择形状。❶在"插入"选项卡下单击"形状"按钮，❷在展开的列表中选择合适的形状，如下图所示。

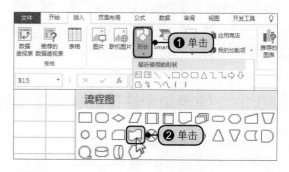

步骤07 绘制形状。在图表中的合适位置处拖动鼠标绘制形状，如下图所示。

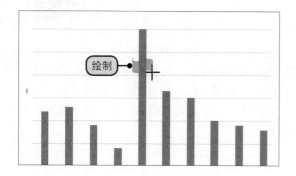

步骤08 设置形状填充和轮廓颜色。为形状设置填充颜色和轮廓颜色，如下图所示。

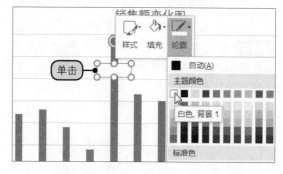

步骤09 显示创建的断层图的最终效果。此时即可看到设置好的断层图效果，如右图所示。

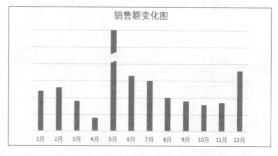

10.1.2 使用模拟Y轴法创建断层图

当大区域中的数值较多时，使用单个柱形图创建断层图就显得比较麻烦了，此时可以使用模拟 Y 轴法，使得创建更为迅速、结果更为准确。

原始文件：下载资源\实例文件\第10章\原始文件\使用模拟Y轴法创建.xlsx

最终文件：下载资源\实例文件\第10章\最终文件\使用模拟Y轴法创建.xlsx

扫码看视频

步骤01 计算断层下数值。打开原始文件，❶在 D、E、F列创建辅助列，❷在单元格D2中输入公式 "=IF(B2<=10,B2,10)"，按【Enter】键，❸将公式复制到其他单元格中，如下图所示。

步骤02 计算断层标志。❶在单元格E2中输入公式 "=IF(B2>10,1,0)"，按【Enter】键，❷向下复制公式，如下图所示。

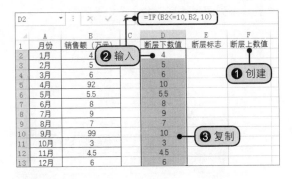

步骤03 计算断层上数值。❶在单元格F2中输入公式 "=IF(B2>90,B2-90,0)"，按【Enter】键，❷向下复制公式，如下图所示。

步骤04 创建辅助区域。在H、I、J列根据断层的位置来创建辅助区域，如下图所示。

步骤05 选择合适的图表类型。❶选择单元格区域A1:A13、D1:F13，❷在"插入"选项卡下单击"插入柱形图或条形图"按钮，❸在展开的列表中单击"堆积柱形图"选项，如右图所示。

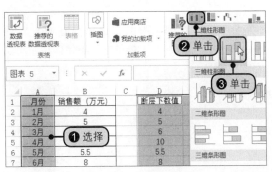

步骤06 显示创建的图表效果。此时即可看到工作表中创建的柱形图效果，如下图所示。

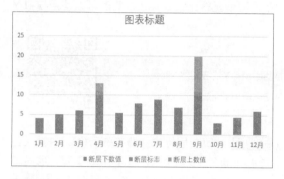

步骤08 显示添加数据系列后的效果。选中图表，按【Ctrl+V】组合键，将复制的区域添加到图表中，如下图所示。

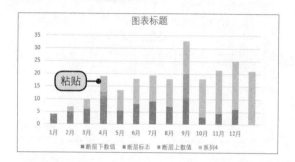

步骤10 更改"系列4"的图表类型。弹出"更改图表类型"对话框，❶更改"系列4"的"图表类型"为"带平滑线的散点图"，❷勾选"次坐标轴"复选框，❸单击"确定"按钮，如下图所示。

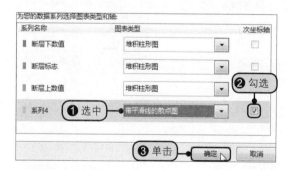

步骤12 编辑系列。弹出"选择数据源"对话框，❶选中"系列4"，❷单击"编辑"按钮，如右图所示。

步骤07 复制单元格区域。选择单元格区域I2:I14，按【Ctrl+C】组合键复制该区域，如下图所示。

步骤09 更改图表类型。❶选中新添加的"系列4"，然后右击，❷在弹出的快捷菜单中单击"更改系列图表类型"命令，如下图所示。

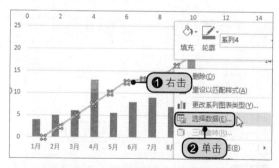

步骤11 选择数据。返回图表中，可看到更改系列类型后的图表效果，❶右击该数据系列，❷在弹出的快捷菜单中单击"选择数据"命令，如下图所示。

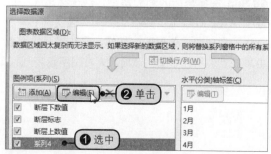

步骤13 编辑X轴系列值。❶在弹出的"编辑数据系列"对话框中重新设置"X轴系列值","Y轴系列值"保持不变,❷单击"确定"按钮,如下图所示。

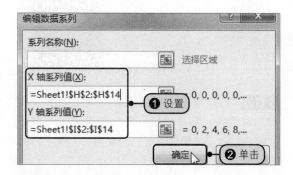

步骤15 设置次坐标轴格式。弹出"设置坐标轴格式"任务窗格,设置"最小值"为0、"最大值"为2,如下图所示。

步骤17 显示设置效果。应用相同的方法设置"次要纵坐标轴",然后单击"关闭"按钮,删除主要纵坐标轴、次要纵坐标轴和次要横坐标轴,即可看到如下图所示的图表。

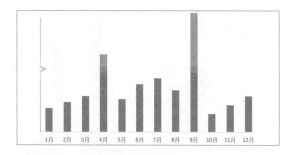

步骤19 显示制作的模拟Y轴断层图。此时即可看到制作出的断层图效果,如右图所示。

步骤14 设置坐标轴格式。继续单击"确定"按钮,返回工作表中,可看到设置后的图表效果,❶右击"次要横坐标轴",❷在弹出的快捷菜单中单击"设置坐标轴格式"命令,如下图所示。

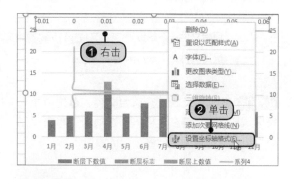

步骤16 设置主要纵坐标轴格式。应用相同的方法设置"主要纵坐标轴"的"最小值"为0、"最大值"为20,如下图所示。

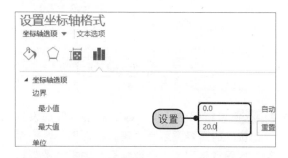

步骤18 设置断层填充色。右击"系列'断层标志'",❶单击"填充"按钮,❷在弹出的颜色库中单击"白色,背景1",如下图所示。

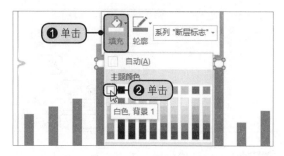

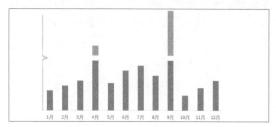

组合图表

组合图表是由多种不同类型图表组合而成的图表。组合图表的制作过程并不复杂，能很方便地制作出复杂且专业的图表。

原始文件： 下载资源\实例文件\第10章\原始文件\组合图表.xlsx
最终文件： 下载资源\实例文件\第10章\最终文件\组合图表.xlsx

扫码看视频

步骤01 启用图表。打开原始文件，❶选中单元格区域B2:C8，❷在"插入"选项卡下单击"图表"组中的对话框启动器，如下图所示。

步骤02 选择自定义组合图表。弹出"插入图表"对话框，❶在"所有图表"选项卡下单击"组合"选项，❷单击"自定义组合"选项，如下图所示。

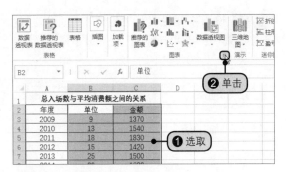

步骤03 设置组合类型。❶在对话框底部设置"单位"的图表类型为"簇状柱形图"，"金额"的图表类型为"带数据标记的折线图"，❷勾选右侧的复选框启用次坐标轴，❸单击"确定"按钮，如下图所示。

步骤04 显示组合图表效果。返回工作表中即可看到插入的图表效果，如下图所示。

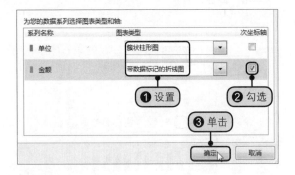

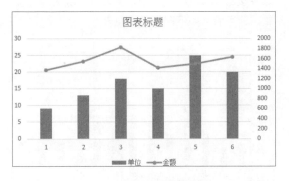

步骤05 选择数据。在"图表工具 - 设计"选项卡下单击"数据"组中的"选择数据"按钮，如右图所示。

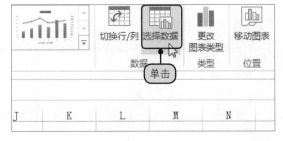

步骤06 编辑系列。弹出"选择数据源"对话框，单击"水平（分类）轴标签"选项组中的"编辑"按钮，如下图所示。

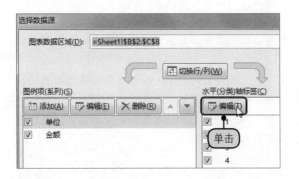

步骤07 编辑轴标签。❶在弹出的"轴标签"对话框中的"轴标签区域"文本框中设置分类类型，即选择工作表中的"年度"数值所在的单元格区域A3:A8，❷单击"确定"按钮，如下图所示。

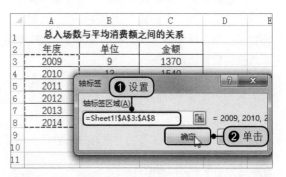

步骤08 显示编辑效果。返回"选择数据源"对话框，确认分类轴标签数据无误后，单击"确定"按钮，如下图所示。

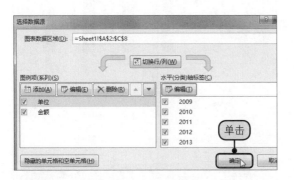

步骤09 设置图表标题。❶选中图表中的标题栏，❷在编辑栏中输入"="，❸使用鼠标单击单元格A1，按【Enter】键，如下图所示。此时图表标题将自动变成单元格A1中的文本内容，且将随单元格A1中文字的变化而自动变化。

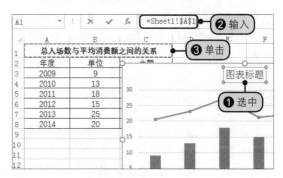

步骤10 显示最终的组合图表效果。此时即可在工作表中看到创建组合图表后的显示效果，如右图所示。

> 💡**知识补充**
>
> 　当成功完成组合图的创建后，想修改某个系列的图表类型时，只需打开"更改图表类型"对话框，然后在"自定义组合"中进行具体的修改即可。

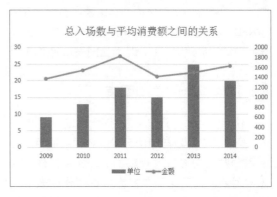

10.3 巧用动态图表让数据更有表现力

　　Excel 中创建的图表简单来讲可分为静态图表和动态图表两类，其中静态图表是指不能与用户进行数据互动与交互的图表，例如印刷在书上或报纸上的图表，本节将详细介绍的是动态图表。

10.3.1　认识动态图表

在创建动态图表之前，用户需要首先了解一下动态图表的概念，以及创建动态图表会达成什么样的效果。

动态图表是 Excel 图表高层次的应用。简单来说，动态图表就是能够变化的图表，让图表上升到一个层次，达到在一个图表中动态展示多个数据的效果。动态图表又叫交互式图表，其交互性非常强，用户在进行某个操作后，图表中的数据便会发生相应的改变，即根据用户设定的数据选择条件在图表中显示表格中筛选出的数据。

当工作表中有大量的数据时，创建动态图表非常有用，它能够让用户在一个图表中就筛选出需要的所有数据。此外，从动态图表的名字可以看出，动态图表即图表是动态的，不像普通图表那样，只有手动改变图表中的数据源才能改变图表内容，所以可以发散思维，利用 Excel 本身具有的功能创建动态图表。常用于创建动态图表的功能有数据验证、函数、定义名称和控件等。

1　辅助区域的动态图表

利用数据验证和函数创建辅助区域动态图表是一种最基本的创建动态图表的方法。首先使用数据验证创建下拉列表，再使用函数根据下拉列表所在的单元格中的数据变化获取动态的数据源区域，这样创建的图表就可以随下拉列表中的数据改变而改变了。如右图所示，选择 D7 单元格中的数据，A7:B11 单元格区域中的数据改变，图表就改变了。

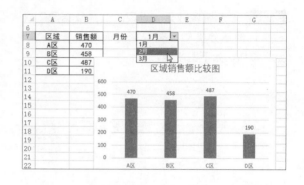

2　定义名称的动态图表

定义名称创建图表是基于辅助列创建动态图表的升级，使用名称功能代替辅助列的功能。当然，要让名称改变，就需要在创建名称时使用函数。右图所示为最简单的动态图表，当用户在 A 列和 B 列中继续输入日期和销售额时，右侧的图表将自动添加数据系列，从而让图表动起来。

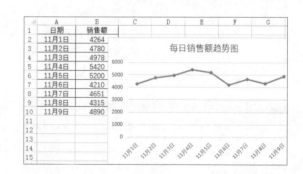

3　控件组合的动态图表

使用控件作为筛选器是创建动态图表的常用方法之一，它可以与辅助区域或名称功能相结合使用。对比需要编写代码的 ActiveX 控件，窗体控件的使用更为简单，为用户制作图表节约了大量的时间。如右图所示，单击制作好的控件下三角按钮，在展开的列表中选择要显示的季度，即可在图表中查看相应产品在所选季度的销售额占比。

下面主要根据这 3 种方式来详细介绍动态图表的制作过程。

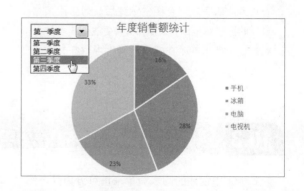

10.3.2 使用数据验证和函数创建动态图表

使用数据验证和函数创建动态图表是通过数据验证创建下拉列表，对辅助区域中的数据进行切换。辅助区域中的数据是通过函数来获取的，所以该方法又可称为辅助区域法。

原始文件：下载资源\实例文件\第10章\原始文件\使用数据验证和函数
创建动态图表.xlsx

最终文件：下载资源\实例文件\第10章\最终文件\使用数据验证和函数
创建动态图表.xlsx

扫码看视频

步骤01 显示数据内容。打开原始文件，选中单元格D9，如下图所示。

步骤02 设置数据验证。❶单击"数据"选项卡下的"数据验证"下三角按钮，❷在展开的列表中单击"数据验证"选项，如下图所示。

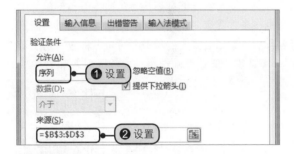

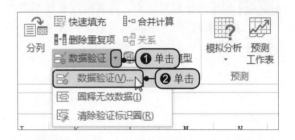

步骤03 设置数据验证。弹出"数据验证"对话框，❶设置"允许"为"序列"，❷设置"来源"为"=$B$3:$D$3"，如下图所示。

步骤04 选择月份。单击"确定"按钮，❶单击单元格D9右侧显示的下三角按钮，❷在展开的列表中选择合适的月份，如下图所示。

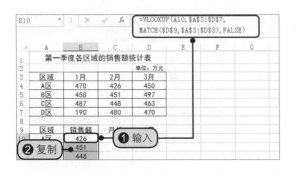

步骤05 输入公式。❶在单元格B10中输入公式"=VLOOKUP(A10,$A$3:$D$7,MATCH($D$9,$A$3:$D$3),FALSE)"，❷向下拖动鼠标复制公式，如下图所示。

步骤06 插入图表。❶选中单元格区域A9:B13，❷在"插入"选项卡下单击"插入柱形图或条形图"下三角按钮，❸在展开的列表中选择合适的图表类型，如下图所示。

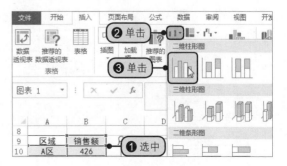

步骤07 显示创建的图表。此时可以看到根据数据创建的销售额柱形图，如下图所示。

步骤08 切换数据。❶单击单元格D9右侧的下三角按钮，❷在展开的列表中选择其他月份，如下图所示。

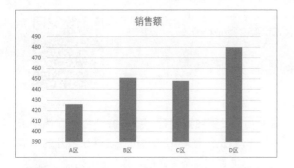

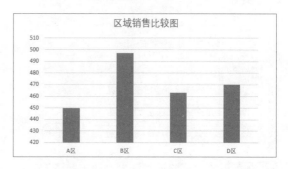

步骤09 显示切换后的效果。随后可以看到图表中的数据切换到了3月份，然后更改图表标题，如右图所示。

10.3.3 通过定义名称创建动态图表

使用名称功能创建动态图表有两个优点，一是名称本身可以将较多的数据用一个简单的名称统一概括，二是可以在"引用位置"文本框中添加函数对源数据按条件筛选，因此定义名称创建图表时，需要创建一个在"引用位置"包含函数的名称。在定义好名称后，编辑公式中的参数即可将名称应用到图表中。通过使用名称创建图表，不需要使用数据验证或者控件等功能建立筛选器，当数据列 A 和 B 中输入新的内容后，系统会自动将其添加到图表中。

原始文件： 下载资源\实例文件\第10章\原始文件\通过定义名称创建动态图表.xlsx
最终文件： 下载资源\实例文件\第10章\最终文件\通过定义名称创建动态图表.xlsx

扫码看视频

步骤01 打开"名称管理器"。打开原始文件，在"公式"选项卡下单击"名称管理器"按钮，如下图所示。

步骤02 新建名称。弹出"名称管理器"对话框，单击"新建"按钮，如下图所示。

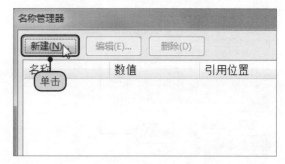

步骤03 定义名称。弹出"新建名称"对话框，❶在"名称"后的文本框中输入"日期"，❷在"引用位置"文本框中输入"=OFFSET(Sheet1!$A$2,0,0,COUNTA(Sheet1!$A:$A)-1,1)"，❸单击"确定"按钮，如下图所示。

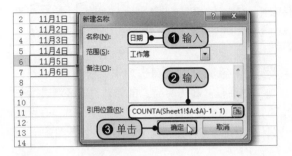

步骤05 插入图表。❶选中单元格区域A1:B7，❷单击"插入折线图或面积图"下三角按钮，❸在展开的列表中单击"带数据标记的折线图"，如下图所示。

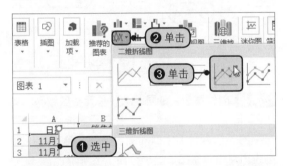

步骤07 修改公式。将公式中数据的引用位置修改为定义的日期和销售额名称，如下图所示。

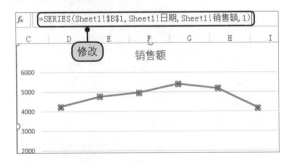

步骤09 显示更新后的图表效果。输入完毕后，图表中将自动更新输入的数据，如右图所示。

步骤04 显示新建的名称。返回"名称管理器"对话框中，单击"新建"按钮，新建名称为"销售额"，设置"引用位置"为"=OFFSET(Sheet1!$B$2,0,0,COUNTA(Sheet1!$B:$B)-1,1)"，然后单击"确定"按钮，返回"名称管理器"对话框中，可以看到新建的两个名称，如下图所示。

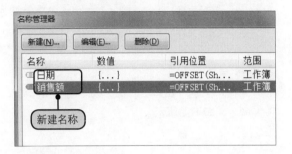

步骤06 选中数据系列。此时可看到插入的图表效果，❶选中图表，单击图表中的数据系列，❷可看到编辑栏中的数据公式，如下图所示。

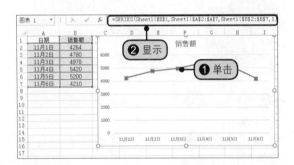

步骤08 输入新数据。在表格中的A列和B列继续输入数据，如下图所示。

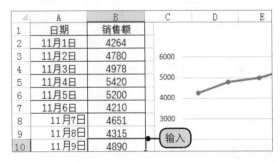

10.3.4 使用窗体控件创建动态图表

要使用窗体控件创建动态图表，首先需要在工作表中插入窗体控件。窗体控件在"开发工具"选项卡下，默认情况下该选项卡是没有显示的，需要在"Excel 选项"对话框中进行设置显示该选项。本小节以窗体控件与辅助区域结合使用创建动态图表为例，介绍使用窗体控件创建动态图表的方法。

扫码看视频

原始文件： 下载资源\实例文件\第10章\原始文件\使用窗体控件创建动态图表.xlsx
最终文件： 下载资源\实例文件\第10章\最终文件\使用窗体控件创建动态图表.xlsx

步骤01 单击"选项"命令。打开原始文件，单击"文件"按钮，在弹出的视图菜单中单击"选项"命令，如下图所示。

步骤02 添加开发工具选项卡。弹出"Excel选项"对话框，❶切换至"自定义功能区"选项卡下，❷在"自定义功能区"列表框中勾选"开发工具"复选框，❸单击"确定"按钮，如下图所示。

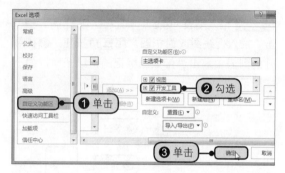

步骤03 输入数据。返回工作表中，❶在单元格A8中输入数值"1"，❷在单元格B8中输入公式"=INDEX(B3:B6,$A$8)"，❸向右拖动鼠标复制公式，如下图所示。

步骤04 创建图表。❶同时选中单元格区域B2:E2和B8:E8，❷在"插入"选项卡下单击"图表"组中的"插入饼图或圆环图"按钮，❸在展开的列表中单击"饼图"选项，如下图所示。

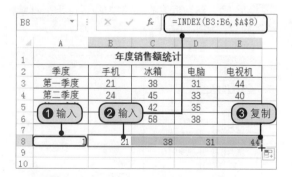

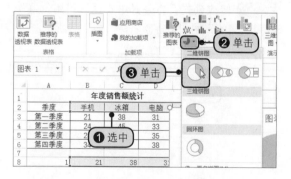

步骤05 插入组合框。为创建的图表设置好样式后，❶切换至"开发工具"选项卡，❷单击"控件"组中的"插入"按钮，❸在展开的列表中单击"组合框"选项，如右图所示。

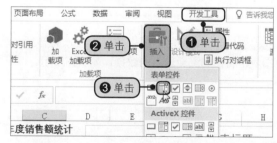

步骤06 绘制控件。直接在图表上通过拖动鼠标绘制控件，如下图所示。

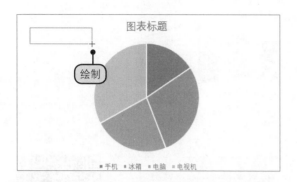

步骤08 设置对象格式。弹出"设置对象格式"对话框，❶在"控制"选项卡设置"数据源区域""单元格链接"以及"下拉显示项数"，❷勾选"三维阴影"复选框，如下图所示，最后单击"确定"按钮。

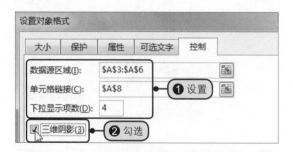

步骤10 显示动态图表效果。此时即可看到通过窗体控件创建的动态图表效果，然后更改图表标题，如右图所示。

> 💡 **知识补充**
>
> 函数：INDEX
> 语法：INDEX(array,row_num,column_num)。
> 其中，array 为单元格区域或数组常数。
> 作用：用于返回数组中指定的单元格或单元格数组的数值。

步骤07 设置控件格式。❶右击控件，❷在弹出的快捷菜单中单击"设置控件格式"命令，如下图所示。

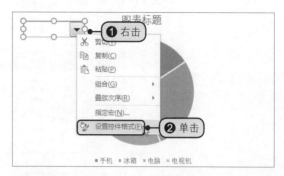

步骤09 选择季度。单击控件右侧的下三角按钮，在展开的列表中单击需要显示的季度数，如下图所示。

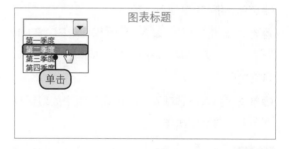

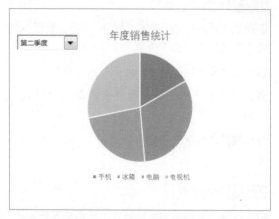

实例精练——
制作实际业绩与预算比较图表

在实际办公中，为了能直观地展现每个季度预算和实际业绩的对比，在制作图表时可以采用组合图和动态图相结合的方式来进行数据的分析，完成后的最终效果如下图所示。

最终效果

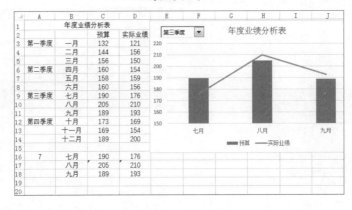

原始文件：下载资源\实例文件\第10章\原始文件\比较图.xlsx

最终文件：下载资源\实例文件\第10章\最终文件\比较图.xlsx

 选择创建图表。

打开原始文件。

❶在单元格A16中输入"1"。

❷在单元格B16中输入"=INDEX(B3:B14，$A$16)"，并向右下角填充至单元格D18。

❸选中B16:D18单元格区域。

❹单击"插入"选项卡下"图表"组中的对话框启动器。如右图所示。

 设置图表类型。

❶弹出"插入图表"对话框，在"所有图表"选项卡下单击"组合"选项。

❷双击"簇状柱形图 - 折线图"图表类型。

❸切换至"开发工具"选项卡，单击"插入"按钮。

❹在展开的列表中单击"组合框"选项。如右图所示。

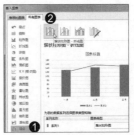

 绘制控件。

❶通过拖动鼠标绘制出控件后，右击该控件。

❷在弹出的快捷菜单中单击"设置控件格式"命令。

❸弹出"设置对象格式"对话框，设置好数据源区域、单元格链接以及下拉显示项数。

❹勾选"三维阴影"复选框。如右图所示。然后单击"确定"按钮。

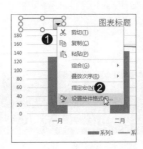

步骤04 选择设置数据名称。

❶选中图表后，单击"图表工具 - 设计"选项卡下"数据"组中的"选择数据"按钮。

❷弹出"选择数据源"对话框，选中"系列1"。

❸单击"图例项"选项组中的"编辑"按钮。如右图所示。

步骤05 编辑数据系列名称。

❶弹出"编辑数据系列"对话框，在"系列名称"文本框中输入要更改为的数据系列名称。

❷单击"确定"按钮。

❸按照同样的方法更改系列2的名称。如右图所示。然后单击"确定"按钮。

步骤06 选择系列。

❶单击图表中控件右侧的下三角按钮，

❷在展开的列表中单击需要显示的季度名称，如"第三季度"。

❸此时即可看到图表的显示效果。如右图所示。

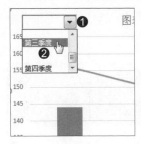
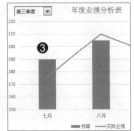

10.4 三维地图

　　在 Excel 2016 中，在插入选项卡下新增了一个"演示"功能组，在该功能组中新增了"三维地图"功能，这是一个功能强大的加载项。该工具结合了 Bing 地图，可以对地理和时间数据进行绘图、动态呈现和互动等操作。

原始文件：下载资源\实例文件\第10章\原始文件\三维地图.xlsx

最终文件：下载资源\实例文件\第10章\最终文件\三维地图.xlsx

步骤01 打开三维地图。打开原始文件，❶选中数据表中的任意单元格，❷在"插入"选项卡下单击"演示"组中的"三维地图"下三角按钮，❸在展开的列表中单击"打开三维地图"选项，如下图所示。

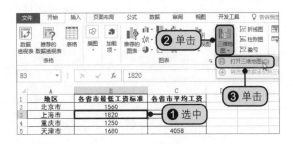

步骤02 显示打开的地图功能表。弹出三维地图窗口，可看到一个地球仪，其包含了各个国家的地图数据，并在窗口的右侧出现了一个名为"图层1"的窗格，如下图所示。

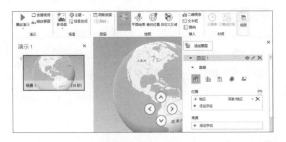

步骤03 更改地区字段的地理类型。❶单击"地区"字段右侧的下三角按钮，❷在展开的列表中单击"省/市/自治区"，如下图所示。

步骤04 打开可信度报告。可看到"位置"的右侧出现了一个"100%"的地图可信度报告数据，单击该数据，如下图所示。

步骤05 单击"确定"按钮。此时弹出了"地图可信度"对话框，可看到"我们在可信度较高的图层1上绘制了所有位置"的内容，单击"确定"按钮，如下图所示。

步骤06 添加字段。❶单击"高度"下"添加字段"左侧的十字符号，❷在展开的快捷菜单中选择要添加的字段，如下图所示。

步骤07 显示添加字段后的地图。添加好字段后可看到显示的地图效果，如下图所示。

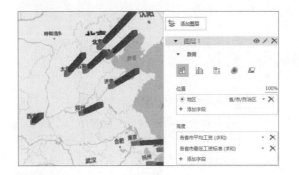

步骤08 更改数据的可视化效果。单击"数据"下的"将可视化更改为气泡图"按钮，如下图所示。

步骤09 删除图层。添加了字段后，地图中出现了一个名为"图层1"的表格，❶在表格上右击，❷在弹出的快捷菜单中单击"删除"选项，即可将其删除，如右图所示。

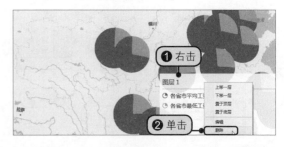

步骤10 插入二维图表。想在图表中插入二维图表时，单击"插入"组中的"二维图表"按钮，如下图所示。

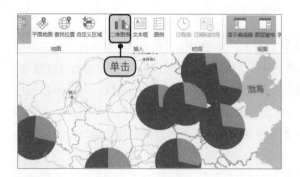

步骤11 更改二维图表的类型。弹出一个二维图表，❶单击该图表右上角的"更改图表类型"按钮，❷在展开的列表中选择"簇状条形图"，如下图所示。

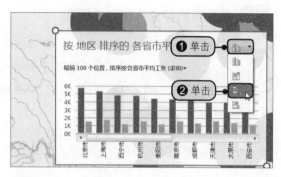

步骤12 查看其他城市的二维图表效果。可以看到更改图表类型后的二维图表效果，然后拖动纵坐标轴右侧的滑块，可查看没有完全显示出来的二维图表，如下图所示。

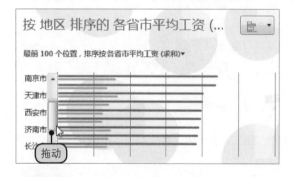

步骤13 删除二维图表。❶在图表中右击，❷在弹出的快捷菜单中单击"删除"选项，如下图所示，即可将其删除。

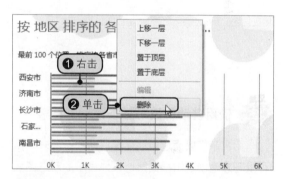

步骤14 更改地图的显示效果。单击地图右下角的箭头按钮，如下图所示，可以让地图向上、向下、向左或向右旋转，而单击加号或减号按钮可以让地图放大或缩小。

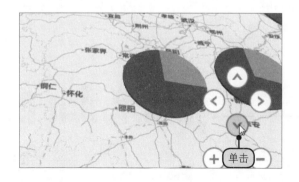

步骤15 显示最终的地图效果。地图经过旋转和缩放调整后的最终效果如下图所示。

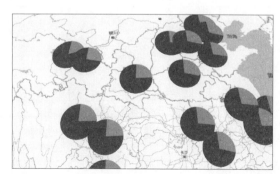

专家支招

1 创建随鼠标变化的动态图表

Excel 中函数的功能是非常强大的，使用 CELL 函数能够使图表根据鼠标选择的数据区域显示图表内容。这里以各部门费用对比图为例来展示，首先根据单元格区域创建柱形图，然后进行简单的设置即可。

选中单元格区域 A8:E8，在编辑栏中输入"=OFFSET(A2:E2,CELL("row")-2,)"，按【Ctrl+Shift+Enter】组合键，如下左图所示。然后在单元格区域 A2:E5 中任意选择横排区域，如选择单元格区域 A4:E4，按【F9】键，在单元格区域 A8:E8 中即可显示相应的内容，如下右图所示，随后可发现创建的动态图表内容也发生了相应的变化。

2 使用自动筛选巧妙创建动态图表

用户还可以通过自动筛选创建动态图表。由于创建的图表只显示筛选后的数据，因此，利用该功能可以巧妙地创建出根据筛选条件显示的动态图表。

首先根据单元格区域 A1:G7 创建柱形图，再选择 A 列，在"数据"选项卡下单击"筛选"按钮，然后单击单元格 A1 右侧的筛选按钮，在展开的列表中勾选要显示的种类，如下左图所示。随后单击"确定"按钮，即可看到工作表中筛选出的数据，以及图表对应显示的数据筛选效果，如下右图所示。如果需要改变，只需再次筛选即可。

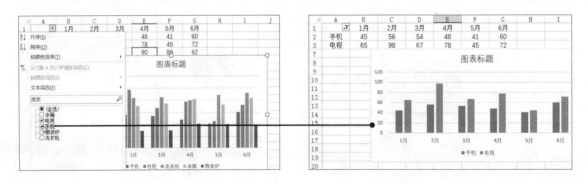

3 让控件随图而动

在使用窗体控件创建动态图表后，创建好的窗体控件浮于图表上方，但是并不随图表的移动而移动，若想让其一直处于图表的一个固定位置，和图表一起移动，则需要将其组合。

按住【Ctrl】键选中图表和控件，如下左图所示，然后在"绘图工具 - 格式"选项卡下单击"组合"按钮，在展开的列表中单击"组合"选项，如下右图所示。

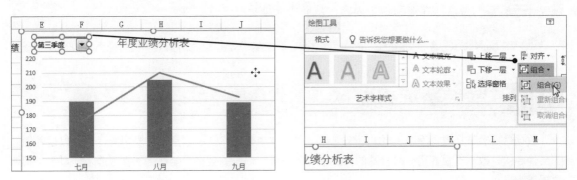

第11章 数据透视表

如果要处理的数据庞大而复杂，可以利用 Excel 提供的数据透视表或数据透视图功能，对复杂的数据快速进行梳理和统计，而且能根据自己的需求灵活地筛选和查看内容，从而极大地提高工作效率。

11.1 数据透视表概述

数据透视表是从数据库中生成的动态总结报告，其中数据库既可以是工作表中的，也可以是其他外部文件中的。数据透视表用一种特殊的方式来显示一般工作表的数据，能够更加直观清晰地显示复杂的数据关系。

数据透视表最大的特点是交互性。创建一个数据透视表后可以重新排列数据信息，还可以根据需要将数据分组。如下左图所示是一个关于某公司保暖内衣销售记录的数据库。

可以看到该数据库的数据量较大，直接读取信息十分复杂，如果使用数据透视表将记录进行分类总结，记录就一目了然了。如下右图所示是使用前面的数据库数据创建的数据透视表，是按销售地区和产品类型来划分的。

公司保暖内衣销售记录表

日期	品牌	地区	销售员	销售额	职位
3月1日	BJR	成都	钟 燕	¥ 43,200	业务经理
3月3日	PLD	上海	杨建军	¥ 62,300	业务员
3月4日	PLD	北京	张秀国	¥ 82,600	业务员
3月4日	BJR	成都	杨建军	¥ 34,200	业务员
3月5日	SSZ	上海	张秀国	¥ 65,400	业务员
3月6日	BJR	成都	钟 燕	¥ 54,200	业务经理
3月7日	SSZ	上海	钟 燕	¥ 85,200	业务经理
3月8日	PLD	北京	张秀国	¥ 42,300	业务员
3月9日	PLD	上海	杨建军	¥ 76,500	业务员
3月11日	SSZ	北京	杨建军	¥ 102,300	业务员
3月12日	BJR	上海	钟 燕	¥ 98,700	业务经理

销售员	(全部)			
求和项:销售额	列标签			
行标签	北京	成都	上海	总计
BJR	67300	216600	164100	448000
PLD	124900	79800	267900	472600
SSZ	199900	252400	150600	602900
总计	392100	548800	582600	1523500

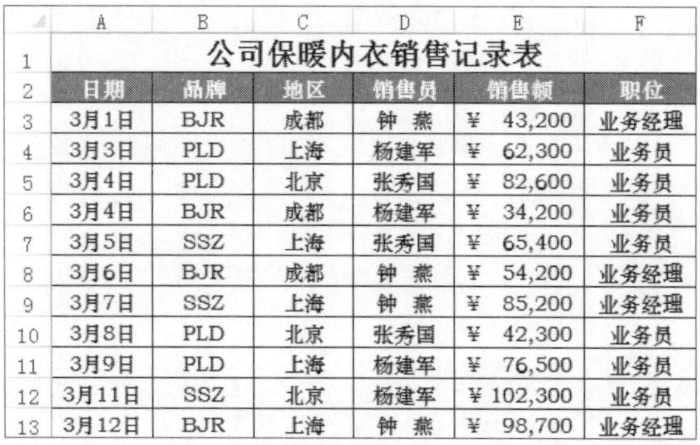

需要注意的是，并不是所有的数据都可以用于创建数据透视表，汇总的数据必须是数据库格式，要求的数据库格式必须包含字段、数据记录和数据项。用户可以从工作表或外部数据库中导入数据，但并不是所有的数据库数据都可以得到相关的数据透视表，因此一定要选择 Excel 能够处理的数据库文件。

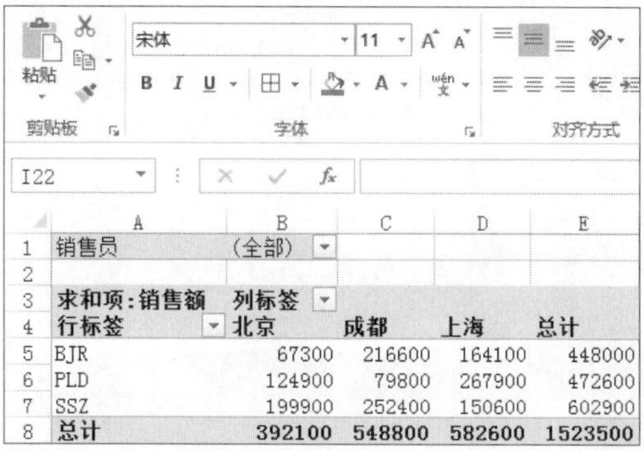

11.2 创建数据透视表

Excel 提供了 3 种创建数据透视表的方法，分别是使用推荐的数据透视表创建透视表、创建空白数据透视表和导入外部数据创建透视表。

11.2.1 使用推荐的数据透视表创建透视表

Excel 中的“推荐的数据透视表”功能可以根据所选表格内容来列举不同字段布局的数据透视表。

用户可以根据自己的实际需求来选择合适的数据透视表。使用该方法不必花大量的时间去琢磨如何添加和布局字段，提高了工作效率。

步骤01 单击"推荐的数据透视表"。打开原始文件，❶选中表格中的任一单元格，如单元格B3，❷切换至"插入"选项卡，❸在"表格"组中单击"推荐的数据透视表"按钮，如下图所示。

步骤02 选择需要的数据透视表。弹出"推荐的数据透视表"对话框，在左侧列表框中选择合适的数据透视表布局，如下图所示，然后单击"确定"按钮。

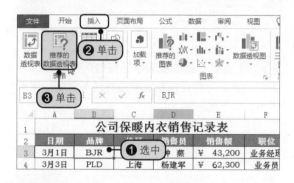

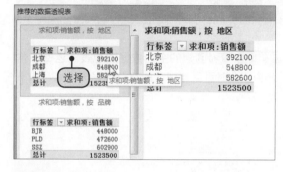

步骤03 查看生成的数据透视表。返回工作簿，可看到工作簿中自动插入了一个工作表，在工作表中可看见添加和调整字段后生成的数据透视表，如下图所示。

步骤04 查看自动添加的字段。同时在右侧的"数据透表字段"任务窗格中可看到自动添加的字段"地区"和"销售额"，如下图所示。

11.2.2 创建空白数据透视表

创建空白数据透视表适用于对数据透视表的操作比较熟悉的用户，首先选择创建数据透视表，然后再添加字段、调整字段布局。

步骤01 插入数据透视表。打开原始文件，❶选中表格中的任一单元格，如单元格B3，❷切换至"插入"选项卡，❸单击"表格"组中的"数据透视表"按钮，如下图所示。

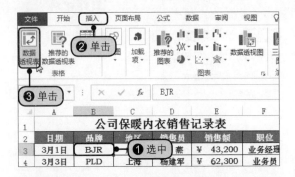

步骤02 设置数据透视表的放置位置。弹出"创建数据透视表"对话框，Excel默认选中单元格区域A2:F23作为要分析的数据，单击"新工作表"单选按钮，选择将创建的数据透视表放置在新工作表中，如下图所示，然后单击"确定"按钮。

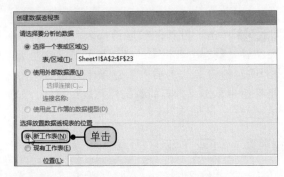

步骤03 查看创建的空白数据透视表。返回工作表中，此时可看到创建的空白数据透视表，如下图所示。

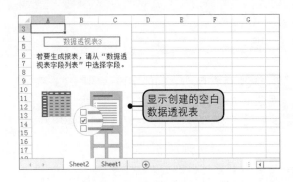

步骤04 查看数据透视表字段任务窗格。同时可看到右侧的"数据透视表字段"任务窗格的显示界面，如下图所示。

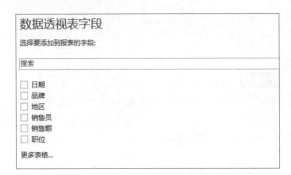

11.2.3 导入外部数据创建透视表

当用户创建数据透视表所需要的数据保存在其他文件里时，不必将其植入 Excel 中，可以直接利用 Excel 来导入外部数据。下面以导入 Access 中的数据为例，来介绍具体的操作方法。

原始文件： 下载资源\实例文件\第11章\原始文件\公司保暖内衣销售记录信息.accdb
最终文件： 下载资源\实例文件\第11章\最终文件\导入外部数据创建数据透视表.xlsx

扫码看视频

步骤01 单击"数据透视表"按钮。打开一个空白工作簿，❶切换至"插入"选项卡，❷单击"数据透视表"按钮，如右图所示。

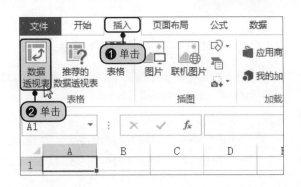

步骤02 选择连接。弹出"创建数据透视表"对话框，❶单击"使用外部数据源"单选按钮，❷单击"选择连接"按钮，如下图所示。

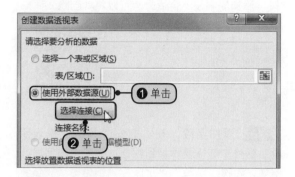

步骤03 浏览更多。弹出"现有连接"对话框，单击底部的"浏览更多"按钮，如下图所示。

步骤04 选择连接数据。弹出"选取数据源"对话框，❶在地址栏中选择导入文件的保存路径，❷在列表框中双击"公司保暖内衣销售记录信息.accdb"文件，如下图所示。

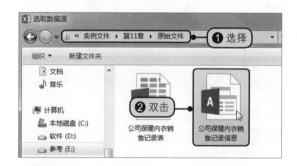

步骤05 选择要导入的表。弹出"选择表格"对话框，❶在列表框中选择要导入的表格，如选择"公司保暖内衣销售记录表"，❷单击"确定"按钮，如下图所示。

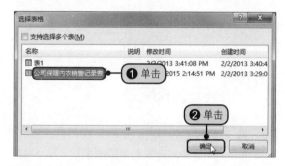

步骤06 单击"确定"按钮。返回"创建数据透视表"对话框，保持数据透视表的默认放置位置，然后单击"确定"按钮，如下图所示。

步骤07 显示创建的数据透视表。返回工作表中，就可看到创建的数据透视表，如下图所示。由于导入的外部表格没有数据，因此为空白数据透视表。

11.3 编辑数据透视表

编辑数据透视表既包括编辑透视表中的字段，例如添加与删除字段、移动字段位置、隐藏和显示字段中的信息等，又包括移动、清除数据透视表或者增强数据透视表的视觉效果等。

11.3.1 添加和删除字段

除了利用"推荐的数据透视表"功能所创建的透视表含有字段外，利用另外两种方式创建的透视表都不会默认显示字段信息，因此就需要用户手动添加字段。添加的字段不合适时，可以将其删除。

原始文件： 下载资源\实例文件\第11章\原始文件\公司保暖内衣销售记录信息1.xlsx
最终文件： 下载资源\实例文件\第11章\最终文件\添加和删除字段.xlsx

扫码看视频

步骤01 选中单元格。打开原始文件，❶切换至Sheet2工作表，可看到数据透视表未显示任何内容，❷选中任意单元格，如单元格C8，如下图所示。

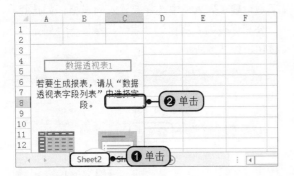

步骤02 添加字段。在右侧的"数据透视表字段"窗格中选择要添加到数据透视表中的字段，例如，勾选"品牌""地区""销售员""销售额""职位"复选框，如下图所示。

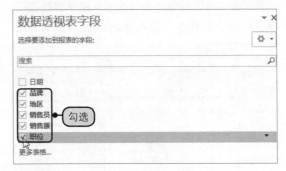

步骤03 查看添加的字段。此时可在"数据透视表字段"任务窗格底部看到添加的字段，Excel将自动放置这些字段，如下图所示。

步骤04 查看添加字段后的数据透视表。此时可在左侧的工作表中看见添加字段后的数据信息，如下图所示。

步骤05 删除字段。删除指定的字段时，❶单击字段，如单击"职位"，❷在展开的列表中单击"删除字段"选项，如右图所示。

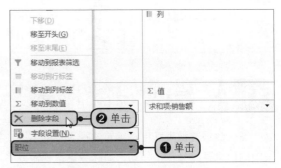

步骤06 查看删除字段后的数据透视表。此时可看到数据透视表中不再显示任何"职位"信息，如右图所示。

11.3.2 移动字段位置

添加字段后，Excel 会自动设置所添加的字段在数据透视表中的放置位置。如果用户认为放置位置不合理，就可以选择手动移动字段，重新调整字段布局。

原始文件： 下载资源\实例文件\第11章\原始文件\公司保暖内衣销售记录信息2.xlsx
最终文件： 下载资源\实例文件\第11章\最终文件\移动字段位置.xlsx

扫码看视频

步骤01 选中单元格。打开原始文件，切换至数据透视表所在的工作表，选中透视表中的任一单元格，如选中单元格A3，如下图所示。

步骤02 移动字段。❶在"数据透视表字段"任务窗格底部单击要移动的字段，例如"地区"字段，再单击右侧的下三角按钮，❷在展开的列表中单击"移动到列标签"选项，如下图所示。

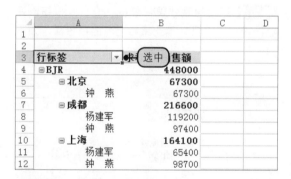

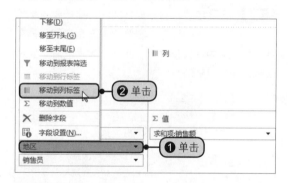

步骤03 移动字段。此时可以看到"地区"字段已添加至列区域中，继续选择要移动的字段，如选择"销售员"字段，按住鼠标左键不放，将其拖至移动后的放置位置，例如将其拖至筛选器区域中，如下图所示。

步骤04 查看调整布局后的字段。释放鼠标左键后可看到调整位置后的字段布局，其中"地区"字段位于列区域中，"销售员"字段位于"筛选器"区域中，如下图所示。

步骤05 查看移动字段后的数据透视表效果。此时可在工作表中看到调整字段后的数据透视表信息，"地区"字段的信息呈每列显示，"销售员"字段的信息在最顶部显示，并且带有筛选按钮，如右图所示。

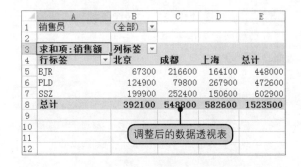

调整后的数据透视表

💡 知识补充

之所以要选择数据透视表中的任一单元格，是因为只有在选中了数据透视表中的单元格后，才能在工作簿窗口右侧显示"数据透视表字段"任务窗格。

11.3.3 隐藏和显示字段中的信息

在数据透视表中，用户可以对行标签字段、列标签字段以及筛选器中的字段的部分信息进行隐藏，达到筛选的目的。当然，筛选后同样可以通过取消筛选来恢复筛选前的状态。

原始文件： 下载资源\实例文件\第11章\原始文件\公司保暖内衣销售记录信息3.xlsx
最终文件： 无

步骤01 隐藏字段。打开原始文件，选择要隐藏的字段，❶单击"列标签"右侧的下三角按钮，❷在展开的列表中设置只显示"北京"和"上海"的销售额，如下图所示。

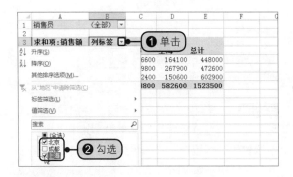

步骤02 查看隐藏效果。单击"确定"按钮，在数据透视表中只显示北京和上海的销售额，如下图所示。

步骤03 取消筛选。要将数据透视表恢复到筛选前的状态时，❶单击"列标签"右侧的下三角按钮，❷在展开的列表中单击"从'地区'中清除筛选"选项，如右图所示。

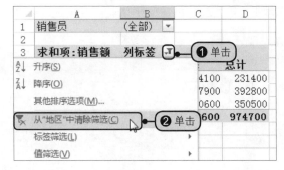

步骤04 查看取消筛选后的数据透视表。此时北京、成都和上海的销售额均显示在数据透视表中,如右图所示。

	A	B	C	D	E
1	销售员	(全部)			
2					
3	求和项:销售额	列标签			
4	行标签	北京	成都	上海	总计
5	BJR	67300	216600	164100	448000
6	PLD	124900	79800	267900	472600
7	SSZ	199900	252400	150600	602900
8	总计	392100	548800	582600	1523500

11.3.4 添加报表筛选页字段

Excel 提供了添加报表筛选页字段的功能,通过该功能可以在数据透视表中快速显示位于筛选器中的字段的所有信息,添加报表筛选页字段后生成的工作表会自动以字段信息命名,便于用户查看数据信息。

原始文件:下载资源\实例文件\第11章\原始文件\公司保暖内衣销售记录信息3.xlsx
最终文件:下载资源\实例文件\第11章\最终文件\添加报表筛选页字段.xlsx

扫码看视频

步骤01 显示报表筛选页。打开原始文件,❶选中数据透视表中任一含有内容的单元格,切换至"数据透视表工具 - 分析"选项卡,❷单击"选项"右侧的下三角按钮,❸在展开的列表中单击"显示报表筛选页"选项,如下图所示。

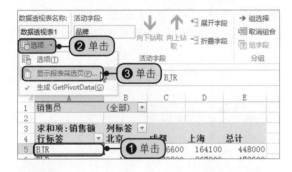

步骤03 查看生成的报表筛选页字段效果。返回工作表中,自动生成"杨建军""张秀国""钟燕"3张工作表,切换至任意一张工作表均可查看销售员的销售额信息,如右图所示。

步骤02 选定要显示的报表筛选页字段。弹出"显示报表筛选页"对话框,❶选定要显示的报表筛选页字段,❷单击"确定"按钮,如下图所示。

11.3.5 数据透视表的选择、移动和清除

用户可以对数据透视表执行选择、移动和清除操作。其中,选择是指选择数据透视表中的部分内容,移动是将其移至工作簿中的其他位置,而清除则是指清除当前数据透视表或该表中的筛选状态。

选择数据透视表

用户既可选择整个数据透视表，又可选择数据透视表中的部分内容，如标签或值。

步骤01 选中整个数据透视表。打开原始文件，选中数据透视表中的任一单元格，❶在"数据透视表-分析"选项卡下单击"选择"按钮，❷在展开的列表中单击"整个数据透视表"选项，如下图所示。

步骤02 查看选中整个数据透视表的效果。此时整个数据透视表都被选中，如下图所示。

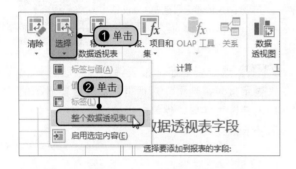

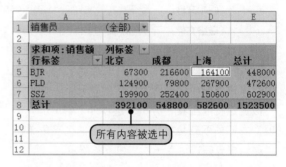

步骤03 选中标签。要选择数据透视表中的部分内容时，❶单击"数据透视表-分析"选项卡中的"选择"按钮，❷在展开的列表中单击要选中的内容，如单击"标签"，如下图所示。

步骤04 查看选中标签后的数据透视表。此时数据透视表中的标签所在单元格均被选中，如下图所示。

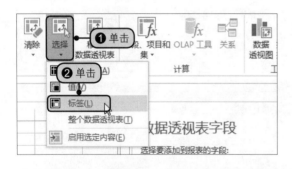

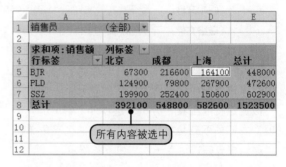

> 💡 **知识补充**
>
> 若未选中整个数据透视表，则在单击"选择"按钮后，展开的下拉列表"标签与值"中的"值"和"标签"选项均为灰色。

2 移动数据透视表

数据透视表并非固定的，用户可以根据需要对其进行移动，既可以将其移至新的工作表中，又可以将其移至当前工作表中的其他位置。

步骤01 移动数据透视表。打开原始文件，选中数据透视表中的任一单元格，在"数据透视表 - 分析"选项卡下单击"移动数据透视表"按钮，如下图所示。

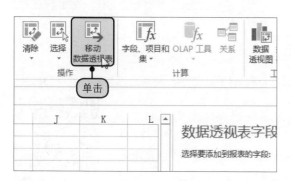

步骤02 选择放置数据透视表的位置。弹出"移动数据透视表"对话框，❶选择放置数据透视表的位置，如单击"新工作表"单选按钮，❷单击"确定"按钮，如下图所示。

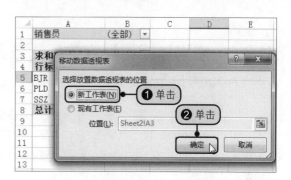

步骤03 查看移动后的数据透视表。返回工作表中，可看到自动创建的Sheet3工作表，该工作表中有被移动的数据透视表的所有内容，如右图所示。

> **💡 知识补充**
>
> 需要注意的是，移动数据透视表可以说是剪切操作，因此移动时需要谨慎。

3 清除数据透视表

当数据透视表中的字段信息已没有任何分析的价值时，用户可以选择将其从数据透视表中清除。

步骤01 全部清除。打开原始文件，选中数据透视表中任一单元格，切换至"数据透视表 - 分析"选项卡，❶单击"清除"按钮，❷在展开的列表中单击"全部清除"选项，如右图所示。

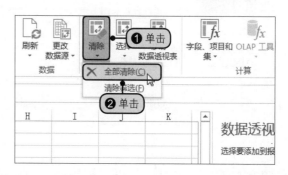

步骤02 查看清除后的数据透视表。此时可看到数据透视表中的所有字段信息均被清除，如右图所示。

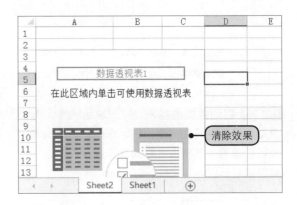

> 💡 **知识补充**
>
> 　　这里介绍的方法只能清除数据透视表中的当前字段信息，若要彻底将数据透视表从工作簿中删除，则需要右击数据透视表所在的工作表标签，在弹出的快捷菜单中单击"删除"命令。

11.3.6　增强数据透视表的视觉效果

　　用户可以通过为数据透视表套用表格样式，增强数据透视表的视觉效果，还可以调整表格的布局属性。

原始文件： 下载资源\实例文件\第11章\原始文件\公司保暖内衣销售记录信息3.xlsx

最终文件： 下载资源\实例文件\第11章\最终文件\增强数据透视表的视觉效果.xlsx

扫码看视频

步骤01 单击快翻按钮。打开原始文件，❶切换至"数据透视表工具 - 设计"选项卡，❷单击"数据透视表样式"组中的快翻按钮，如下图所示。

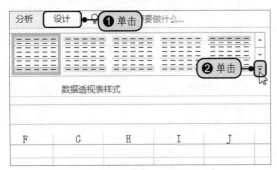

步骤02 选择数据透视表样式。在展开的库中选择数据透视表样式，如选择"数据透视表样式浅色14"样式，如下图所示。

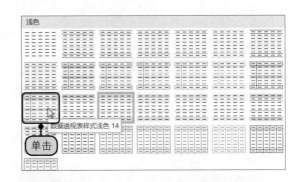

步骤03 查看应用样式后的数据透视表。此时可在工作表中看到应用指定数据透视表样式后的表格，如下图所示。

步骤04 设置镶边选项。若要对数据透视表中的行与列进行镶边，则可在"数据透视表样式选项"组中勾选"镶边行"与"镶边列"复选框，如下图所示。

步骤05 仅对列启用总计。❶单击"布局"组中的"总计"按钮，❷在展开的列表中单击"仅对列启用"选项，如下图所示。

步骤06 查看调整后的数据透视表。此时可看到数据透视表的行与列均被镶边，且只对列数据进行了统计，如下图所示。

	A	B	C	D
1	销售员	（全部）		
2				
3	求和项:销售额	列标签		
4	行标签	北京	成都	上海
5	BJR	67300	216600	164100
6	PLD	124900	79800	267900
7	SSZ	199900	252400	150600
8	总计	392100	548800	582600
9				
10				
11				

实例精练——创建数据透视表分析员工基本信息

用户可以利用数据透视表对员工基本信息进行分析，这比直接对数据繁多的员工基本信息表进行分析要方便快捷得多。这里以数据透视表统计指定部门中的女性员工数量为例进行讲解，完成后的最终效果如下图所示。

最终效果

	A	B	C	D	E
1	性别	女			
2					
3	计数项:性别	列标签			
4	行标签	供应部	行政部	生产部	总计
5	陈雯		1		1
6	陈圆		1		1
7	何琴	1			1
8	黄雅		1		1
9	刘镁			1	1
10	王慧			1	1
11	谢欣			1	1
12	袁丽	1			1
13	总计	2	3	3	8

原始文件: 下载资源\实例文件\第11章\原始文件\员工基本信息表.xlsx
最终文件: 下载资源\实例文件\第11章\最终文件\员工基本信息表.xlsx

扫
码
看
视
频

步骤01 创建数据透视表。

打开原始文件。

❶选中含有数据的任意单元格，如单元格B2。

❷在"插入"选项卡下单击"数据透视表"按钮。

❸弹出"创建数据透视表"对话框，设置区域为单元格区域A2:H24。

❹单击"确定"按钮。如右图所示。

步骤02 添加与移动字段。

❶在"数据透视表字段"窗格中勾选"部门""姓名"和"性别"复选框。

❷单击"部门"字段。

❸在展开的列表中单击"移动到列标签"选项，将其移动到列标签窗格中。如右图所示。

步骤03 移动其他字段。

❶使用相同的方法将"性别"移动到"值"字段中。

❷在"数据透视表字段"窗格顶部选中"性别"字段。

❸按住鼠标左键不放，将其拖至"筛选器"列表框中。如右图所示。

步骤04 筛选性别字段。

❶单击"性别"右侧的下三角按钮。

❷在展开的列表中勾选"选择多项"复选框。

❸取消勾选"（全部）"复选框。

❹勾选"女"复选框。

❺最后单击"确定"按钮。

❻可在数据透视表中看到各部门中的女性员工数量统计信息。如右图所示。

步骤05 筛选部门字段。

❶单击"列标签"右侧的下三角按钮。

❷在展开的列表中勾选"供应部""行政部"和"生产部"复选框。

❸单击"确定"按钮后返回工作表，此时可看到供应部、行政部和生产部的女性员工数量统计信息。如右图所示。

11.4 数据透视表的计算分析功能

分析和计算数据是数据透视表最强大的功能，用户可以在数据透视表中设置计算方式和数字格式、设置值显示方式、创建计算字段和计算项以及组合日期项目等来分析数据，从中获取更多的信息。

11.4.1 设置计算方式和数字格式

Excel 会自动为数据透视表中的值字段设置计算方式，但是有时候 Excel 设置的计算方式并不理想，此时可以手动进行更改，同时还可以根据数值的意义设置数字格式。

原始文件：下载资源\实例文件\第11章\原始文件\公司保暖内衣销售记录信息3.xlsx

最终文件：下载资源\实例文件\第11章\最终文件\设置计算方式和数字格式.xlsx

步骤01 选中单元格。打开原始文件，❶切换至"Sheet2"工作表中，❷选中数据透视表中的任一单元格，例如选中单元格E8，如下图所示。

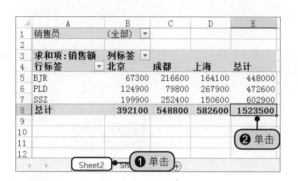

步骤02 值字段设置。❶单击"数据透视表字段"窗格中需要调整值的字段，❷在展开的列表中单击"值字段设置"选项，如下图所示。

步骤03 更改值计算方式。弹出"值字段设置"对话框，❶在"值汇总方式"选项卡下选择"最大值"，❷单击"数字格式"按钮，如下图所示。

步骤04 设置单元格格式。弹出"设置单元格格式"对话框，❶在"分类"列表框中选择"会计专用"，❷在右侧设置"小数位数"为"1"，如下图所示。

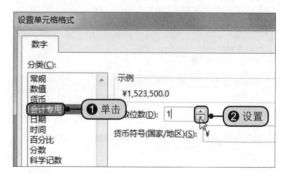

步骤05 查看设置后的数据透视表。单击"确定"按钮，返回工作表中，可看到更改计算方式和数字格式后的透视表，"总计"行中显示各地区的最大销售额，而表格中值所在单元格的格式均为"会计专用"格式，如右图所示。

11.4.2 设置值显示方式

Excel 提供了多种值显示方式，例如总计的百分比、列汇总的百分比、按某一字段汇总、升降序排列等，用户可以根据需要更改值字段的显示方式，以获取隐藏在这些数据中的信息。

原始文件： 下载资源\实例文件\第11章\原始文件\公司保暖内衣销售记录信息3.xlsx

最终文件： 下载资源\实例文件\第11章\最终文件\设置值显示方式.xlsx

步骤01 选中单元格。打开原始文件，❶切换至"Sheet2"工作表中，❷选中数据透视表中的任一单元格，例如选中单元格E8，如下图所示。

步骤02 值字段设置。❶单击"数据透视表字段"任务窗格中需要调整的值字段，❷在展开的列表中单击"值字段设置"选项，如下图所示。

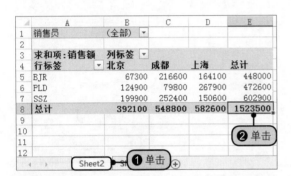

步骤03 设置列汇总的百分比。弹出"值字段设置"对话框，❶切换至"值显示方式"选项卡，❷单击"值显示方式"右侧的下三角按钮，❸在展开的列表中选择值显示方式，例如选择"列汇总的百分比"，如下图所示。

步骤04 查看更改值显示方式后的结果。单击"确定"按钮返回工作表，可看到数据透视表中的值显示方式发生了变化，均显示了指定品牌的保暖内衣销量占所在地区总销量的百分比，如下图所示。

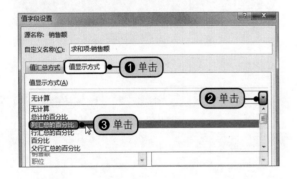

11.4.3 创建计算字段和计算项

Excel 提供了创建计算字段或计算项的功能，其中计算字段是通过对数据透视表中现有的字段进行计算后得到的新字段，而计算项则是在已有的字段中插入新项，是通过对该字段现有的其他项进行计算后得到的。

1 创建计算字段

计算字段是对数据区域已经存在的字段进行运算，其具体的操作方法如下。

原始文件： 下载资源\实例文件\第11章\原始文件\公司保暖内衣销售记录信息4.xlsx
最终文件： 下载资源\实例文件\第11章\最终文件\创建计算字段.xlsx

步骤01 选中单元格。打开原始文件，❶切换至"Sheet2"工作表中，❷选中数据透视表中的任一单元格，如下图所示。

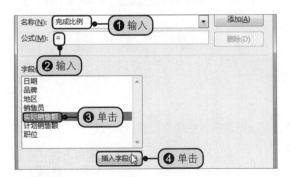

步骤02 计算字段。❶在"数据透视表工具 - 分析"选项卡下单击"字段、项目和集"按钮，❷在展开的列表中单击"计算字段"选项，如下图所示。

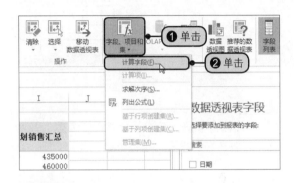

步骤03 设置公式。弹出"插入计算字段"对话框，❶在"名称"文本框中输入"完成比例"，❷在"公式"文本框中输入符号"="，❸单击"字段"列表框中的"实际销售额"字段，❹单击"插入字段"按钮，如下图所示。

步骤04 插入字段。❶在"公式"文本框中输入除号"/"，❷在"字段"列表框中单击"计划销售额"字段，❸单击"插入字段"按钮，如下图所示。

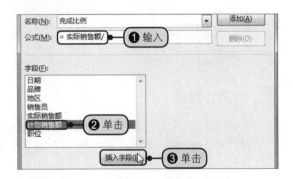

步骤05 完成公式的设置。在"公式"文本框中可看到完整的计算公式，如下图所示，最后单击"确定"按钮。

步骤06 查看插入的计算字段。返回工作表，可看到添加的"求和项:完成比例"，但该字段的数据显示并非百分比形式，如下图所示。

步骤07 值字段设置。❶单击"数据透视表字段"窗格的"求和项:完成比例"字段，❷在展开的列表中单击"值字段设置"选项，如下图所示。

步骤08 输入自定义名称。弹出"值字段设置"对话框，❶在"自定义名称"文本框中输入"完成情况"，❷单击"数字格式"按钮，如下图所示。

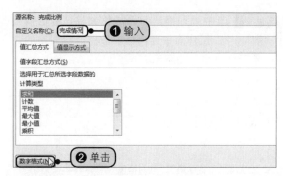

步骤09 设置数字格式。弹出"设置单元格格式"对话框，❶在"分类"列表框中选择"百分比"，❷在右侧设置"小数位数"为"1"，如下图所示。

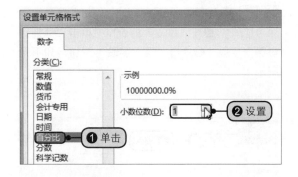

步骤10 查看调整后的计算字段。单击"确定"按钮，返回工作表中，可看到数据透视表中原来的"求和项:完成比例"字段的名称变成了"完成情况"，并且该字段下方的数据显示格式为百分比形式，如下图所示。

2 创建计算项

计算项添加在行字段或列字段区域中，对已经存在于数据透视表中的字段进行算术计算。也就是说计算项只能应用于行、列字段，无法应用于数字区域。

步骤01 选中单元格。打开原始文件，❶切换至"Sheet2"工作表，❷选中表中的行或列标签所在单元格，如右图所示。

步骤02 计算项。切换至"数据透视表工具 - 分析"选项卡，❶单击"字段、项目和集"按钮，❷在展开的列表中单击"计算项"选项，如下图所示。

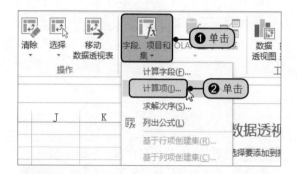

步骤04 继续插入项。❶在"公式"文本框中继续输入逗号"，"，❷在"项"列表框中选择"PLD"项，❸单击"插入项"按钮，如下图所示。

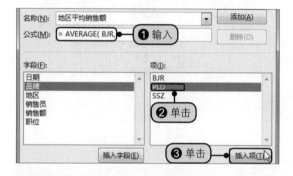

步骤06 查看添加的计算项。单击"确定"按钮。返回工作表，可看到添加的"地区平均销售额"计算项，如右图所示。

步骤03 插入项。在弹出的对话框中，❶设置名称为"地区平均销售额"，❷在"公式"文本框中输入"=AVERAGE("，❸在"字段"列表框中选择"品牌"字段，❹在"项"列表框中选择"BJR"项，❺单击"插入项"按钮，如下图所示。

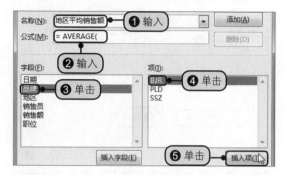

步骤05 再插入项。继续添加"SSZ"项，添加完毕后在"公式"文本框中输入右括号"）"，完成公式的设置，如下图所示。

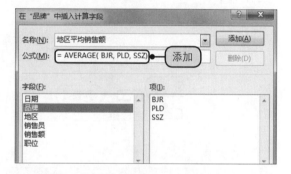

	A	B	C	D
1	销售员	（全部） ▼		
2				
3	求和项:销售额	列标签 ▼		
4	行标签 ▼	北京	成都	上海
5	BJR	67300	216600	164100
6	PLD	124900	79800	267900
7	SSZ	199900	252400	150600
8	地区平均销售额	130700	182933.3333	194200
9	总计	522800	731733.3333	776800
10				
11				

11.4.4　组合日期项目

Excel 提供了组字段设置功能，利用该功能可以对数据透视表中的数字字段或日期字段进行分组，从而便于用户分析数据。

原始文件： 下载资源\实例文件\第11章\原始文件\公司保暖内衣销售记录信息5.xlsx
最终文件： 下载资源\实例文件\第11章\最终文件\组合日期项目.xlsx

扫
码
看
视
频

步骤01 选中单元格。打开原始文件，❶切换至"Sheet2"工作表，❷选择显示日期的任一单元格，例如选中单元格A6，如下图所示。

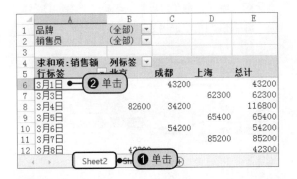

步骤02 设置分组方式。❶切换至"数据透视表工具 - 分析"选项卡，❷在"分组"组中单击"组字段"按钮，如下图所示。

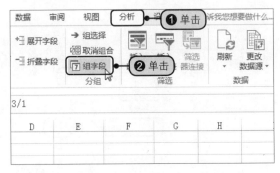

步骤03 设置步长值。弹出"组合"对话框，❶在"步长"组中单击"日"选项，❷设置天数为"7"，❸单击"确定"按钮，如下图所示。

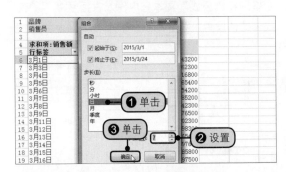

步骤04 查看效果。返回工作表，可看到组合日期后的效果。Excel将数据透视表中的所有日期分成了4组，每组包含的天数不超过7天，如下图所示。

💡 **知识补充**

用户还可以利用"组选择"功能来组合日期，首先在数据透视表中选择要组合的日期选项，然后单击"数据透视表工具 - 分析"选项卡中的"组选择"按钮，Excel将自动为选中的日期创建一个名为"数据组 1"的组合，用户只需更改组合的名字即可。

11.5 ◀ 数据透视表中的分析工具

在数据透视表中，切片器和日程表工具都是十分有用的数据分析工具，利用这两款工具可以快速查看数据透视表中满足指定条件的数据记录。

11.5.1 切片器筛选工具

切片器是数据透视表中的一款筛选工具，用户可以根据不同的字段创建不同的切片器，然后依次设定筛选条件，从而达到筛选的目的。切片器可以非常直观地查看筛选出的信息。

原始文件：下载资源\实例文件\第11章\原始文件\公司保暖内衣销售记录信息6.xlsx

最终文件：下载资源\实例文件\第11章\最终文件\切片器筛选工具.xlsx

步骤01 插入切片器。打开原始文件，❶选中数据透视表中的任一单元格，❷在"数据透视表工具 - 分析"选项卡下单击"插入切片器"按钮，如下图所示。

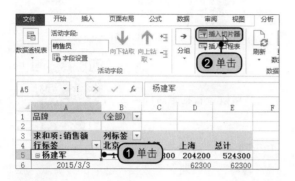

步骤02 选择插入的切片器。弹出"插入切片器"对话框，❶选择要创建的切片器，例如勾选"品牌"和"销售员"复选框，❷单击"确定"按钮，如下图所示。

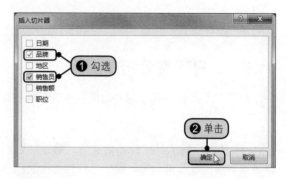

步骤03 查看创建的切片器。返回工作表，此时可看到创建的"品牌"和"销售员"切片器，如下图所示。

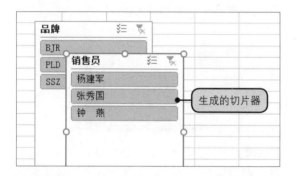

步骤04 单击快翻按钮。选中任一切片器，在"切片器工具 - 选项"选项卡中单击"切片器样式"组中的快翻按钮，如下图所示。

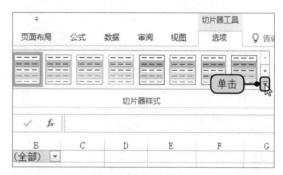

步骤05 选择切片器样式。在展开的库中选择合适的切片器样式，例如选择"切片器样式深色6"，如下图所示。

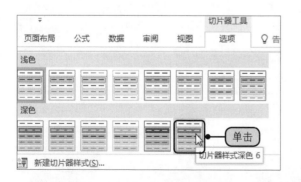

步骤06 设置筛选条件。在切片器中设置筛选条件时，❶在"品牌"切片器中单击需要的选项，如"PLD"，❷在"销售员"切片器中单击需要的选项，如"张秀国"，如下图所示。

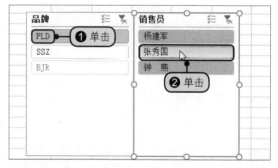

💡 **知识补充**

要清除筛选器中设置的筛选条件，可以单击切片器右上角的"清除筛选"按钮；要删除切片器，可以在选中指定切片器后按【Delete】键。

步骤07 查看筛选出的数据。此时可在工作表中看到利用切片器筛选后显示的数据信息，如右图所示。

	A	B	C	D	E
1	品牌	PLD 🔽			
2					
3	求和项:销售额	列标签 🔽			
4	行标签 🔽	北京	上海	总计	
5	⊟张秀国	124900	97500	222400	
6	2015/3/4	82600		82600	
7	2015/3/8	42300		42300	
8	2015/3/16		97500	97500	
9	总计	124900	97500	222400	

11.5.2 日程表分析工具

日程表工具有筛选日期的功能，通过日程表工具，用户可以查看指定时间点或时间段内的数据记录。

步骤01 插入日程表。打开原始文件，❶选中数据透视表中的任一单元格，❷在"数据透视表工具-分析"选项卡下单击"插入日程表"按钮，如下图所示。

步骤02 勾选日期。弹出"插入日程表"对话框，❶勾选"日期"复选框，❷单击"确定"按钮，如下图所示。

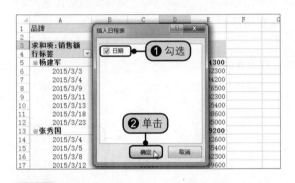

步骤03 查看插入的日程表工具。返回工作表，可看到插入的日程表工具，如下图所示。

步骤04 选择日程表样式。选中插入的日程表工具，❶切换至"日程表工具-选项"选项卡，❷单击"日程表样式"组中的快翻按钮，在展开的库中选择合适的样式，如选择"日程表样式深色4"样式，如下图所示。

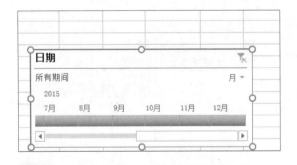

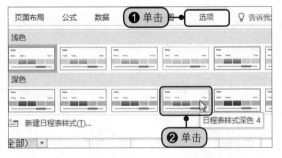

步骤05 查看应用样式后的日程表并单击"日"选项。此时可看到应用指定样式后的日程表工具，❶单击日程表工具右上角的"月"按钮，❷在展开的列表中单击"日"选项，如右图所示。

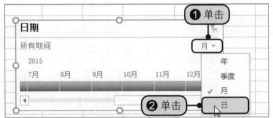

步骤06 单击要选择的日期。此时可看到日程表工具中显示的最小单位为"日"，❶向左拖动底部滑块，❷单击3月3日对应的按钮，如下图所示。

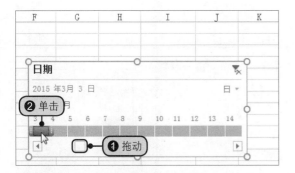

步骤07 调整显示的时间段。将鼠标指针置于3月3日对应的按钮右侧滑块，按住鼠标左键不放，然后向右拖动滑块，拖至3月13日所对应的按钮处，如下图所示。

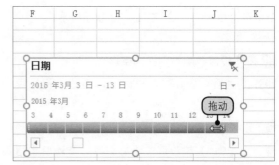

步骤08 查看指定时间段内的销售情况。释放鼠标，便可在工作表中看到2015年3月3日至3月13日这段时间内公司保暖内衣的销售额，如右图所示。

	A	B	C	D	E
1					
2	品牌	（全部） ▼			
3					
4	求和项:销售额	列标签 ▼			
5	行标签 ▼	北京	成都	上海	总计
6	⊟杨建军	102300	34200	204200	340700
7	3月3日			62300	62300
8	3月4日		34200		34200
9	3月9日			76500	76500
10	3月11日	102300			102300
11	3月13日			65400	65400
12	⊟张秀国	124900	99600	65400	289900
13	3月4日	82600			82600

实例精练——
使用数据透视表分析公司日常费用

通过数据透视表中的切片器和日程表工具，用户可以轻松查看指定时间内公司的日常费用信息，完成后的最终效果如下图所示。

最终效果

	A	B	C	D	E
1					
2					
3	求和项:金 额	列标签 ▼			
4	行标签 ▼	生产部	总计		
5	⊟办公费	25241.1	25241.1		
6	2月2日	5192.6	5192.6		
7	2月10日	17550.2	17550.2		
8	2月16日	547	547		
9	2月20日	1552	1552		
10	2月24日	77.8	77.8		
11	2月27日	321.5	321.5		
12	⊟交通费	6737.3	6737.3		
13	2月3日	6737.3	6737.3		
14	总计	31978.4	31978.4		

 原始文件： 下载资源\实例文件\第11章\原始文件\日常费用明细表.xlsx

最终文件： 下载资源\实例文件\第11章\最终文件\日常费用明细表.xlsx

扫码看视频

225

步骤01 插入切片器。

打开原始文件。

❶选中透视表中任一单元格。

❷切换至"数据透视表工具 - 分析"选项卡。

❸单击"插入切片器"按钮，如右图所示。

步骤02 设置费用类别筛选条件。

❶弹出"插入切片器"对话框，勾选"费用类别"和"部门"复选框。

❷单击"确定"按钮。

❸利用【Ctrl】键设置查看办公费、交通费和招待费。如右图所示。

步骤03 设置部门筛选条件。

❶利用【Ctrl】键设置查看行政部、客服部和生产部。

❷此时可看到筛选出的数据记录，再次选中数据透视表中任一单元格。如右图所示。

步骤04 插入日程表。

❶切换至"数据透视表工具 - 分析"选项卡。

❷在"筛选"组中单击"插入日程表"按钮。

❸弹出"插入日程表"对话框，勾选"日期"复选框。

❹单击"确定"按钮。如右图所示。

步骤05 设置筛选日期。

❶在日程表工具中单击2015年2月对应的按钮，即查看2月份的数据记录。

❷此时可在数据透视表中看到2月份行政部、客服部和生产部的办公费、交通费和招待费信息。如右图所示。

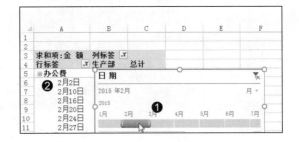

11.6 数据透视图

　　数据透视图是一个和数据透视表相链接的图表，以图形来表示数据透视表中的数据。数据透视图是一个交互式的图表，用户只需改变数据透视图中的字段即可实现不同数据的显示。当数据透视表中的数据发生了变化时，数据透视图将随之变化；数据透视图改变时，数据透视表也将发生变化。

11.6.1　创建数据透视图

创建数据透视图的方法主要有两种，一种是根据源数据创建，另一种是根据数据透视表创建。

1　根据源数据创建

当工作簿中没有创建数据透视表时，可以直接利用表格中的源数据来创建数据透视图。

原始文件： 下载资源\实例文件\第11章\原始文件\公司保暖内衣销售记录信息.xlsx
最终文件： 下载资源\实例文件\第11章\最终文件\根据源数据创建透视图.xlsx

扫码看视频

步骤01 插入数据透视图。打开原始文件，❶选中表格中任一含有内容的单元格，❷在"插入"选项卡下的"图表"组中单击"数据透视图"按钮，在展开的列表中单击"数据透视图"选项，如下图所示。

步骤02 设置表格区域和放置位置。弹出"创建数据透视图"对话框，保持默认的表格区域，单击选中"新工作表"单选按钮，如下图所示，然后单击"确定"按钮。

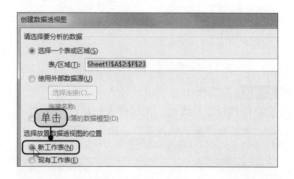

步骤03 查看创建的空白透视图。此时可看见Excel自动创建的空白数据透视图，如下图所示。

步骤04 添加字段。在右侧的"数据透视图字段"任务窗格中勾选"品牌""地区"和"销售额"字段，如下图所示。

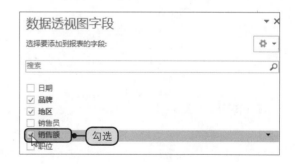

步骤05 查看添加字段后的数据透视图。此时可在工作表的左侧看到添加字段后自动生成的数据透视图效果，如右图所示。

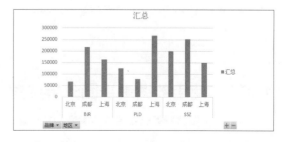

2 根据透视表创建

如果用户在工作簿中已经创建了数据透视表，就可以直接利用它创建数据透视图。

原始文件： 下载资源\实例文件\第11章\原始文件\公司保暖内衣销售记录信息6.xlsx
最终文件： 下载资源\实例文件\第11章\最终文件\根据透视表创建透视图.xlsx

步骤01 选中单元格。打开原始文件，选中数据透视表中的任一有数据的单元格，如下图所示。

步骤02 插入数据透视图。切换至"数据透视表工具 - 分析"选项卡，在"工具"组中单击"数据透视图"按钮，如下图所示。

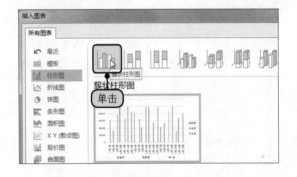

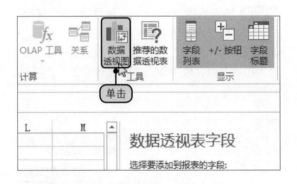

步骤03 选择图形。弹出"插入图表"对话框，在左侧选择图表类型，如选择"柱形图"，然后在右侧选择"簇状柱形图"，如下图所示。

步骤04 查看生成的数据透视图效果。单击"确定"按钮，返回工作表，此时可看到Excel根据数据透视表自动创建了数据透视图，如下图所示。

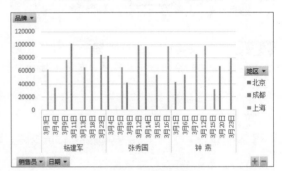

> **知识补充**
>
> 根据源数据创建数据透视图与利用数据透视表创建数据透视图最大的不同点是：根据源数据创建的数据透视图为空白数据透视图，需要用户手动添加和调整字段；利用数据透视表创建的数据透视图所显示的字段与数据透视表中的字段完全一致，用户既可以选择保留字段的默认设置，又可以手动调节字段。

11.6.2 使用数据透视图分析数据

数据透视图是一类比较特殊的图表，其特殊之处在于提供了筛选功能，用户可以通过该功能来查找符合指定条件的数据，从而进行数据分析。为了使数据透视图更加美观和专业，用户在分析之前可以对其进行简单的美化操作。

步骤01 选中数据透视图。打开原始文件，选中数据透视图，如下图所示。

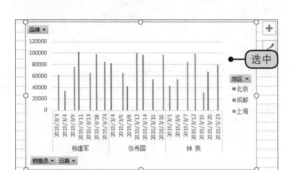

步骤02 移动字段。在"数据透视图字段"任务窗格中将"日期"移入筛选器中，如下图所示。

步骤03 查看调整效果。此时可在工作表中看到调整后的数据透视图，如下图所示。

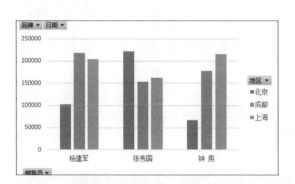

步骤04 单击快翻按钮。❶切换至"数据透视图工具 - 设计"选项卡，❷单击"图表样式"组中的快翻按钮，如下图所示。

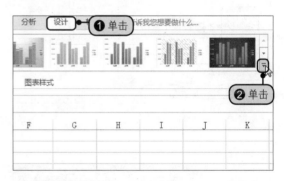

步骤05 选择图表样式。在展开的库中选择"样式10"，如下图所示。

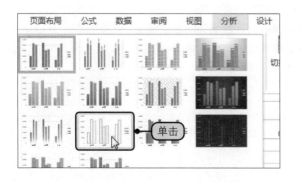

步骤06 设置品牌筛选条件。❶单击"品牌"按钮，❷在展开的下拉列表中勾选"选择多项"复选框，❸勾选"SSZ"复选框，❹单击"确定"按钮，如下图所示。

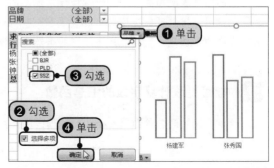

步骤07 查看筛选后的图表。可看到数据透视图中显示了筛选出的信息，即SSZ品牌的保暖内衣由杨建军、张秀国和钟燕销售，并且在北京、成都和上海地区均有销售，如下图所示。

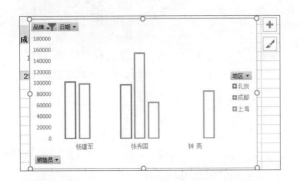

步骤08 清除筛选。❶切换至"数据透视图工具 - 分析"选项卡，❷单击"清除"按钮，❸在展开的列表中单击"清除筛选"选项，如下图所示。

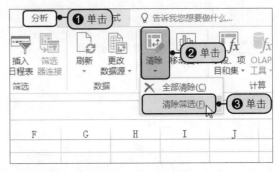

步骤09 设置日期筛选条件。❶单击"日期"按钮，❷在展开的下拉列表中勾选"选择多项"复选框，❸在上方勾选2015年3月11日至3月16日的复选框，❹单击"确定"按钮，如下图所示。

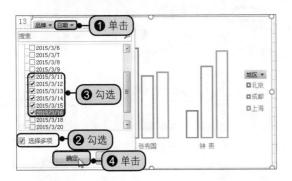

步骤10 查看筛选后的数据透视图。此时可看到数据透视图中显示了筛选出的信息，即2015年3月11日至3月16日这段时间内3款保暖内衣的销售信息，如下图所示。

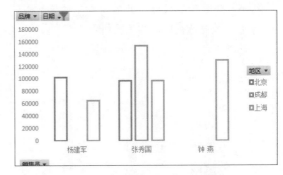

专家支招

1 数据透视表刷新后外观改变或无法刷新的处理方法

数据透视表刷新后，外观改变或无法刷新时，处理的方法有两种：一种是检查源数据库的可用性，确保仍然可连接外部数据库并且能查看数据；另一种是检查源数据库的更改情况，如果报表基于 OLAP 数据库中的源数据，就可能是更改了服务器上多维数据集中的可用数据。

2 能否更改计算字段的汇总函数

计算字段的汇总函数是 Excel 自动预设的，用户无法手动更改计算字段的汇总函数。

3　刷新或更改数据透视表布局时格式丢失的解决办法

刷新或更改数据透视表报表布局时格式丢失，用户可以从以下3个方面着手处理。

（1）检查保留格式设置：右击数据透视表中的任一单元格，在弹出的快捷菜单中单击"数据透视表选项"命令，弹出"数据透视表选项"对话框，切换至"布局和格式"选项卡，在"格式"组中勾选"更新时保留单元格格式"复选框，最后单击"确定"按钮保存。

（2）单元格边框没有保留：在更改布局或刷新数据透视表报表时，系统并不会保留对单元格边框所做的更改。

（3）条件格式失效：试图对数据透视表报表的单元格应用条件格式，就可能会导致不可预料的结果。

第12章

条件格式工具

条件格式是 Excel 为用户提供的以醒目方式突出关键信息的方式，通过它能直观地查看和分析数据，发现数据的关键问题及变化趋势等。

12.1 根据特征设置条件格式

条件格式即基于条件更改单元格区域的外观样式。这里所说的条件可以是用户设置的大于、等于或小于某个值的数据，或是介于某个范围内的数据，或是位于所有数据的前*n*位或后*n*位等，可以使用条件格式中的"突出显示单元格规则"和"项目选取规则"来实现。

12.1.1 突出显示单元格规则

突出显示单元格规则是 Excel 为用户提供的给定大于、小于、介于等条件的规则，用户只需指定相应的数值即可设置条件格式规则。突出显示单元格规则包括大于、小于、介于、等于、文本包含、发生日期、重复值等。

原始文件： 下载资源\实例文件\第12章\原始文件\突出显示单元格规则.xlsx
最终文件： 下载资源\实例文件\第12章\最终文件\突出显示单元格规则.xlsx

扫码看视频

步骤01 选中区域。打开原始文件，选中单元格区域C4:C14，如下图所示。

	A	B	C	D	E	F
1		销售员业绩统计表				
2		制表时间：3月				
3	序号	销售员	业绩额（元）			
4	1	刘明	¥ 156,547.00			
5	2	王五	¥ 325,461.00			
6	3	洪十	¥ 254,825.00			
7	4	李三	¥ 124,554.00			
8	5	张四	¥ 168,487.00			
9	6	刘卫	¥ 254,152.00			
10	7	陈七	¥ 165,554.00			
11	8	何九	¥ 325,165.00			
12	9	陈非	¥ 324,879.00			
13	10	洛艳	¥ 168,974.00			
14	11	赵照	¥ 135,488.00			

选择

步骤02 突出显示单元格规则。❶在"开始"选项卡的"样式"组中单击"条件格式"按钮，❷在展开的列表中单击"突出显示单元格规则>介于"选项，如下图所示。

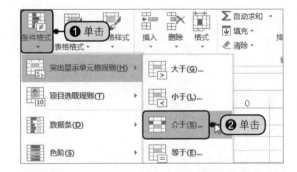

💡 **知识补充**

如果要在已运用突出显示单元格规则的数据中再以其他色彩突出显示符合另外条件的数值，可以再次选择数据区域，再使用突出显示单元格规则来突出显示符合条件的数值，原单元格中突出的数据不会发生变化，也就是说条件格式是可以嵌套使用的。

步骤03 设置突出显示条件。弹出"介于"对话框，❶在左侧文本框中输入"200000"，右侧文本框中输入"300000"，❷在"设置为"下拉列表中选择"绿填充色深绿色文本"选项，如下图所示。

步骤04 查看突出显示的单元格数据。单击"确定"按钮，返回工作表中，即可看到以绿色文本突出显示的200000～300000之间的业绩额数值，如下图所示。

12.1.2　项目选取规则

项目选取规则是将所选数据区域的每个数据作为一个项目，并从高到低进行排序，然后根据需要从中选取排名靠前10项、靠后10项、高于平均值或低于平均值的数据项等。

原始文件：下载资源\实例文件\第12章\原始文件\项目选取规则.xlsx
最终文件：下载资源\实例文件\第12章\最终文件\项目选取规则.xlsx

扫码看视频

步骤01 选择区域。打开原始文件，选中单元格区域C4:C14，如下图所示。

步骤02 项目选取规则。❶单击"条件格式"按钮，❷在展开的列表中选择"项目选取规则>高于平均值"选项，如下图所示。

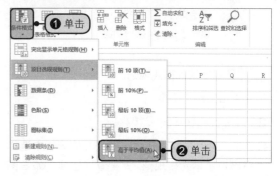

步骤03 设置条件。弹出"高于平均值"对话框，❶在"设置为"下拉列表中选择所需格式，❷单击"确定"按钮，如右图所示。

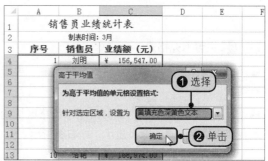

步骤04 显示填充效果。此时所选数据中高于平均值的数值均以指定格式突出显示，如右图所示。

	A	B	C	D	E	F
1	销售员业绩统计表					
2	制表时间：3月					
3	序号	销售员	业绩额（元）			
4	1	刘明	¥ 156,547.00			
5	2	王五	¥ 325,461.00			
6	3	洪十	¥ 254,825.00			
7	4	李三	¥ 124,554.00			
8	5	张四	¥ 168,487.00			
9	6	刘卫	¥ 254,152.00		符合条件的数据	
10	7	陈七	¥ 165,554.00			
11	8	何九	¥ 325,165.00			
12	9	陈非	¥ 324,879.00			

实例精练——
标示重复的订单号

订单号是每次订货后得到的编号，通过该编号可以查阅订单信息，因此一个公司的所有订单号不应该也不会出现重复。假设已存订单表格中填写了订单号及订购货物，可以使用条件格式的突出显示单元格规则快速找出表格中的重复订单号，完成后的最终效果如下图所示。

最终效果

	A	B	C	D	E	F
1	订单统计表					
2	制表时间：3月					
3	序号	订单号	订购货物	金额	联系人	联系电话
4	1	TK20130301256	短靴	¥ 178.00	刘鹏	135****8745
5	2	TK20130301278	长毛长靴	¥ 256.00	王蓉	136****8954
6	3	TK20130303214	毛呢大衣	¥ 325.00	刘飞	135****6355
7	4	TK20130303568	短靴	¥ 189.00	赵艳	135****4785
8	5	TK20130304875	短靴	¥ 220.00	陈秋	135****3256
9	6	TK20130304124	长毛长靴	¥ 196.00	何兰	135****9658
10	7	TK20130301256	毛呢大衣	¥ 186.00	陈峰	137****4254
11	8	TK20130305230	毛呢大衣	¥ 158.00	刘昊	136****6254
12	9	TK20130305142	毛呢大衣	¥ 325.00	陈宇	136****8522
13	10	TK20130301256	短靴	¥ 124.00	郝哲	137****5421
14	11	TK20130304124	长毛长靴	¥ 198.00	郑熙	139****3256
15	12	TK20130305987	毛呢大衣	¥ 368.00	刘毅	139****2145
16	13	TK20130306268	长毛长靴	¥ 125.00	陈明	147****9658

原始文件：下载资源\实例文件\第12章\原始文件\订单统计表.xlsx
最终文件：下载资源\实例文件\第12章\最终文件\订单统计表.xlsx

扫码看视频

步骤01 选择条件格式规则。

打开原始文件。

❶选中单元格区域B4:B16。

❷单击"条件格式"按钮。在展开的列表中选择"突出显示单元格规则>重复值"选项。如右图所示。

步骤02 设置填充格式。

❶弹出"重复值"对话框，保留默认设置，单击"确定"按钮。

❷返回工作表中，可看到此时所选单元格区域的重复值以指定的格式突出显示。如右图所示。

12.2 使用内置的单元格图形效果

在单元格中分析数据时，除了突出关键信息外，还可以将单元格中的数据转换为简单的图案，让数据显示更直观。Excel 2016 为用户提供了数据条、色阶和图标集 3 种内置的单元格图形效果，可以将数据到图形的转换变得更简单。

12.2.1 数据条

数据条以所选数据组中的最大值作为数据条形的总长度，其余数据按比例进行缩短显示。它仅能对一些差异过大的数据进行直观分析，一旦数据的差异不大，就会出现数据反映不准确的问题。Excel 2016 中提供的数据条有渐变填充和实心填充两类，共 12 种。

原始文件： 下载资源\实例文件\第12章\原始文件\数据条.xlsx
最终文件： 下载资源\实例文件\第12章\最终文件\数据条.xlsx

扫码看视频

步骤01 选择区域。打开原始文件，选中要应用数据条的单元格区域，如选择单元格区域 C4:C15，如下图所示。

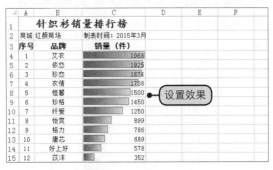

步骤03 应用数据条效果。返回工作表，可看到所选单元格区域的数值以选定的数据条样式反映了出来，如下图所示。

步骤02 选择数据条样式。❶单击"条件格式"按钮，❷在展开的列表中单击"数据条"选项，❸选择所需数据条样式，如下图所示。

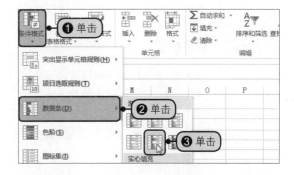

> **💡 知识补充**
>
> 如果希望显示数据条的单元格不显示相应的数据，可以单击"条件格式"按钮，在展开的下拉列表中执行"数据条 > 其他规则"命令，弹出"新建格式规则"对话框，在"编辑规则说明"列表框中勾选"仅显示数据条"复选框即可。如果要更改条形图的方向，就在"条形图方向"下拉列表中选择所需方向。

12.2.2 色阶

色阶是以两种或三种色彩渐变来显示数据变化的方法。Excel 2016 中提供了 12 种预置色阶，由两种或三种颜色的渐变得到。

步骤01 选择色阶样式。打开原始文件，选中单元格区域C4:C15，❶单击"条件格式"按钮，❷在展开的列表中选择"色阶>红、黄、绿色阶"选项，如下图所示。

步骤02 应用色阶效果。此时所选单元格区域即应用了所选色阶样式，以红色显示高值，以黄色显示中间值，以绿色显示最低值，而以两种颜色的渐变显示高值与中间值、中间值与低值之间的数据，如下图所示。

12.2.3 图标集

图标集是 Excel 为用户提供的按阈值将数据分为 3 ～ 5 个范围类别，并用相应个数的图标代表一个范围类别的注释方法。它可以快速将数据分区，让用户更好地观察数据分布情况，如图标集中的"三向箭头"可以将数据划分为高、中、低 3 个范围，并以绿色上箭头表现高范围数据，以黄色水平箭头表现中间范围数据，以红色下箭头表现低范围数据。

步骤01 选择图标集样式。打开原始文件，选中要应用图标集样式的单元格区域，❶单击"条件格式"按钮，❷在展开的列表中选择"图标集>三向箭头"选项，如下图所示。

步骤02 应用图标集效果。此时在所选单元格区域中应用了三向箭头图标集，如下图所示。

12.3 自定义条件格式

内置的条件样式只能满足部分用户的需求，如果用户需要更多的条件样式，可以通过"新建格式规则"来创建。在自定义条件格式时，既可以自定义条件格式的显示样式，也可以使用公式来自定义条件格式。

12.3.1 自定义条件格式显示样式

自定义条件格式显示样式即使用"新建规则"功能，根据需要自定义单元格的格式、数据条的颜色、色阶的颜色以及图标集的图标显示等。

自定义单元格格式

条件格式的默认格式有浅红填充色深红色文本、黄填充色深黄色文本、浅红色填充、红色文本和红色边框。用户如果希望以其他色彩来突出显示数据，就需要在添加条件格式时自定义单元格格式。

原始文件：下载资源\实例文件\第12章\原始文件\自定义单元格格式.xlsx
最终文件：下载资源\实例文件\第12章\最终文件\自定义单元格格式.xlsx

步骤01 新建规则。打开原始文件，❶选中要应用条件格式的单元格区域，❷单击"条件格式"按钮，❸在展开的下拉列表中单击"新建规则"选项，如下图所示。

步骤02 设置条件格式。弹出"新建格式规则"对话框，❶在"选择规则类型"列表框中单击"只为包含以下内容的单元格设置格式"选项，❷将条件设置为"单元格值大于或等于90"，❸单击"格式"按钮，如下图所示。

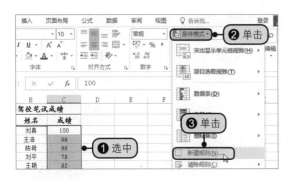

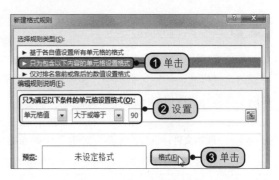

步骤03 设置字体格式。弹出"设置单元格格式"对话框，在"字体"选项卡中设置"字形"为"加粗"、"字体颜色"为"橙色"，如右图所示。

步骤04 设置填充颜色。❶切换至"填充"选项卡，❷在"背景色"颜色列表中选择所需颜色，如选择"蓝色"，如下图所示。

步骤05 确认格式设置。单击"确定"按钮，返回"新建格式规则"对话框，在"预览"区中预览设置的格式效果，确认后单击"确定"按钮，如下图所示。

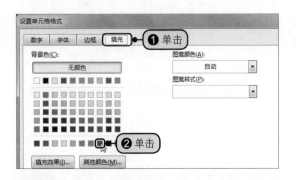

步骤06 查看自定义单元格格式后的效果。返回工作表，可以看到所选单元格区域中符合条件的数值单元格以设置的格式显示，如右图所示。

 知识补充

　　设置各种条件格式规则的单元格格式均可以在"选择规则类型"列表框中选择所需规则，接着在"编辑规则说明"下拉列表中设置规则条件，然后单击"格式"按钮设置单元格内数值的数字、字体、边框和填充格式。

	A	B	C	D	E
1	第10期驾校笔试成绩				
2	准考证号	姓名	成绩		
3	201510001	刘真	100		
4	201510002	王浩	98		
5	201510003	陈奇	96		
6	201510004	刘平	78		
7	201510005	王艳	92		
8	201510006	陈飞	93		
9	201510007	洛艳	91		
10	201510008	何昊	85		
11	201510009	陈强	98		
12	201510010	王刚	78		
13	201510011	郑恋	75		
14	201510012	何熙	89		
15	201510013	刘琴	96		

2 自定义条件格式样式

　　条件格式中提供的数据条、色阶和图标集样式每个都有 10 余种，如果用户觉得对内置的样式不满意，可以自定义样式，如定义数据条、色阶的最小值和最大值、图标集的阈值以及图标集的图标样式等。下面以设置图标集阈值和图标为例进行介绍。

原始文件： 下载资源\实例文件\第12章\原始文件\自定义条件格式样式.xlsx
最终文件： 下载资源\实例文件\第12章\最终文件\自定义条件格式样式.xlsx

扫码看视频

步骤01 新建规则。打开原始文件，❶选中要应用图标集样式的单元格区域，❷单击"条件格式"按钮，❸在展开的列表中单击"新建规则"选项，如右图所示。

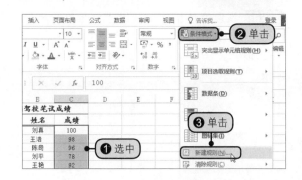

步骤02 选择规则类型和格式样式。❶在"选择规则类型"列表框中选择"基于各自值设置所有单元格的格式"选项，❷在"格式样式"下拉列表中选择"图标集"选项，如右图所示。

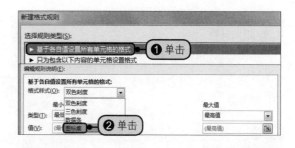

步骤03 设置图标样式。❶在"根据以下规则显示各个图标"选项组中将第1个图标设置为绿色圆圈，并将右侧的"类型"设置为"数字"，"值"设置为"90"，然后将第2个、第3个图标设置为"无单元格图标"，❷设置完成后单击"确定"按钮，如下图所示。

步骤04 查看应用自定义图标集样式后的效果。返回工作表中，可以看到所选单元格区域90及以上的分数左侧均标上了绿色圆形，如下图所示。

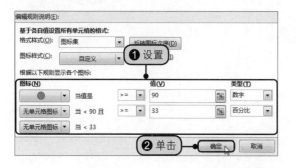

12.3.2 使用公式自定义条件格式

如果条件格式的条件需要用户进行计算、比较才能设置，如利用条件格式来创建表格中的生日提醒，通常就需要使用公式来自定义条件格式。

扫码看视频

步骤01 选中单元格区域。打开原始文件，选中要应用条件格式的单元格区域，如下图所示。

步骤02 设置条件公式。打开"新建格式规则"对话框，❶在"选择规则类型"列表框中选择"使用公式确定要设置格式的单元格"选项，❷在"为符合此公式的值设置格式"文本框中输入用于判断的计算公式，❸单击"格式"按钮，如下图所示。

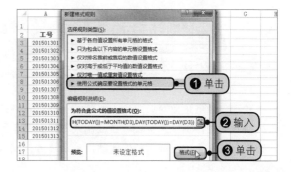

💡 知识补充

步骤 02 中的公式为 "=AND(MONTH(TODAY())=MONTH(D3),DAY(TODAY())=DAY(D3))"，其中 AND 为逻辑与函数，用于判断两个表达式结果均为真，其结果才为真，MONTH 和 DAY 函数为提取月份和天数的函数。

步骤03 设置字体格式。弹出"设置单元格格式"对话框，在"字体"选项卡中将"字形"设置为"加粗倾斜"，"字体颜色"设置为"橙色"，如下图所示。

步骤04 设置填充颜色。❶切换至"填充"选项卡，❷在"背景色"颜色列表中选择所需颜色，如选择"浅蓝"，如下图所示，单击"确定"选项。

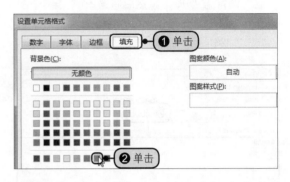

步骤05 确认条件格式设置。返回"新建格式规则"对话框，在"预览"区中可以预览设置的格式效果，单击"确定"按钮，如下图所示。

步骤06 查看应用公式条件格式后的效果。返回工作表，可以看到所选"生日"单元格区域中没有与当前日期的月、日相同的单元格，如下图所示。

	A	B	C	D	E	F
1	员 工 资 料 表					
2	工号	姓名	年龄	生日	联系电话	
3	201501301	刘真	31	3月7日	138****8794	
4	201501302	王浩	31	1月28日	135****4879	
5	201501303	陈奇	30	2月5日	135****5974	
6	201501304	刘平	24	1月28日	135****2547	
7	201501305	王艳	24	3月5日	134****1475	
8	201501306	陈飞	21	7月1日	134****5897	
9	201501307	洛艳	21	1月28日	135****1456	
10	201501308	何昊	20	1月27日	135****9874	
11	201501309	陈强	18	1月28日	139****8574	
12	201501310	王刚	31	3月2日	139****8522	
13	201501311	郑忘	20	1月2日	139****1524	
14	201501312	何熙	26	1月5日	139****1478	
15	201501313	刘琴	29	1月2日	132****1987	

实例精练——
动态显示业绩最高分

业绩评分是企业对员工个人业绩情况的评定，如果想要快速找出每个部门的业绩最高分，可以使用公式自定义条件格式来实现。当应用条件格式的单元格中重新输入的业绩评分为最高分时，该数值就会代替现有的最高分，成为新的业绩评分最高分，完成后的最终效果如下图所示。

最终效果

	A	B	C
1		业绩评分表	
2	部门：销售	制表时间：2015年3月	
3	序号	姓名	业绩评分
4	1	刘真	88.9
5	2	王浩	98.2
6	3	陈奇	78.5
7	4	刘平	85.4
8	5	王艳	98.4
9	6	陈飞	86.5
10	7	洛艳	78.2
11	8	何昊	88.6
12	9	陈强	*98.5*
13	10	王刚	78.5
14	11	郑恋	88.6
15	12	何熙	68.5

	A	B	C
1		业绩评分表	
2	部门：销售	制表时间：2015年3月	
3	序号	姓名	业绩评分
4	1	刘真	88.9
5	2	王浩	98.2
6	3	陈奇	78.5
7	4	刘平	85.4
8	5	王艳	*98.7*
9	6	陈飞	86.5
10	7	洛艳	78.2
11	8	何昊	88.6
12	9	陈强	98.5
13	10	王刚	78.5
14	11	郑恋	88.6
15	12	何熙	68.5

步骤01 设置条件格式公式。

打开原始文件。

❶选中单元格区域C4:C15。

❷打开"新建格式规则"对话框，单击"使用公式确定要设置格式的单元格"选项。

❸在文本框中输入公式"=MAX(C:C)=C4"。

❹然后单击"格式"按钮。如右图所示。

步骤02 设置填充格式。

❶弹出"设置单元格格式"对话框，将"字形"设置为"加粗倾斜"。

❷将"字体颜色"设置为"红色"。

❸单击"确定"按钮，返回工作表中，可以看到所选单元格区域中的最高值以指定格式突出显示出来。如右图所示。

12.4 管理条件格式

如果已为数据单元格区域应用了条件格式，但该条件格式不符合需求时，用户无需重新创建条件格式，可以使用管理规则功能，对条件格式进行新建、编辑、删除等操作。

12.4.1 更改条件格式

单元格中数值的最高值与最低值差异过大时，使用数据条内置样式就会出现表达不准确的问题。想要解决这个问题，可以将差异过大的低值忽略，即重新设置数据条的最高值和最低值，让数据条的显示更精确。

原始文件： 下载资源\实例文件\第12章\原始文件\更改条件格式.xlsx
最终文件： 下载资源\实例文件\第12章\最终文件\更改条件格式.xlsx

步骤01 管理规则。打开原始文件，❶单击"条件格式"按钮，❷在展开的列表中单击"管理规则"选项，如下图所示。

步骤02 选择显示当前工作表的格式规则。弹出"条件格式规则管理器"对话框，在"显示其格式规则"下拉列表中选择"当前工作表"选项，如下图所示。

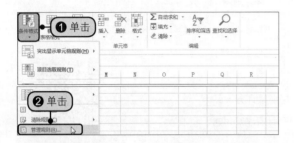

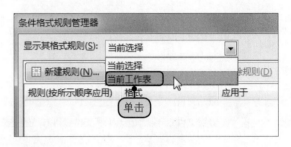

步骤03 编辑规则。在"规则（按所示顺序应用）格式"列表框中显示当前工作表中所有条件格式规则，❶选择要更改的条件格式规则，❷单击"编辑规则"按钮，如下图所示。

步骤04 设置条件格式值的类型和大小。弹出"编辑格式规则"对话框，将"最小值"的"类型"设置为"数字"，"值"设置为"1000"，"最大值"的"类型"设置为"最高值"，如下图所示。

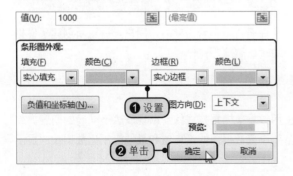

步骤05 设置条形图外观。❶将"条形图外观"的"填充"设置为"实心填充"，"颜色"设置为"橙色"，"边框"设置为"实心边框"，"颜色"设置为"橙色"，❷设置完成后单击"确定"按钮，如下图所示。

步骤06 查看更改后的条件格式效果。返回工作表，可以看到单元格中已应用更改后的条件格式效果，如下图所示。

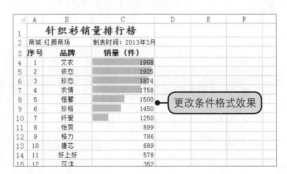

12.4.2　查找条件格式

在单元格中应用条件样式，一般仅以特定格式显示符合条件的单元格，不符合条件的则以默认格式显示。如果希望快速查找哪些单元格应用了条件格式，就可以使用"查找和选择"功能中的"条件格式"来查找。

 原始文件：下载资源\实例文件\第12章\原始文件\查找条件格式.xlsx

最终文件：无

扫码看视频

步骤01 查找条件格式。打开原始文件，❶在"开始"选项卡的"编辑"组中单击"查找和选择"按钮，❷在展开的列表中单击"条件格式"选项，如下图所示。

步骤02 查看查找后的条件格式应用范围。此时当前工作表中应用了条件格式的单元格均被选中，如下图所示。

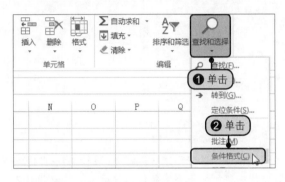

12.4.3　删除条件格式

当不再需要某个单元格区域中的条件格式规则时，可以将其清除，既可以清除单个的所选条件格式规则，也可以快速清除当前工作表中的所有条件格式规则。下面以删除工作表中所有条件格式规则为例进行介绍。

 原始文件：下载资源\实例文件\第12章\原始文件\删除条件格式.xlsx

最终文件：下载资源\实例文件\第12章\最终文件\删除条件格式.xlsx

扫码看视频

步骤01 清除规则。打开原始文件，❶单击"条件格式"按钮，❷在展开的下拉列表中执行"清除规则>清除整个工作表的规则"选项，如下图所示。

步骤02 删除条件格式后的效果。此时工作表中应用的所有条件格式规则均被清除，如下图所示。

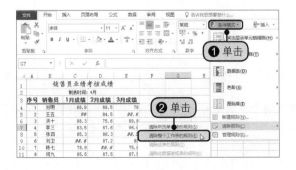

243

专家支招

1 "如果为真则停止"规则的应用

"如果为真则停止"规则一般用于在特定规则处停止规则评估，可以实现与不支持多个条件格式规则的 Excel 早期版本向后兼容性。例如，工作表中有多个条件格式规则，在 Excel 2007 之前的版本中将优先应用最后一个规则，若应用前面的规则，则要勾选"如果为真则停止"复选框，如下图所示。

2 调整条件格式的优先级

在同一个单元格区域应用多个条件格式规则时，会自动根据"条件格式管理器"中列出的条件格式规则顺序为优先级别设置，即列表中上方的条件格式规则优先于列表下方的条件格式规则。若要调整条件格式的优先级，则可以在"条件格式规则管理器"对话框的规则列表中选择要调整优先级的条件格式规则，单击"上移"或"下移"按钮进行调整，如下图所示。

3 条件格式与单元格格式的优先顺序

条件格式优先于单元格格式，即当条件格式规则为真时，单元格应用条件格式规则设置的格式，反之应用手动设置的单元格格式。而删除条件格式规则时，会自动保留手动设置的单元格格式。

4 将条件格式转换为普通单元格格式

若要将符合条件格式规则而设置的单元格格式转换为普通单元格格式，使用复制、粘贴格式无法实现，重新设置又比较麻烦，则可以将 Word 作为转换中介，即将带有条件格式规则的单元格区域复制到 Word 文档中，然后再从 Word 文档中将其复制回来。

第13章

数据分析工具和数据的批处理

Excel 提供了许多分析数据、制作报表、数据运算、工程规划、财政预算等方面的分析工具，为工程计算、金融分析、财政结算及教学辅助等方面的工作提供了许多便利。

13.1 数据审核

Excel 提供了数据验证功能，可以帮助用户在录入与分析数据时对单元格中的数据是否有效进行判断。当数据无效时，Excel 会阻止其录入到单元格中，或是将其用指定的标记突显出来。

13.1.1 数据有效性验证

数据验证功能可以从多个方面来限制单元格接收的数据内容，如限制单元格数值范围、日期范围、唯一值、内容长度以及单元格的固定项目值等。数据验证的设置方法相似，只是设置的值不同而已，下面以设置单元格的有效数据范围、内容长度、唯一值和固定项目为例进行介绍。

1 限制单元格数值范围

要限制所选单元格的数值范围，可以通过在"数据验证"对话框的"允许"条件中选择"整数"和"小数"来设置，可以设置大于、小于某个数据，或是介于某两个数据之间的数据为有效数据。

原始文件： 下载资源\实例文件\第13章\原始文件\输入1～100之间的有效分数.xlsx
最终文件： 下载资源\实例文件\第13章\最终文件\输入1～100之间的有效分数.xlsx

扫码看视频

步骤01 选择待设置的单元格区域。打开原始文件，用鼠标选中单元格区域C3:C12和F3:F12，如下图所示。

步骤02 启动数据验证。切换至"数据"选项卡，❶在"数据工具"组中单击"数据验证"下三角按钮，❷在展开的列表中单击"数据验证"选项，如下图所示。

	A	B	C	D	E	F
1		驾校笔试成绩表（100分制）				
2	序号	姓名	分数	序号	姓名	分数
3	1	刘明		11	郑昊	
4	2	王五		12	何英	
5	3	黄三		13	黄明	
6	4	陈艳		14	选择	
7	5	何宇		15	周润	
8	6	刘宗		16	郑丰	
9	7	王刚		17	刘凤	
10	8	洛凤		18	何琳	
11	9	陈哲		19	郝枫	
12	10	王镁		20	陈鹏	

步骤03 设置验证条件。弹出"数据验证"对话框，在"设置"选项卡中设置"允许"为"小数"、"数据"为"介于"、"最小值"和"最大值"分别为"0"和"100"，如下图所示，设置完成后单击"确定"按钮。

步骤04 验证输入数据。返回工作表中，在所选单元格区域输入0～100之间的数据，可以是小数，也可以是整数，会发现如果输入的数据不在这个数值范围内，将弹出提示框，提示数据不匹配，要求用户进行修改，如下图所示。

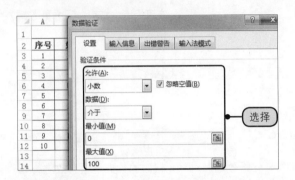

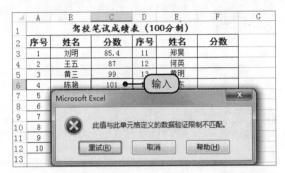

> **💡 知识补充**
>
> 要限制单元格内输入的数值为某个范围的整数，只需将实例中的"允许"设置为"整数"即可。要将数据限制在某个日期范围内，只需将"允许"设置为"日期"即可。

2 限制单元格数据长度

在录入员工编号、身份证号码、银行账号这类数据时，由于数据较长，容易出现漏位的情况，此时可以使用"数据验证"功能限制接收数据的单元格长度，一旦数据长度不足或超出，均会出现警告提示，能有效防止漏位情况的发生。

原始文件： 下载资源\实例文件\第13章\原始文件\输入固定长度的银行账号.xlsx
最终文件： 下载资源\实例文件\第13章\最终文件\输入固定长度的银行账号.xlsx

扫码看视频

步骤01 设置数据验证条件。打开原始文件，❶选中银行账号所在单元格区域，❷打开"数据验证"对话框，设置"允许"为"文本长度"、"数据"为"等于"、"长度"为"15"，如下图所示。

步骤02 验证数据是否有效。单击"确定"按钮，返回工作表中，在设置了数据有效性的单元格中输入银行账号，可以发现一旦输入的账号长度少于或多于15个字符，就会弹出提示框进行警告，如下图所示。

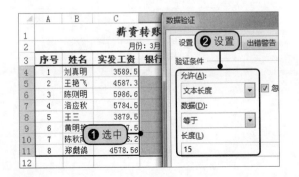

3 限制单元格接收唯一值

在公司数据管理中，有一些数据是唯一的，如员工编号、身份证号码、银行账号以及客户的会员编号等，因此在制作这类数据表格时也可以使用"数据验证"功能，限制单元格接收的数据为唯一值，如果出现重复值将弹出警告提示。

原始文件： 下载资源\实例文件\第13章\原始文件\输入不重复会员编号.xlsx
最终文件： 下载资源\实例文件\第13章\最终文件\输入不重复会员编号.xlsx

步骤01 设置验证条件。打开原始文件，❶选中会员编号所在的单元格区域，❷打开"数据验证"对话框，设置"允许"为"自定义"选项，❸在"公式"文本框中输入"=COUNTIF(D:D,D3)=1"，如下图所示。

步骤02 验证数据是否有效。单击"确定"按钮，返回工作表中，在会员编号所在列中输入会员编号，一旦输入的编号为当前列中已有的编号，就将弹出提示框进行警告，如下图所示。

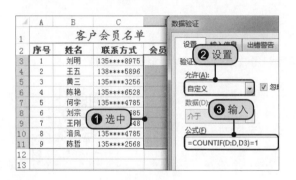

4 限制单元格的固定值

在录入数据时，还可能遇到在同一个字段中只输入几个固定值的情况，如员工所属部门、公司销售点等，为了保证快速有效地录入这类数据，也可以使用"数据验证"来限制单元格的值，方便用户选择输入所需数据。

原始文件： 下载资源\实例文件\第13章\原始文件\输入员工所属部门.xlsx
最终文件： 下载资源\实例文件\第13章\最终文件\输入员工所属部门.xlsx

步骤01 设置序列选项。打开原始文件，❶选中所属部门字段所在列区域，❷打开"数据验证"对话框，设置"允许"为"序列"，在"来源"文本框中输入公司所有的部门字段，以半角状态的逗号隔开，如右图所示。

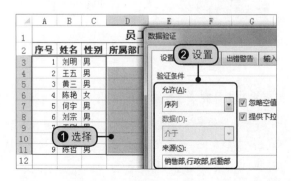

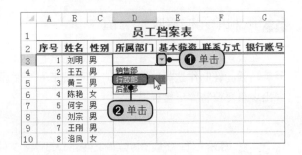

步骤02 选择输入数据。单击"确定"按钮，返回工作表中，❶单击"所属部门"字段列右侧的下三角按钮，❷在展开的列表中选择待输入的部门，如右图所示，即可将所选项目快速输入到当前单元格中。

💡 **知识补充**

当在设置数据验证的单元格中输入无效数据时，会自动弹出 Microsoft Excel 提示框进行警告，如果用户希望该提示框中的内容符合实际需要，可以在设置数据有效性时切换至"出错警告"选项卡，在其中设置出错警告样式、标题和提示文本信息。其中警告样式有 3 种，分别为停止（阻止数据输入）、警告（提示用户，并可根据需要接收或拒绝数据）和信息（仅给出提示信息，不做阻止操作）。

13.1.2　圈释无效数据

对于已经输入的数据，也可以设置其有效性，然后利用数据验证中的"圈释无效数据"功能将工作表中的无效数据以红色椭圆标记出来。

原始文件：下载资源\实例文件\第13章\原始文件\圈释无效数据.xlsx
最终文件：无

扫码看视频

步骤01 圈释无效数据。打开原始文件，❶在"数据工具"组中单击"数据验证"下三角按钮，❷在展开的列表中单击"圈释无效数据"选项，如下图所示。

步骤02 显示圈释出的无效数据效果。此时工作表中的无效数据以红色椭圆圈释突出显示，如下图所示。

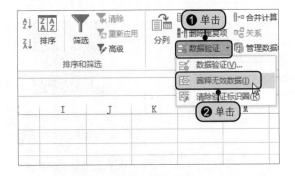

💡 **知识补充**

要取消无效数据突出显示，可以使用多种方法：一是直接将无效数据更改为有效数据；二是再次单击"数据验证"下三角按钮，在展开的下拉列表中选择"清除验证标识圈"选项；三是将工作簿进行保存，也可以直接取消验证标识圈。

实例精练——
对客户资料表设置有效性验证并录入数据

客户资料表是统计公司客户信息的表格，一般包括客户名称、地址、客户电话、接待人员、登记时间等字段。要想快速输入有效数据，可以事先为数据单元格设置数据验证信息。假设当前日期为2015/11/18，圈出登记时间早于当前日期的单元格，完成后的最终效果如下图所示。

最终效果

原始文件：下载资源\实例文件\第13章\原始文件\客户资料表.xlsx
最终文件：下载资源\实例文件\第13章\最终文件\客户资料表.xlsx

 启动数据验证设置。

打开原始文件。

❶选中单元格区域F3:F12。

❷在"数据工具"组中单击"数据验证"下三角按钮。

❸在展开的列表中单击"数据验证"选项。如右图所示。

步骤02 设置数据验证条件。

❶设置"允许"为"日期"，"数据"为"大于或等于"，"开始日期"为"2015/11/18"。

❷设置完成后单击"确定"按钮，在F列中输入登记时间，一旦输入的日期早于当前日期，将弹出警告提示框。如右图所示。

13.2　模拟分析

模拟运算表是对工作表中一个单元格区域中的数据进行模拟运算，测试使用一个或两个变量的公式时变量对运算结果的影响。

13.2.1 单变量模拟运算表

单变量模拟运算是指计算公式中有一个因素值是变化的，其余因素值相对固定，常用来计算贷款中等额还款方式下的不同期限的还款额等。

原始文件： 下载资源\实例文件\第13章\原始文件\单变量模拟运算表.xlsx
最终文件： 下载资源\实例文件\第13章\最终文件\单变量模拟运算表.xlsx

扫码看视频

步骤01 插入函数。打开原始文件，❶选中单元格E2，❷单击编辑栏中的"插入函数"按钮，如下图所示。

步骤02 选择函数。弹出"插入函数"对话框，❶设置"或选择类别"为"财务"，❷在"选择函数"列表框中双击"PMT"函数，如下图所示。

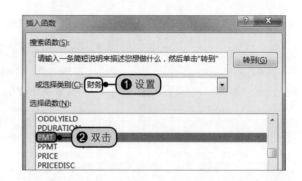

步骤03 设置函数参数。弹出"函数参数"对话框，设置Rate为"B2/12"、Nper为"B3*12"、Pv为"-B1"、Fv为"0"、Type为"0"，如下图所示，设置完成后单击"确定"按钮。

步骤04 启用模拟运算表。返回工作表中，❶选中单元格区域D2:E13，❷切换至"数据"选项卡，单击"模拟分析"按钮，❸在展开的列表中单击"模拟运算表"选项，如下图所示。

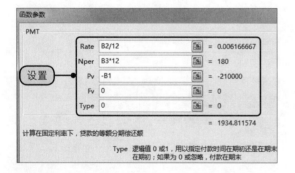

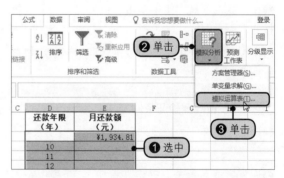

步骤05 设置模拟运算参数值。弹出"模拟运算表"对话框，根据变化因素所处位置判断设置"输入引用行的单元格"还是"输入引用列的单元格"。❶这里变化的年数位于列中，因此在"输入引用列的单元格"文本框中输入"$B$3"，表明计算公式中的年数是变化的，❷设置完成后单击"确定"按钮，如右图所示。

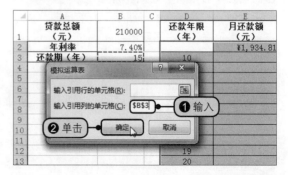

步骤06 显示模拟运算结果。返回工作表，在E列中显示了计算出的不同还款年限的月还款额，如右图所示。注意在进行模拟运算时，所选区域必须包括计算公式及变化值。

E11		:	×	✓	fx	{=TABLE(,B3)}

	A	B	C	D	E	F
1	贷款总额（元）	210000		还款年限（年）	月还款额（元）	
2	年利率	7.40%			¥1,934.81	
3	还款期（年）	15		10	2481.790501	
4				11	2329.937439	
5				12	2204.635955	
6				13	2099.744686	
7				14	2010.876023	
8				15	1934.811574	
9				16	1869.136826	
10				17	1812.004755	
11				18	1761.978233	
12				19	1717.922203	
13				20	1678.928198	

13.2.2 双变量模拟运算表

双变量模拟运算是指计算公式中的其他因素不变，只有两个因素在发生变化的目标值的情况，常用来解决投资中的收益计算等。

原始文件： 下载资源\实例文件\第13章\原始文件\双变量模拟运算表.xlsx
最终文件： 下载资源\实例文件\第13章\最终文件\双变量模拟运算表.xlsx

步骤01 使用函数计算收益额。打开原始文件，在单元格E3中输入"=PV(B3,B4,B2)"，如下图所示。

PMT		:	×	✓	fx	=PV(B3,B4,B2)

	A	B	C	D	E	F
1	投资收益计算					
2	每年投资（元）	3000		收益额	输入	
3	收益率（年）	4.50%		年	=PV(B3,B4,B2)	
4	投资年限	3		限	1	
5					2	

步骤02 选择要进行模拟运算的单元格区域。按【Enter】键计算出相应的年收益额，然后选中单元格区域E3:J9，如下图所示。

D	E	F	G	H	I	J
收益额		年投资额（元）				
年限（年）	-8246.89	3000	6000	10000	12000	15000
	1					
	2		选中			
	3					
	4					
	5					
	6					

步骤03 设置模拟运算参数。打开"模拟运算表"对话框，❶在"输入引用行的单元格"文本框中输入"$B$2"，在"输入引用列的单元格"文本框中输入"$B$4"，❷单击"确定"按钮，如下图所示。

	A	B	C	D	E	F	G
1	投资收益计算						
2	每年投资（元）	3000		收益额			年投资
3	收益率（年）	4.50%		年	-8246.89	3000	6000
4	投资年						

模拟运算表
输入引用行的单元格(R): $B$2 ❶ 输入
输入引用列的单元格(C): $B$4
❷ 单击 确定 取消

步骤04 显示模拟运算结果。返回工作表中，所选单元格区域显示了不同投资额度在每年的不同收益额，如下图所示。

fx	{=TABLE(B2,B4)}

D	E	F	G	H	I	J
收益额		年投资额（元）				
年限（年）	-8246.89	3000	6000	10000	12000	15000
	1	-2870.81	-5741.63	-9569.38	-11483.25	-14354.07
	2	-5618.00	-11236.01	-18726.68	-22472.01	-28090.02
	3	-8246.89	-16493.79	-27489.64	-32987.57	-41234.47
	4	-10762.58	-21525.15	-35875.26	-43050.31	-53812.89
	5	-13169.93	-26339.86	-43899.77	-52679.72	-65849.65
	6	-15473.62	-30947.23	-51578.72	-61894.47	-77368.09

13.2.3　单变量求解

单变量求解是求解具有一个变量的方程，通过调整可变单元格中的数值，使之按照给定的公式来满足目标单元格中的目标值。在 Excel 中求解单变量值可以通过以下方法来实现。

原始文件： 下载资源\实例文件\第13章\原始文件\单变量求解.xlsx
最终文件： 下载资源\实例文件\第13章\最终文件\单变量求解.xlsx

扫码看视频

步骤01 计算年偿还额。打开原始文件，在单元格B2中输入"=PMT(B1,B3,-B4)"，按【Enter】键，计算年偿还金额，如下图所示。

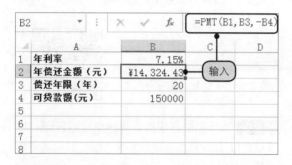

步骤02 单变量求解。❶在"数据"选项卡下单击"模拟分析"按钮，❷在展开的列表中单击"单变量求解"选项，如下图所示。

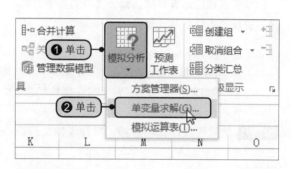

步骤03 设置单变量求解参数。弹出"单变量求解"对话框，❶在"目标单元格"后的文本框中输入"$B$2"，在"目标值"文本框中输入30000（假设年还款额为3万元），在"可变单元格"文本框中输入"$B$4"，❷单击"确定"按钮，如下图所示。

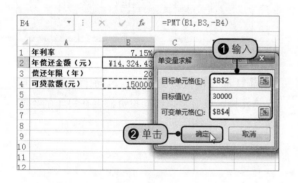

步骤04 查看求解结果。弹出"单变量求解状态"对话框，提示求得一个解，单击"确定"按钮，在单元格B4中计算出可贷款额，如下图所示，最后关闭该对话框。

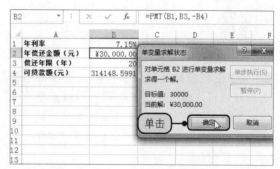

13.2.4　方案分析

方案是已命名的一组输入值，是 Excel 保存在工作表中并可用来自动替换工作表中模型的值，可以用来观察不同工作表模型的输出结果。

原始文件： 下载资源\实例文件\第13章\原始文件\方案分析.xlsx
最终文件： 下载资源\实例文件\第13章\最终文件\方案分析.xlsx

扫码看视频

步骤01 建立方案分析模型。打开原始文件，根据固定的销量和单价，分别使用乘、除运算符计算出各类工具刀的销售额、变动成本、贡献毛利和毛利率，如下图所示。

步骤02 启动方案管理器。❶在"数据"选项卡下单击"模拟分析"按钮，❷在展开的下拉列表中单击"方案管理器"选项，如下图所示。

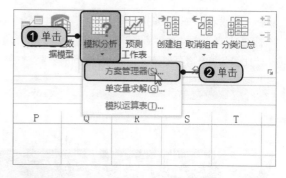

步骤03 添加方案。弹出"方案管理器"对话框，可看到该工作表中无方案，单击"添加"按钮，如下图所示。

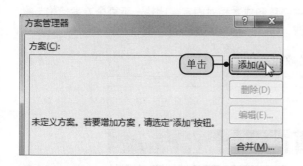

步骤04 设置方案。弹出"编辑方案"对话框，❶在"方案名"文本框中输入"方案1"，❷在"可变单元格"文本框中输入"$B$2"，如下图所示，最后单击"确定"按钮。

步骤05 设置方案变量值。弹出"方案变量值"对话框，❶在可变单元格文本框中输入变量值，如在"$B$2"文本框中输入"60"，❷单击"确定"按钮，如下图所示。

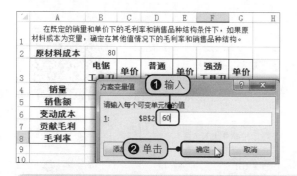

步骤06 选择待显示方案。返回"方案管理器"对话框，在"方案"列表框中显示添加的方案名，选中待显示的方案，如下图所示，然后单击"显示"按钮。

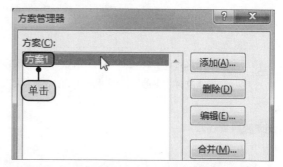

> ☀ **知识补充**
>
> 要修改方案值，可以在"方案管理器"对话框中选择要修改的方案，然后单击"编辑"按钮，在弹出的"方案变量值"对话框中即可轻松修改变量值。

步骤07 显示方案值。此时工作表中单元格B2的原材料成本值由80更改为60，模型表格中的变动成本、贡献毛利和毛利率也发生了变化，如右图所示。

> **知识补充**
>
> 如果表格中存在多种方案，可以借助"方案管理器"对话框中的"摘要"按钮创建方案摘要，以比较各种方案可变量以及变化值之间的差异，从而找出最好的方案。

A	B	C	D	E	F	G
在既定的销量和单价下的毛利率和销售品种结构条件下，如果原材料成本为变量，确定在其他值情况下的毛利率和销售品种结构。						
原材料成本	60					
	电锯工具刀	单价	普通工具刀	单价	强劲工具刀	单价
销量	300	200	200	150	80	300
销售额	60000		30000		24000	
变动成本	18000	60	12000	60	4800	60
贡献毛利	42000		18000		19200	
毛利率	70%		60%		80%	

实例精练—— 通过方案比较销售决策好坏

一个好的销售决策必须要有合理的价格、有效的宣传手段以及合理的销售渠道。假设某企业在追求利益最大化的前提下给出了几组销售方案，想要选出其中价格最合理、投入的宣传费用最小的一条，此时可以使用方案管理器创建方案摘要来比较。本例中销量和成本相对固定，比较一下哪个方案价格与投入宣传费用最合理，完成后的最终效果如下图所示。

最终效果

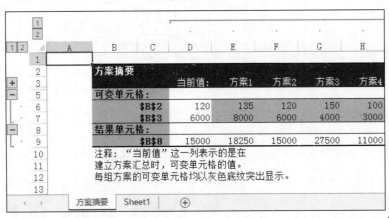

原始文件：下载资源\实例文件\第13章\原始文件\销售决策选取.xlsx
最终文件：下载资源\实例文件\第13章\最终文件\销售决策选取.xlsx

扫码看视频

步骤01 创建方案。

打开原始文件。

❶可看到工作表中的数据。

❷在"数据"选项卡下单击"模拟分析"按钮。

❸单击"方案管理器"选项。如右图所示。

步骤02 添加方案。

❶在"方案管理器"对话框中单击"添加"按钮。

❷在"方案名"文本框中输入"方案1"。

❸在"可变单元格"文本框中输入"$B$2:$B$3"。

❹单击"确定"按钮。如右图所示。

步骤03 设置可变单元格值。

❶分别输入可变单元格的值。

❷单击"确定"按钮。

❸在"方案"列表框显示添加的方案名。

❹单击"添加"按钮。如右图所示。

步骤04 创建方案摘要。

❶创建方案2、方案3、方案4,其可变单元格值分别为"120,6000""150,4000""100,3000"。

❷单击"摘要"按钮。

❸在弹出的"方案摘要"对话框中单击"方案摘要"单选按钮。

❹设置结果单元格为"B8"。

❺单击"确定"按钮。如右图所示。

13.3 使用预测工作表分析

在 Excel 2016 中,"数据"选项卡下新增了一个预测工作表功能,可直接进行数据的预测分析。

原始文件: 下载资源\实例文件\第13章\原始文件\预测工作表.xlsx

最终文件: 下载资源\实例文件\第13章\最终文件\预测工作表.xlsx

扫码看视频

步骤01 启用预测工作表功能。打开原始文件,❶选中表格中含有数据的任意单元格,❷在"数据"选项卡下单击"预测"组中的"预测工作表"按钮,如右图所示。

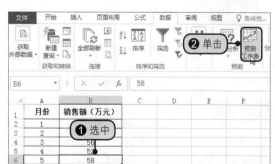

步骤02 显示创建的预测工作表效果。弹出"创建预测工作表"对话框，可看到显示的预测图表效果，如下图所示。

步骤03 设置预测参数。❶设置"预测结束"为"12"，❷单击"选项"左侧的三角形按钮，设置"预测开始"为"9"，其他选项的设置保持不变，❸单击"创建"按钮，如下图所示。

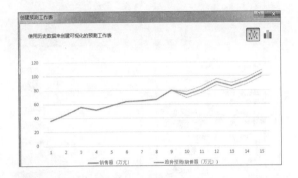

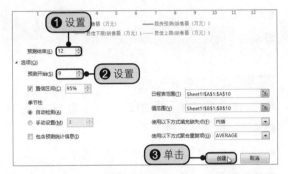

步骤04 显示预测结果。经过以上操作后，返回工作表，可看到工作表中插入了一个新的工作表，且在该工作表中可看到要预测月份的销售额预测情况、置信下限和置信上限的销售额情况，以及预测的图表效果，如右图所示。

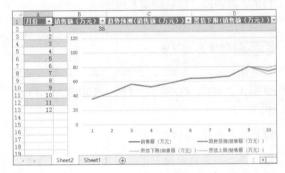

13.4 安装分析工具库

　　Excel 中的许多分析工具都是通过加载宏提供的，而这些加载宏不会被安装到系统中，因此当用户需要使用相关宏和分析工具时，必须先安装。下面介绍如何加载宏及安装分析工具库中的插件。

扫码看视频

步骤01 选择"Excel加载项"选项。打开一个空白的工作簿，打开"Excel 选项"对话框，❶单击"加载项"选项，❷在"管理"下拉列表中选择"Excel加载项"选项，❸单击"转到"按钮，如下图所示。

步骤02 勾选"分析工具库"复选框。弹出"加载宏"对话框，❶在"可用加载宏"列表框中勾选"分析工具库"复选框，❷单击"确定"按钮，如下图所示，"分析工具库"插件安装完成。

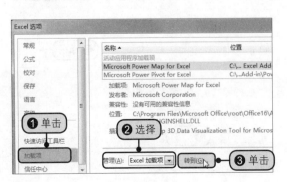

13.5 使用分析工具库分析数据

Excel 提供了一组数据分析工具，称为"分析工具库"，在建立复杂统计或工程分析时，只需为每个分析工具提供必要的数据和参数，该工具就会使用适合的统计或工程函数，在输出表格中显示相应的结果。

13.5.1 方差分析工具

方差是对影响某事物的多种因素进行分析的一种有效方法。Excel 数据分析工具库提供了单因素方差分析、无重复双因素分析和可重复双因素分析 3 种方差分析法。其中，单因素方差分析用于对两个或更多样本的数据执行简单的方差分析，可以提供一种假设测试每个样本取自相同基础的概率分布，而不是对所有样本来说基础概率分布都不相同。如果只有两个样本，那么工作表函数 TTEST 可被平等使用，如果有两个以上样本，就没有合适的 TTEST 归纳和"单因素方差分析"模型可被调用。无重复双因素分析和可重复的双因素分析分别用于数据按照二维分类不包含重复的双因素和包含重复的双因素情况的分析。

原始文件：下载资源\实例文件\第13章\原始文件\方差分析工具.xlsx
最终文件：下载资源\实例文件\第13章\最终文件\方差分析工具.xlsx

扫码看视频

步骤01 启用数据分析。打开原始文件，在"数据"选项卡下的"分析"组中单击"数据分析"按钮，如下图所示。

步骤02 选择分析工具。弹出"数据分析"对话框，❶在"分析工具"列表框中选择"方差分析：无重复双因素分析"选项，❷单击"确定"按钮，如下图所示。

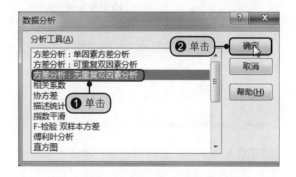

步骤03 设置分析参数。弹出"方差分析：无重复双因素分析"对话框，❶在"输入区域"文本框中输入"$B$3;$D$8"，❷在"输出选项"中单击"输出区域"单选按钮，并在其后的文本框中输入"$F$2"，❸单击"确定"按钮，如右图所示。

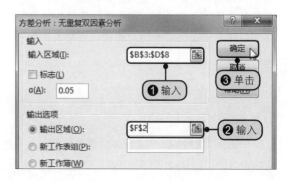

步骤04 显示计算出的方差结果。在指定单元格区域生成方差分析参数表，如右图所示。从中可以看出列的离差平方和为12.95，自由度为2，F-检验值为0.6，F-检验的临界值是4.1，F-检验值小于临界值（0.6<4.1），所以3台设备无显著差异的假设成立。

方差分析：无重复双因素分析				
SUMMARY	观测数	求和	平均	方差
行 1	3	158.4	52.8	8.04
行 2	3	161.9	53.96667	18.60333
行 3	3	161.1	53.7	8.41
行 4	3	158.7	52.9	0.91
行 5	3	164.4	54.8	13.32
行 6	3	164.7	54.9	10.51
列 1	6	316.5	52.75	6.999
列 2	6	328.9	54.81667	10.48967
列 3	6	323.8	53.96667	6.266667

方差分析						
差异源	SS	df	MS	F	P-value	F crit
行	12.13778	5	2.427556	0.227643	0.941971	3.325835
列	12.94778	2	6.473889	0.607085	0.563851	4.102821
误差	106.6389	10	10.66389			

13.5.2 相关系数工具

相关系数是用来反映两组测量值之间数据变化的密切程度指标，一般用 P 来表示。当计算出的 P 值绝对值接近 1 或等于 1 时，表示两组数据完全相关；当 P 值为负时，两组数据呈反比增长；当 P 值为正时，两组数据的关系为正比增长；当 P 值接近 0 或等于 0 时，两组数据不相关，互不影响对方。

原始文件： 下载资源\实例文件\第13章\原始文件\相关系数工具.xlsx
最终文件： 下载资源\实例文件\第13章\最终文件\相关系数工具.xlsx

扫码看视频

步骤01 选择分析工具。打开原始文件，打开"数据分析"对话框，❶在"分析工具"列表框中选择"相关系数"选项，❷单击"确定"按钮，如下图所示。

步骤02 设置相关系数。弹出"相关系数"对话框，❶设置"输入区域"为"$B$2:$C$9"，❷勾选"标志位于第一行"复选框，❸设置"输出区域"为"$E$3"，❹单击"确定"按钮，如下图所示。

步骤03 显示相关系数分析结果。在指定的输出区域显示相关系数分析工具计算结果，得出相关系数值为0.96，接近1，表示广告与月均销售额两组数据是呈正比增长的，两者完全相关，如右图所示。

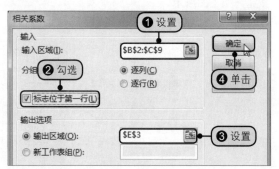

💡 知识补充

还可以使用 CORREL 函数计算两组数据之间的关系，该函数用于求两个数据集的相关系数，其语法结构为：CORREL(array1,array2)，其中 array1,array2 指要参加计算的数据集。

13.5.3 描述统计工具

Excel 提供的描述统计工具可以根据数据组快速计算出常用的数据统计量，如平均值、标准误差、中位数、众数、标准差、方差、峰度、偏度、区域、最小值、最大值、求和等。

扫码看视频

原始文件： 下载资源\实例文件\第13章\原始文件\描述统计工具.xlsx
最终文件： 下载资源\实例文件\第13章\最终文件\描述统计工具.xlsx

步骤01 选择分析工具。打开原始文件，打开"数据分析"对话框，❶选择"描述统计"选项，❷单击"确定"按钮，如下图所示。

步骤02 设置输入和输出区域。弹出"描述统计"对话框，设置"输入区域"为"$B$3:$B$31"、"输出区域"为"$D$2"，如下图所示。

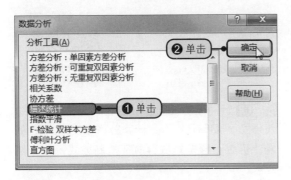

步骤03 继续设置输出选项。接着勾选"汇总统计"和"平均数置信度"复选框，如下图所示，最后单击"确定"按钮。

步骤04 显示计算结果。返回工作表中，此时以指定单元格为输出区域的第1个单元格，可在工作表中计算出指定此次驾校考试成绩的平均值、标准误差等，如下图所示。

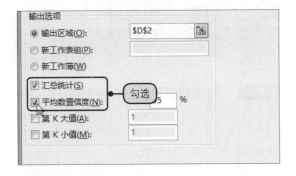

13.6 规划求解

规划求解是一个非常有用的工具，可以在多个变量中确定一个目标值，适用于解决运筹学、线性规划中的问题。

在 Excel 中，一个规划求解问题由以下 3 个部分组成。

▶ 可变单元格：是实际问题中有待于解决的未知因素，一个规划问题中可能有一个变量，也可能有多个变量。在规划求解中可能有一个可变单元格，也可能有一组可变单元格。可变单元格也称为决策变量，一组决策变量代表一个规划求解方案。

▶ 目标函数：表示规划求解要达到的最终目标。一般来说，目标函数是规划模型中可变量的函数。目标函数是规划求解的关键，可以是线性函数，也可以是非线性函数。

▶ 约束条件：是实现目标的限制条件，与规划求解的结果有着密切的关系，对可变单元格中的值起着直接的限制作用，可以是等式，也可以是不等式。

通过规划求解，用户可以为工作表目标单元格中的公式找到一个优化值。规划求解将对直接或间接与目标单元格中公式相联系的一组单元格中的数值进行调整，最终在目标单元格公式中求出期望的结果。

13.6.1　建立规划求解模型

要使用规划求解计算最佳组合，首先要根据题意建立规划求解模型，该模型包括参与计算的原始数据、计算公式以及约束条件等。

原始文件： 下载资源\实例文件\第13章\原始文件\建立规划求解模型.xlsx

最终文件： 下载资源\实例文件\第13章\最终文件\建立规划求解模型.xlsx

扫码看视频

步骤01 显示给出的数据。打开原始文件，在表格中给出了各项目在不同年份的所需资金额和约束条件，如下图所示。

步骤02 计算累计资金额。❶在单元格B13中输入公式"=B5+B12"，计算出1年后超市项目的累计资金，❷先向右再向下复制公式，如下图所示。

步骤03 计算各年、各项目的投资额。❶在单元格E12中输入公式"=SUMPRODUCT(B12:D12,$B$17:$D$17)"，按【Enter】键，❷利用自动填充功能向下复制公式，计算出今后1至3年的3个项目的总投资额，如下图所示。

步骤04 计算净现值总额。在单元格E16中输入公式"=SUMPRODUCT(B16:D16,$B$17:$D$17)"，计算出净现值的总投资比例额，也就是目标值，如下图所示。

13.6.2 规划求解结果

创建好规划求解模型后，用户就可以使用"规划求解"功能进行求解了。如果 Excel 功能区中没有"规划求解"功能，可以像加载分析工具库一样，通过"加载宏"对话框将其加载到"数据"选项卡的"分析"组中。

扫码看视频

原始文件：下载资源\实例文件\第13章\原始文件\规划求解结果.xlsx

最终文件：下载资源\实例文件\第13章\最终文件\规划求解结果.xlsx

步骤01 规划求解。打开原始文件，在"数据"选项卡的"分析"组中单击"规划求解"按钮，如下图所示。

步骤02 设置规划求解参数。弹出"规划求解参数"对话框，❶在"设置目标"后输入"$E$16"，❷单击"最大值"单选按钮，❸在"通过更改可变单元格"中输入"$B$17:$D$17"，❹单击"添加"按钮，如下图所示。

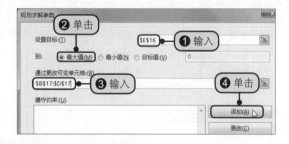

步骤03 设置约束条件。弹出"添加约束"对话框，❶将约束条件设置为"$E$12:$E$15<=$F$4:$F$7"，❷设置完成后单击"确定"按钮，如下图所示。

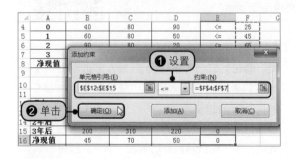

步骤04 显示设置的约束条件。返回"规划求解参数"对话框，在"遵守约束"列表框中显示添加的约束条件，如下图所示，最后单击"求解"按钮。

步骤05 确认保留规划求解的解。弹出"规划求解结果"对话框，❶单击"保留规划求解的解"单选按钮，❷单击"确定"按钮，如右图所示。

步骤06 显示规划求解结果。返回工作表中，即可看到显示的最佳组合的效果值，如右图所示。

	A	B	C	D	E	F
4	0	40	80	90	<=	25
5	1	60	80	50	<=	45
6	2	90	80	20	<=	65
7	3	10	70	60	<=	80
8	净现值	45	70	50		
9		累计资金				
10						
11		超市项目	广场项目	商务楼项目	投资总计	
12	现在	40	80	90	25	
13	1年后	100	160	140	44.757282	
14	2年后	190	240	160	60.582524	
15	3年后	200	310	220	80	
16	净现值	45	70	50	18.106796	
17	投资比率	0	0.165048544	0.131067961		

13.7 数据的批处理

Excel 中提供的基本功能可以解决大量的数学运算问题，但要解决更为复杂的程序运算和系统开发问题，就需要借助宏来实现了。它可以简化 Excel 中遇到的重复工作或是通过单击某个对象执行一系列相关命令。

所谓宏，就是实现某个目的的自动化操作命令集，类似于批处理的一组命令。Excel 的宏是指使用 Microsoft Visual Basic for Applications 编写的针对 Excel 组件的小程序。使用宏可以解决 Excel 工作中的两大问题，一是重复工作，二是系统的自动化。使用宏自动执行 Excel 中的重复操作或自动化操作，可以减少人为操作的失误，增强准确性。

13.7.1 录制宏

了解宏的基本概念和用途后，用户首先需要掌握如何创建宏。在 Excel 中创建宏有两种方式，一是通过 Excel 自带的"录制宏"功能，二是通过 VBA 语言在 Microsoft Visual Basic for Applications 编辑器中编写命令代码来实现。下面以通过"录制宏"功能创建宏为例进行介绍。

原始文件：无

最终文件：下载资源\实例文件\第13章\最终文件\录制宏.xlsm

扫码看视频

步骤01 录制宏。打开一个空白工作簿，切换至"视图"选项卡，❶在"宏"组中单击"宏"按钮，❷在展开的下拉列表中单击"录制宏"选项，如下图所示。

步骤02 设置宏名等数据。弹出"录制宏"对话框，❶在"宏名"文本框中输入宏的名称，如输入"销售记录表"，❷在"快捷键"文本框中设置执行宏的快捷键为"Ctrl+t"，❸在"保存在"下拉列表中选择保存方式，如选择"当前工作簿"选项，如下图所示，然后单击"确定"按钮。

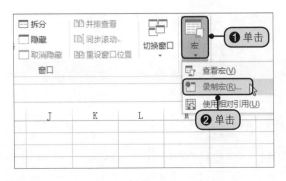

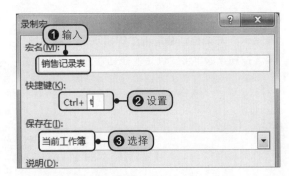

步骤03 完成录制命令。此时在工作表输入待录制的操作，如在单元格A1中输入"销售记录表"，在单元格A2中输入"编号"，在单元格B2中输入"日期"等。完成输入后，对输入数据的单元格进行设置，如下图所示。

步骤04 停止录制宏。完成待录制的操作后，再次单击"宏"按钮，在展开的下拉列表中单击"停止录制"选项，如下图所示，即可完成宏的录制。

13.7.2 保存宏

默认情况下，新建的宏都是保存在当前工作簿中的，若要更改宏的保存位置，通常需要在新建宏时来更改，具体的操作方法如下。

▶ 个人宏工作簿：将宏单独保存在一个名为"Personal.XLS"的工作簿，当启动 Excel 程序时，自动打开此文件并加以隐藏，方便用户在所有打开的工作簿中使用此宏。

▶ 新工作簿：将宏单独保存在一个新工作簿中。以后使用此宏时，必须同时打开存有宏的工作簿，否则无法使用此宏。

▶ 当前工作簿：将宏与数据同时保存在当前工作簿中，方便在此工作簿中的任意工作表中使用。

13.7.3 执行宏

执行宏，才能使用宏自动完成某项任务的操作，以提高工作效率。在 Excel 中执行宏有两种方法，一是通过设定的宏快捷键来执行，二是通过"宏"对话框中的执行或单步执行按钮来实现。下面以"宏"对话框执行宏为例进行介绍。

原始文件： 下载资源\实例文件\第13章\原始文件\执行宏.xlsm
最终文件： 下载资源\实例文件\第13章\最终文件\执行宏.xlsm

步骤01 插入新工作表。打开原始文件，单击"新工作表"按钮，如下图所示。

步骤02 查看宏。此时插入了"Sheet2"工作表，❶在"宏"组中单击"宏"按钮，❷在展开的列表中单击"查看宏"选项，如下图所示。

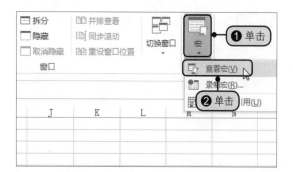

步骤03 执行宏。弹出"宏"对话框，❶在"宏名"列表框中选择待执行的宏，❷单击"执行"按钮，如下图所示。

步骤04 执行宏生成的表格。自动执行所选宏代码，在Sheet2工作表中自动创建"销售记录表"项目字段，如下图所示。

13.7.4 编辑宏

录制宏是将用户在 Excel 工作表中进行的所有操作录制下来，以 VBA 语言编写的代码来表示，其中包括一些用户在工作表操作时产生的误操作等。要想让录制的宏简洁、明了，一般会在录制好宏后，对宏代码中出现的冗余编码进行编辑或修改。

原始文件： 下载资源\实例文件\第13章\原始文件\编辑宏.xlsm
最终文件： 下载资源\实例文件\第13章\最终文件\编辑宏.xlsm

步骤01 编辑所选宏。打开原始文件，按组合键【Alt+F8】打开"宏"对话框，❶选择要编辑的宏选项，❷单击"编辑"按钮，如下图所示。

步骤02 显示宏源代码。进入Visual Basic编辑器，此时在"模块1"代码窗口中显示宏代码，如下图所示。

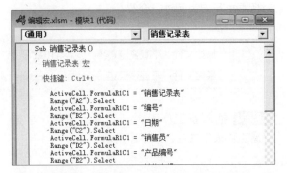

步骤03 修改代码。在代码窗口中根据需要修改代码，如右图所示。

步骤04 执行修改后的代码效果。修改完成后，按【F5】键或是在菜单栏中执行"运行>运行子过程/用户窗体"命令，执行当前代码段，执行完成后返回Sheet2工作表中，即可看到数据发生了相应改变，如右图所示。

	A	B	C	D	E
1	员工联系簿				
2	序号	部门	员工姓名	联系电话	地址
3					
4					
5					
6					
7					
8					
9					
10					

Sheet1　Sheet2　(+)

实例精练—— 录制宏格式会议记录表

同一个公司的会议记录表的格式基本相同，要使用Excel快速对会议记录表的格式进行设置，可以通过宏功能将设置一个会议记录表格式的操作录制下来，然后使用录制的宏代码快速格式化其他会议记录表的格式，然后进行细微修饰即可，可以为用户节省大量时间，完成后的最终效果如下图所示。

最终效果

	A	B	C	D	E
1	会议记录2				
2	会议日期		会议地点		
3	主持人				
4	参会人员				
5	会议内容				
6	记录员：				
7					

Sheet1　Sheet2　(+)

原始文件： 下载资源\实例文件\第13章\原始文件\会议记录表.xlsx
最终文件： 下载资源\实例文件\第13章\最终文件\会议记录表.xlsm

扫码看视频

步骤01 录制宏。

打开原始文件。

❶切换至"Sheet1"工作表，在"视图"选项卡下单击"宏"按钮，在展开的下拉列表中单击"录制宏"选项。

❷在弹出的"录制宏"对话框中输入宏名称。

❸单击"确定"按钮，开始录制Excel操作。如右图所示。

步骤02 停止录制宏。

❶在Sheet1工作表中对表格内的文字字体、字号、边框、行高、合并等进行设置。

❷设置完成后，再次单击"宏"按钮。

❸在展开的列表中单击"停止录制"选项。如右图所示。

步骤03 执行宏。

❶切换至"Sheet2"工作表，按【Alt+F8】键打开"宏"对话框，选择待执行宏选项。

❷单击"执行"按钮。

❸自动运行所选宏代码，对当前工作表中的数据进行格式设置。如右图所示。

专家支招

1 哪些情况下数据验证不可用

只有将数据直接输入单元格中才会出现有效性消息，若消息未出现则可能是由以下原因引起的。

（1）用户通过复制或填充为单元格输入数据。

（2）单元格中的公式计算得出的结果无效。

（3）宏在单元格中输入无效数据。

2 多个方案的合并

在多个工作簿中创建了多个方案，如果希望将这些方案统一管理，可以使用"方案管理器"中的"合并"功能将多个工作簿的方案合并到当前工作簿中。其操作非常简单，用户只需打开包含要合并方案所在的工作簿，然后在合并到的工作簿中打开"方案管理器"对话框，单击"合并"按钮，在弹出的"合并方案"对话框中选择方案来源，然后进行方案合并即可，如下图所示。

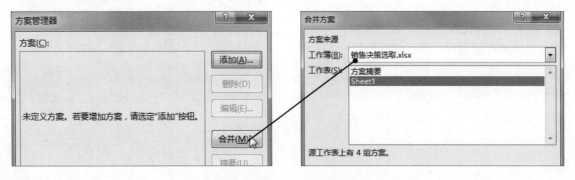

第14章 员工档案资料表

每个公司雇员的档案资料都是由独立的档案袋分装的，用Excel制作公司内部基本档案管理系统，将员工资料输入其中，方便了公司对员工资料的管理，顺应了企业竞争激烈、人事成本低的发展趋势。

14.1 员工档案资料表的创建

员工档案资料表是精简的档案资料，作为标准的表格，要为其创建标题和表头，并且在资料表中快速输入员工编号，方便其他内容的录入。

14.1.1 建立员工档案资料基本表格

员工档案资料表主要包括公司员工在公司的编号、姓名、所在部门、性别、年龄、学历、工资及联系方式等内容，要创建基本表格，首先要建立表格的标题和表头。

原始文件：无

最终文件：下载资源\实例文件\第14章\最终文件\创建员工档案资料基本表格.xlsx

扫码看视频

步骤01 重命名工作表。打开一个空白工作簿，❶右击 "Sheet1" 工作表标签，❷在弹出的快捷菜单中单击 "重命名" 命令，如下图所示。

步骤02 输入工作表标签。此时工作表标签呈编辑状态，输入新的工作表标签 "员工档案资料管理表"，如下图所示，按【Enter】键完成输入。

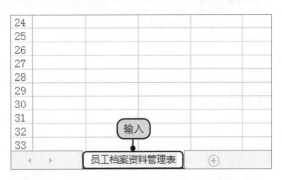

步骤03 合并居中单元格。在单元格区域A1:J2中输入标题和表头，❶选中单元格区域A1:J1，❷在 "开始" 选项卡单击 "合并后居中" 按钮，如右图所示。

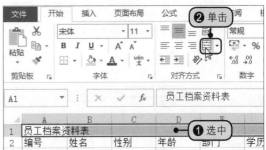

步骤04 显示合并效果。随后可以看到单元格区域A1:J1被合并，文本居中显示，如右图所示。

14.1.2 自定义员工编号格式

员工编号的格式对员工的管理起着一定的作用，根据实际情况，员工编号的格式可能不同。假设于2014年才成立的某公司，在公司才开业时招收了大量的员工，为了便于管理这些员工，人力资源部门根据"员工进入公司日期+3位编号+1或0"作为员工的编号，其中"1"表示在职，"0"表示离职。可使用"设置单元格格式"功能设置编号格式，以便快速输入编号。

扫码看视频

步骤01 输入姓名。打开原始文件，在B列输入员工姓名，如下图所示。

步骤02 启动对话框启动器。❶选中A列要输入编号的单元格区域，❷单击"数字"组中的对话框启动器，如下图所示。

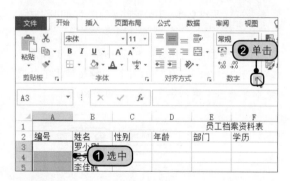

步骤03 自定义数字类型。弹出"设置单元格格式"对话框，❶单击"自定义"选项，❷在"类型"文本框中输入"2014#######1"，如下图所示。

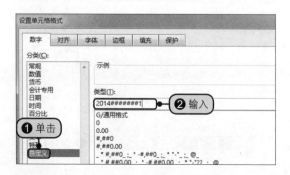

步骤04 输入简略编号。单击"确定"按钮，返回工作表中，在单元格A3中输入"1012001"，表示10月12日进入公司的员工，如下图所示。

步骤05 显示编号。按【Enter】键，在单元格中显示"201410120011"编号，如右图所示。

14.2 设置数据验证保证员工信息正确输入

一个公司可能有大量的员工资料需要输入，Excel 提供的"数据验证"功能可限制输入的内容，帮助用户快速输入。

14.2.1 编辑年龄输入限制

不同的公司对于员工的年龄有一定的限制，如新进入公司的员工要求年龄在 18 到 40 岁之间，并且输入的年龄必须为整数，此时，可使用"数据验证"功能限制年龄的输入，避免出错。

原始文件：下载资源\实例文件\第14章\原始文件\编辑年龄输入限制.xlsx

最终文件：下载资源\实例文件\第14章\最终文件\编辑年龄输入限制.xlsx

扫码看视频

步骤01 启动数据验证。打开原始文件，❶选中年龄列中要输入年龄的单元格区域，❷在"数据"选项卡下单击"数据验证"按钮，如下图所示。

步骤02 设置验证条件。弹出"数据验证"对话框，默认显示"设置"选项卡，设置"允许"为"整数"、"数据"为"介于"、"最小值"为"18"、"最大值"为"40"，如下图所示。

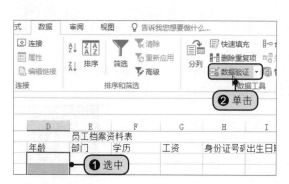

步骤03 设置输入信息。❶切换至"输入信息"选项卡，❷在"输入信息"文本框中输入相关信息，如右图所示。

步骤04 设置出错警告。❶切换至"出错警告"选项卡，❷设置"样式"为"警告"，❸在"错误信息"文本框中输入错误信息，如下图所示，最后单击"确定"按钮。

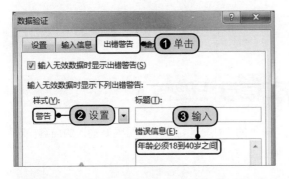

步骤05 显示设置效果。返回工作表中，设置了"数据验证"单元格区域的任意单元格都出现了提示信息，如下图所示。

步骤06 输入出错后的效果。❶若在单元格中输入小于18或大于40的数据，将弹出提示框，❷单击"否"按钮可重新输入，如下图所示。

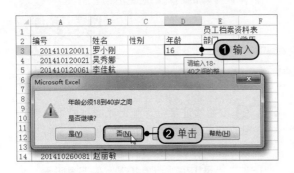

知识补充

为单元格区域设置"数据验证"的"出错警告"样式为"警告"，当弹出提示框时，单击"是"按钮，仍然可以在单元格区域中输入不在范围内的数据。若将"出错警告"样式设置为"停止"，将无法在单元格中输入设置范围以外的数据。

14.2.2 制作部门下拉列表

使用"数据验证"功能可制作出下拉列表，用户可从下拉列表中快速选择内容在单元格中显示。公司部门为固定内容，因此可以将部门创建为下拉列表样式，方便快速输入部门信息。

 原始文件：下载资源\实例文件\第14章\原始文件\制作部门下拉列表.xlsx

最终文件：下载资源\实例文件\第14章\最终文件\制作部门下拉列表.xlsx

扫码看视频

步骤01 启动数据验证。打开原始文件，❶选择要输入部门的单元格区域，❷切换至"数据"选项卡，单击"数据验证"按钮，如右图所示。

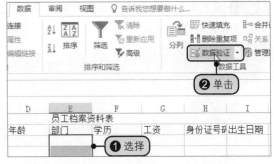

步骤02 设置验证条件。弹出"数据验证"对话框，❶设置"允许"为"序列"，❷设置"来源"为"行政部，生产部，人力资源部，财务部，后勤部，市场部"，如下图所示。

步骤03 选择内容。单击"确定"按钮，返回工作表中，❶单击单元格右侧的下三角按钮，❷在展开的下拉列表可选择部门，如下图所示。

步骤04 显示选择内容后的效果。随后在单元格中会显示选择的部门，如右图所示。

💡 **知识补充**

　　将"允许"设置为"序列"后，在"来源"文本框中除了手动输入信息外，还可以将信息输入到单元格区域中，引用相应的单元格区域也可以设置来源。例如，这里有6个部门，可将各部门输入到6个单元格中，以供用户引用。

14.2.3　身份证号码有效性校验

　　现在身份证号码为统一的18位，可使用"数据验证"功能校验已经输入的身份证号码位数是否正确。

原始文件：下载资源\实例文件\第14章\原始文件\身份证号码有效性校验.xlsx
最终文件：下载资源\实例文件\第14章\最终文件\身份证号码有效性校验.xlsx

扫码看视频

步骤01 启动数据验证。打开原始文件，❶选择输入身份证号码的单元格区域，❷单击"数据验证"按钮，如右图所示。

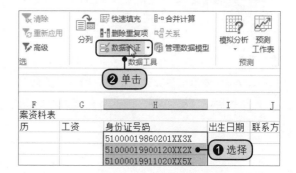

步骤02 设置验证条件。弹出"数据验证"对话框，设置"允许"为"文本长度"、"数据"为"等于"、"长度"为18，如下图所示，然后单击"确定"按钮。

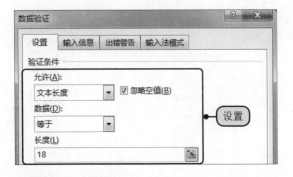

步骤03 圈释无效数据。❶单击"数据验证"下三角按钮，❷在展开的列表中单击"圈释无效数据"选项，如下图所示。

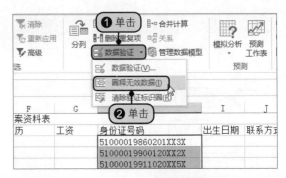

步骤04 显示圈释效果。随后，身份证位数不正确的数据被圈了出来，如右图所示，用户需将其修改为正确的身份证号码。

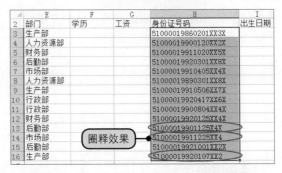

14.3　直接获取员工信息

在 Excel 中能通过一些功能从已知信息中获取其他的信息，如使用函数从身份证号码中获取员工性别，使用"快速填充"功能快速获取员工出生日期，使用函数根据进入公司的日期计算员工工龄等。

14.3.1　使用快速填充获取员工出生日期

Excel 为用户提供了"快速填充"功能，使用该功能能快速获取具有相关信息的数据，如从身份证号码中获取出生日期。

原始文件： 下载资源\实例文件\第14章\原始文件\使用快速填充获取员工出生日期.xlsx

最终文件： 下载资源\实例文件\第14章\最终文件\使用快速填充获取员工出生日期.xlsx

扫码看视频

步骤01 快速填充。打开原始文件，❶在单元格I3中输入8位表示出生日期的数据，❷在"数据"选项卡下单击"快速填充"按钮，如右图所示。

	F	G	H	I	J
2	学历	工资	身份证号码	出生日期	联系方式
3			51000019860201XX3X	19860201	
4			51000019900120XX2X	19900120	
5			51000019911020XX5X	19911020	
6			51000019920301XX8X	19920301	
7			51000019910405XX4X	19910405	
8			51000019890301XX8X	19890301	
9			51000019910506XX7X	19910506	
10			51000019920417XX6X	19920417	
11			51000019900804XX4X	19900804	
12			51000019920125XX4X	19920125	
13			51000019901125XX4X	19901125	
14			51000019911225XX4X	19911225	
15			51000019921001XX2X	19921001	

步骤02 显示快速填充效果。当H列中有员工的身份证号码数据时，就会在对应的I列中显示相应的数据，如右图所示。

14.3.2　使用函数获取员工性别

身份证号码的第17位若为偶数则表示女性，若为奇数则表示男性，根据这一特点，可使用函数从身份证号码中快速获取员工性别。

原始文件：下载资源\实例文件\第14章\原始文件\使用函数获取员工性别.xlsx
最终文件：下载资源\实例文件\第14章\最终文件\使用函数获取员工性别.xlsx

扫码看视频

步骤01 输入公式。打开原始文件，在单元格C3中输入公式"=IF(MOD(MID(H3,17,1),2)=0,"女","男")"，按【Enter】键显示计算结果，如下图所示。

C3 fx =IF(MOD(MID(H3,17,1),2)=0,"女","男")

	C	D	E		学历	工资	身份证号码
2	性别	年龄			学历	工资	身份证号码
3	男			输入			51000019860201XX3X
4			人力资源部				51000019900120XX2X
5			财务部				51000019911020XX5X
6			后勤部				51000019920301XX8X
7			市场部				51000019910405XX4X
8			人力资源部				51000019890301XX8X
9			生产部				51000019910506XX7X
10			行政部				51000019920417XX6X
11			行政部				51000019900804XX4X
12			财务部				51000019920125XX4X
13			后勤部				51000019901125XX4X
14			市场部				51000019911225XX4X
15			后勤部				51000019921001XX2X

步骤02 显示填充效果。向下拖动填充柄，释放鼠标左键后即可获取其他员工的性别，如下图所示。

	C	D	E	F	G	H
2	性别	年龄	部门	学历	工资	身份证号码
3	男		生产部			51000019860201XX3X
4	女		人力资源部			51000019900120XX2X
5	男		财务部			51000019911020XX5X
6	女		后勤部			51000019920301XX8X
7	女		市场部			51000019910405XX4X
8	女		人力资源部			51000019890301XX8X
9	男		生产部			51000019910506XX7X
10	女		行政部			51000019920417XX6X
11	女		行政部			51000019900804XX4X
12	女		财务部			51000019920125XX4X
13	女		后勤部			51000019901125XX4X
14	女		市场部			51000019911225XX4X
15	女		后勤部			51000019921001XX2X
16	女				拖动	51000019920107XX2X
17						

14.4　格式化员工档案资料表

录入数据后可为表格套用表格格式，使其更美观。若数据太多，则可将窗格冻结，方便查看。

14.4.1　冻结窗格

为了方便查看档案信息，可以将表格的表头和标题冻结起来，使其始终显示在表格固定的部分。

原始文件：下载资源\实例文件\第14章\原始文件\冻结窗格方便查看.xlsx
最终文件：下载资源\实例文件\第14章\最终文件\冻结窗格方便查看.xlsx

扫码看视频

步骤01 冻结拆分窗格。打开原始文件，❶选中单元格C3，❷在"视图"选项卡下的"冻结窗格"下拉列表中选择"冻结拆分窗格"选项，如下图所示。

步骤02 显示冻结效果。此时工作表中的相应区域就被冻结起来，向右和向下滑动，可发现单元格C3左侧和上方的内容固定不变，如下图所示。

	A	B	E	F
1				员工档
2	编号	姓名	部门	学历
9	201410180061	王浩然	生产部	专科
10	201410190031	刘丽洋	行政部	本科
11	201410240041	李冬梅	行政部	专科
12	201410250071	杨明全	财务部	专科
13	201410260021	陈思思	后勤部	专科
14	201410260081	赵丽敏	市场部	本科
15	201410280011	曾丽娟	后勤部	专科
16	201410280041	张雨涵	生产部	专科

14.4.2 自动套用表格格式

Excel 提供了多种表格格式，用户可选择需要的格式格式化档案资料表，节省大量的操作时间。

原始文件：下载资源\实例文件\第14章\原始文件\自动套用表格格式.xlsx

最终文件：下载资源\实例文件\第14章\最终文件\自动套用表格格式.xlsx

步骤01 选择合适的表格格式。打开原始文件，❶在"开始"选项卡下单击"套用表格格式"按钮，❷在展开的列表中选择合适的表格样式，如下图所示。

步骤02 设置数据来源。弹出"创建表"对话框，❶设置数据来源区域，❷勾选"表包含标题"复选框，❸单击"确定"按钮，如下图所示。

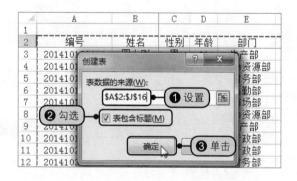

步骤03 显示套用效果。返回工作表中，可以看到表格按选择的类型套用了格式，如右图所示。

	A	B	C	D	E	F	G
1						员工档案资料表	
2	编号	姓名	性别	年龄	部门	学历	工资
3	201410120011	罗小刚	男	29	生产部	专科	¥4,500.
4	201410120021	吴秀娜	女	25	人力资源部	专科	¥3,100.
5	201410120061	李佳航	男	24	财务部	本科	¥3,200.
6	201410150041	宋丹佳	女	23	后勤部	专科	¥2,800.
7	201410160011	吴莉莉	女	24	市场部	专科	¥3,500.
8	201410180011	陈可欣	女	26	人力资源部	本科	¥3,100.
9	201410180061	王浩然	男	24	生产部	专科	¥4,500.
10	201410190031	刘丽洋	女	23	行政部	本科	¥2,600.
11	201410240041	李冬梅	女	25	行政部	专科	¥2,600.
12	201410250071	杨明全	女	24	财务部	专科	¥2,800.
13	201410260021	陈思思	女	24	后勤部	专科	¥2,800.
14	201410260081	赵丽敏	女	24	市场部	本科	¥3,500.
15	201410280011	曾丽娟	女	23	后勤部	专科	¥2,800.

14.5　实现档案资料的表单式管理

在 Excel 中能录入数据，还能对录入的数据进行处理，如制作出查询窗口查询员工相关信息，还可以统计员工信息、制作系统退出按钮等。

14.5.1　制作员工信息查询窗口

一张员工资料表中包含公司所有员工的信息，要查找某一个员工的信息非常麻烦，这时可制作员工信息查询窗口，选择员工的编号就可以查询出其他相关信息。

原始文件： 下载资源\实例文件\第14章\原始文件\制作员工信息查询窗口.xlsx
最终文件： 下载资源\实例文件\第14章\最终文件\制作员工信息查询窗口.xlsx

扫码看视频

步骤01 插入工作表。打开原始文件，单击"新工作表"按钮，如下图所示。

步骤02 移动工作表。❶将其重命名为"查询"，❷将其拖动到工作表标签的第1位，如下图所示。

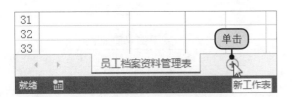

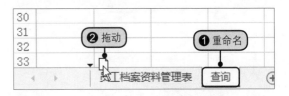

步骤03 输入文本。在单元格区域B2:E8中输入文本，并为其设置字体、字号等格式，设置后的效果如下图所示。

步骤04 输入公式。在单元格B5中输入"=IF($D$3="","",VLOOKUP($D$3,表1,2,FALSE))"，按【Enter】键完成输入，如下图所示。应用相同的方法在其他单元格中输入公式。

步骤05 设置验证条件。选中单元格D3，打开"数据验证"对话框，设置"允许"为"序列"、"来源"为"=员工档案资料管理表!$A$3:$A$16"，如右图所示，然后单击"确定"按钮。

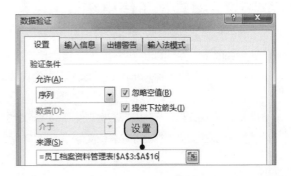

💡 **知识补充**

在步骤 04 中，其他单元格中输入的公式分别为：

C5=IF($D$3="","",VLOOKUP(查询 !$D$3, 表 1,3,FALSE))，返回对应行第 3 列的内容

D5=IF($D$3="","",VLOOKUP(查询 !$D$3, 表 1,4,FALSE)) ，返回对应行第 4 列的内容

E5=IF($D$3="","",VLOOKUP(查询 !$D$3, 表 1,5,FALSE)) ，返回对应行第 5 列的内容

B7=IF($D$3="","",VLOOKUP(查询 !$D$3, 表 1,6,FALSE)) ，返回对应行第 6 列的内容

C7=IF($D$3="","",VLOOKUP(查询 !$D$3, 表 1,7,FALSE)) ，返回对应行第 7 列的内容

D8=IF($D$3="","",VLOOKUP(查询 !$D$3, 表 1,8,FALSE)) ，返回对应行第 8 列的内容

D7=IF($D$3="","",VLOOKUP(查询 !$D$3, 表 1,9,FALSE)) ，返回对应行第 9 列的内容

E7=IF($D$3="","",VLOOKUP(查询 !$D$3, 表 1,10,FALSE)) ，返回对应行第 10 列的内容

步骤06 自定义数字格式。选中单元格D3，在"设置单元格格式"对话框中的"自定义"分类下双击所需类型格式，如下图所示。

步骤07 选择查询编号。返回工作表中，❶单击单元格D3右侧的下三角按钮，❷在展开的列表中选择要查看的员工编号，如下图所示。

步骤08 显示查询结果。随后在单元格区域B4:E8的相应位置显示相应的信息，如右图所示。

14.5.2 编辑员工信息统计

除了查询员工的相关信息，有时候还需要统计员工的相关信息，如员工的总人数和男、女人数等。需要注意的是，在 14.4.2 小节中为表格应用了表格样式，因此整个单元格区域为一个表格，其对应的行和列可用指定的名称表示，即用标题行中的内容表示。

原始文件： 下载资源\实例文件\第14章\原始文件\编辑员工信息统计.xlsx

最终文件： 下载资源\实例文件\第14章\最终文件\编辑员工信息统计.xlsx

扫码看视频

步骤01 插入新工作表。打开原始文件，在工作簿中插入一个新的工作表，重命名为"员工信息统计表"，如下图所示。

步骤02 输入文本内容。在该工作表中输入人数统计相关信息和年龄统计相关信息，如下图所示。

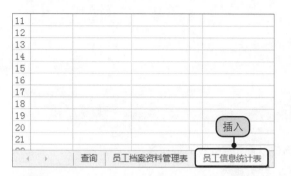

步骤03 计算总人数。在单元格A3中输入公式 "=COUNTA (表1[姓名])"，这里的"表1[姓名]"表示"员工档案资料管理表"工作表中的单元格区域B3:B16，计算单元格区域中非空单元格的个数，按【Enter】键获取总人数，如下图所示。

步骤04 计算男员工人数。在单元格B3中输入公式 "=COUNTIF(表1[性别],"男")"，这里的表1[性别]表示"员工档案资料管理表"工作表中的单元格区域C3:C16，计算单元格区域中为"男"的单元格个数，按【Enter】键获取男员工人数，如下图所示。

步骤05 计算女员工人数。在单元格C3中输入公式 "=COUNTIF(表1[性别],"女")"，计算单元格区域中为"女"的单元格个数，按【Enter】键获取女员工人数，如下图所示。

步骤06 计算各年龄段人数。在单元格区域G3:G6中输入公式 "=FREQUENCY(员工档案资料管理表!D3:D16,员工信息统计表!F3:F5)"，按【Enter+ Ctrl+Shift】组合键获取各年龄段的人数，如下图所示。

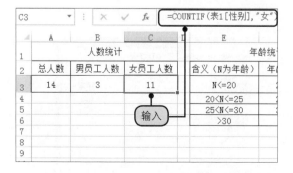

💡**知识补充**

　　有时候还需要计算各部门的人数。这里以计算生产部人数为例，在单元格中输入公式"=COUNTIF(表 1[部门],"生产部 ")"，计算单元格区域中包含"生产部"的人数。

　　若要计算生产部中女员工的人数，可输入以下公式计算：

=COUNTIFS(表 1[性别]," 女 ", 表 1[部门]," 生产部 ")

14.6　员工档案信息的保护

　　创建好表格后，需要对员工档案中的信息进行保护：首先需要控制编辑区域，不是所有人都能对工作表中所有的内容进行编辑；其次，不是任何人都能打开工作簿。

14.6.1　设置编辑权限

　　Excel 提供了编辑权限设置功能，使用该功能后需要输入密码才能编辑表格中的部分区域。

扫码看视频

原始文件： 下载资源\实例文件\第14章\原始文件\设置编辑权限.xlsx

最终文件： 下载资源\实例文件\第14章\最终文件\设置编辑权限.xlsx

步骤01 单击"允许用户编辑区域"按钮。打开原始文件，在"审阅"选项卡下单击"允许用户编辑区域"按钮，如下图所示。

步骤02 单击"新建"按钮。弹出"允许用户编辑区域"对话框，单击"新建"按钮，如下图所示。

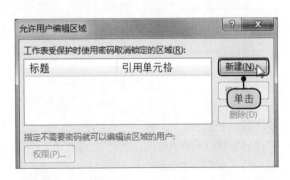

步骤03 设置区域。弹出"新区域"对话框，❶设置"引用单元格"为"=$D$3"，❷单击"确定"按钮，如下图所示。

步骤04 保护工作表。返回"允许用户编辑区域"对话框中，单击"保护工作表"按钮，如下图所示。

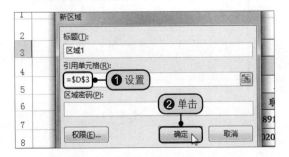

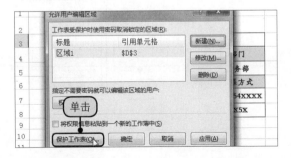

步骤05 输入密码。弹出"保护工作表"对话框，在"取消工作表保护时使用的密码"文本框中输入密码"123456"，如下图所示，然后单击"确定"按钮。

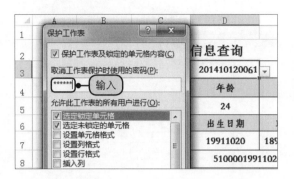

步骤06 确认密码。弹出"确认密码"对话框，❶在"重新输入密码"文本框中再次输入密码"123456"，❷单击"确定"按钮，如下图所示。

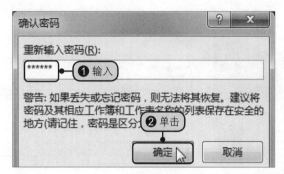

步骤07 输入内容。返回工作表中，❶可单击单元格D3右侧的下三角按钮，❷在展开的列表中选择内容，如下图所示。

步骤08 编辑保护区域。若要更改D3以外的其他单元格内容，将弹出提示框，提示其他区域被保护，如下图所示。

> 💡 **知识补充**
>
> 　　需要取消允许编辑区域的设置时，可切换至"审阅"选项卡，单击"更改"组中的"撤销工作表保护"按钮，弹出"撤销工作表保护"对话框，在"密码"文本框中输入创建时设置的取消密码，单击"确定"按钮，即可取消工作表保护的同时取消允许用户编辑区域的设置。

14.6.2　加密资料表

　　若不需要让所有人员看到资料中的内容，可以将整个工作簿进行加密处理，只有知晓密码的用户才能查看资料表。

原始文件： 下载资源\实例文件\第14章\原始文件\加密资料表.xlsx
最终文件： 下载资源\实例文件\第14章\最终文件\加密资料表.xlsx

扫码看视频

步骤01 用密码进行加密。打开原始文件，单击"文件"按钮，❶在"信息"右侧的面板中单击"保护工作簿"按钮，❷在展开的列表中单击"用密码进行加密"选项，如下图所示。

步骤02 输入密码。❶弹出"加密文档"对话框，在"密码"文本框中输入密码"123456"，❷单击"确定"按钮，如下图所示。

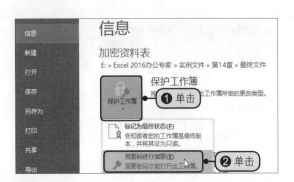

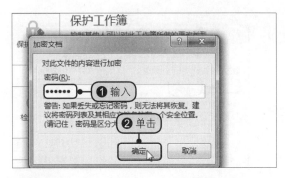

步骤03 确认密码。弹出"确认密码"对话框，❶在"重新输入密码"文本框中输入密码，❷单击"确定"按钮，如下图所示。

步骤04 显示加密效果。此时可看到设置加密文档后，"保护工作簿"按钮呈现黄色的底纹效果，如下图所示。

步骤05 输入密码。保存工作簿并将其关闭。再次打开工作簿，弹出"密码"对话框，❶输入设置的密码，❷单击"确定"按钮，如下图所示。

步骤06 输入不正确密码的效果。若输入的密码不正确，将弹出提示框，提示密码不正确，如下图所示。单击"确定"按钮后，需要再次打开工作簿，输入正确的密码才能打开。

> 💡 **知识补充**
>
> 若需要取消密码保护，则单击"文件"按钮，在弹出的视图菜单中单击"信息"命令，在右侧面板中单击"保护工作簿"下三角按钮，在展开的下拉列表中单击"用密码进行加密"选项。在弹出的"加密文档"对话框中，将"密码"文本框中的密码删除，然后单击"确定"按钮即可取消密码保护。

第15章

员工业绩评估系统

审核员工的业绩是非常必要的，根据员工业绩表现给予一定的业绩奖金，对提高员工的工作积极性会起到不可估量的作用。通过分析员工业绩还可以看出公司的发展趋势。使用 Excel 可以轻松统计员工业绩。

15.1 创建销售流水记录表

员工销售业绩是根据每月销售流水记录表进行统计的，因此首先需要创建销售记录表，并在销售记录表中录入相关数据。

15.1.1 创建基本销售记录表

不同的公司根据实际情况在销售记录表中需要的字段也不同，最基本的字段包括序号、员工编号、员工姓名、销售金额等内容。

原始文件： 无

最终文件： 下载资源\实例文件\第15章\最终文件\创建基本销售记录表.xlsx

步骤01 合并并居中对齐。打开一个空白工作簿，❶将工作表标签重命名为"销售记录表"，❷在单元格区域A1:E2中输入基本数据，❸选择单元格区域A1:E1，❹在"开始"选项卡下单击"合并后居中"按钮，如下图所示。

步骤02 显示合并效果。此时可以看到合并单元格区域后的效果，随后更改单元格中的字体、行高和列宽，如下图所示。

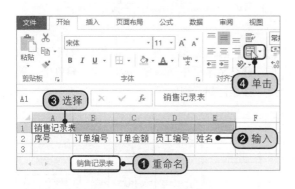

15.1.2 使用记录单录入数据

在单元格中直接录入数据容易出错，特别是在录入订单编号和订单金额时需要特别小心，使用"记录单"录入数据可减少出错的概率。

原始文件： 下载资源\实例文件\第15章\原始文件\使用记录单录入数据.xlsx
最终文件： 下载资源\实例文件\第15章\最终文件\使用记录单录入数据.xlsx

步骤01 单击"选项"命令。打开原始文件，单击"文件"按钮，在弹出的视图菜单中单击"选项"命令，如下图所示。

步骤02 选择要添加的命令。弹出"Excel选项"对话框，❶切换至"快速访问工具栏"选项卡，❷在"从下列位置选择命令"下拉列表中选择"所有命令"选项，❸在列表中选择"记录单"命令，如下图所示。

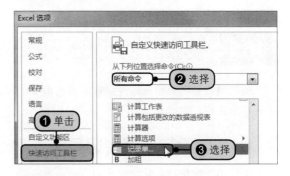

步骤03 添加命令。❶单击"添加"按钮，在右侧列表中可以看到添加的命令，❷单击"确定"按钮，如下图所示。

步骤04 单击"记录单"按钮。返回工作表中，❶选中单元格区域A2:E2，❷在快速访问工具栏中单击"记录单"按钮，如下图所示。

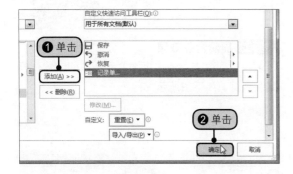

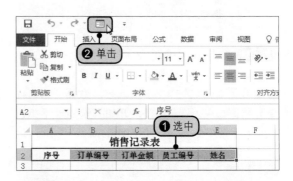

步骤05 单击"确定"按钮。弹出提示框，若要选定区域的首行作为标签，则单击"确定"按钮，如下图所示。

步骤06 输入数据。弹出"销售记录表"对话框，❶在文本框中输入相应的内容，❷单击"新建"按钮，如下图所示。

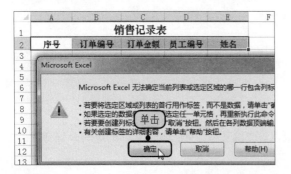

步骤07 显示输入效果。"销售记录表"对话框中的内容被清空，在单元格区域A3:E3中显示输入的内容，如下图所示。

	A	B	C	D	E
1			销售记录表		
2	序号	订单编号	订单金额	员工编号	姓名
3	1	2.015E+10	5000	JS-001	李丽娟
4					
5					
6					
7					
8					
9					
10					
11					

步骤08 完成输入。按照同样的方法继续输入其他的数据，输入完毕后单击"关闭"按钮，选中单元格区域B3:B30，如下图所示。

	A	B	C	D	E	F
1			销售记录表			
2	序号	订单编号	订单金额	员工编号	姓名	
3	1	2.015E+10	5000	JS-001	李丽娟	
4	2	2.015E+10	1200	JS-003	宋长江	
5	3	2.015E+10	2500	JS-010	张文强	
6	4	2.015E+10	6200	JS-007	罗宇浩	
7	5	2.015E+10		JS-012	孟凡	
8	6	2.015E+10		JS-010	张文强	
9	7	2.015E+10	1260	JS-056	董云	
10	8	2.015E+10	2600	JS-061	肖成晨	
11	9	2.015E+10	1200	JS-003	宋长江	
12	10	2.015E+10	1200	JS-089	李娜	
13	11	2.015E+10	2300	JS-012	罗成	

选中

步骤09 设置数字格式。打开"设置单元格格式"对话框，❶在"数字"选项卡下的"分类"列表中单击"自定义"选项，❷在"类型"下的文本框中输入"#"，如下图所示。

步骤10 显示输入和设置效果。单击"确定"按钮，返回工作表中，即可看到通过记录单输入数据并设置数字格式后的效果，如下图所示。

	A	B	C	D	E	F
1			销售记录表			
2	序号	订单编号	订单金额	员工编号	姓名	
3	1	20150101001	5000	JS-001	李丽娟	
4	2	20150101002	1200	JS-003	宋长江	
5	3	20150101003	2500	JS-010	张文强	
6	4	20150101004	6200	JS-007	罗宇浩	
7	5	20150101005	2300	JS-012	孟凡	
8	6	20150102001	2360	JS-010	张文强	
9	7	20150102002	1260	JS-056	董云	
10	8	20150102003	2600	JS-061	肖成晨	
11	9	20150102004	1200	JS-003	宋长江	
12	10	20150103001	1200	JS-089	李娜	
13	11	20150103002	2300	JS-012	罗成	

> **知识补充**
>
> 在"销售记录表"对话框中输入数据后，单击"新建"按钮，便在录入数据的同时新建了下一条数据。若要查看上一条或下一条数据，可单击"上一条"或"下一条"按钮。若要修改数据，可直接在文本框中进行修改。

15.2　员工销售业绩的透视分析

　　根据各销售人员的销售情况，在销售记录表中相同的员工编号和姓名可能有多条记录，在 Excel 中创建数据透视表可快速对数据进行汇总分析。

15.2.1　创建数据透视表

　　要使用数据透视表对数据进行分析，首先要根据原始数据创建数据透视表。

原始文件：下载资源\实例文件\第15章\原始文件\创建数据透视表.xlsx
最终文件：下载资源\实例文件\第15章\最终文件\创建数据透视表.xlsx

扫码看视频

步骤01 启用数据透视表功能。打开原始文件，❶选中单元格区域A2:E30中的任一单元格，❷在"插入"选项卡下单击"数据透视表"按钮，如下图所示。

步骤02 创建数据透视表。弹出"创建数据透视表"对话框，❶查看"表/区域"中的单元格区域是否正确，❷单击"新工作表"单选按钮，如下图所示，然后单击"确定"按钮。

步骤03 显示创建的数据透视表。返回工作表中，可看到当前工作表的左侧创建了新的工作表"Sheet1"，并在工作表中创建了数据透视表，如下图所示。

步骤04 显示数据透视表字段窗格。此时，在右侧显示了"数据透视表字段"任务窗格，如下图所示。

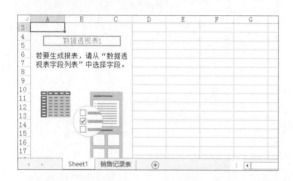

💡**知识补充**

Excel 2016 提供了"推荐数据透视表"功能，用户可根据推荐选择需要的数据透视表。选择单元格区域中的任一单元格，切换至"插入"选项卡，单击"推荐的数据透视表"按钮，弹出"推荐的数据透视表"对话框，选择需要的数据透视表，单击"确定"按钮即可。也可在左下角单击"空白数据透视表"按钮，创建空白数据透视表。

15.2.2　汇总各业务员本月销售额

创建数据透视表后，可将相应的字段添加到不同的区域中，如列、行、值中，以汇总各业务员本月销售额。

原始文件： 下载资源\实例文件\第15章\原始文件\汇总各业务员本月销售额.xlsx

最终文件： 下载资源\实例文件\第15章\最终文件\汇总各业务员本月销售额.xlsx

扫码看视频

步骤01 添加字段。打开原始文件，❶在"数据透视表字段"任务窗格中勾选"姓名"前的复选框，❷右击"订单金额"字段，❸在弹出的快捷菜单中单击"添加到值"命令，如下图所示。

步骤02 显示添加字段后的效果。字段自动添加到"行"区域中，在左侧表格中显示姓名，此外，还可以看到在"值"区域中显示添加的字段，如下图所示。

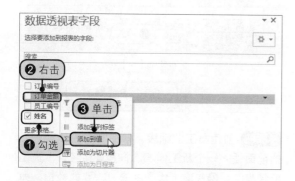

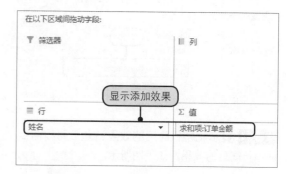

步骤03 按姓名求和的效果。此时，在工作表中可看到按照姓名将订单额进行汇总后的各销售员的销售额，如右图所示。

行标签	求和项:订单金额
董云	3360
李娟	4500
李丽娟	6500
李郦	3900
罗成	8100
罗宇浩	12850
孟凡	5600
宋长江	5000
肖成晨	6000
张文强	8620
总计	64430

 15.3 核算员工业绩奖金

一般销售人员的工资中都包含业绩奖金，销售的产品不同，奖金的比例也不同。要快速计算业绩奖金，可首先创建业绩奖金标准表，再根据标准表中的数据进行计算。

15.3.1 统计各销售额分段的销售员人数

要核算员工业绩奖金，除了需要员工的业绩数据，还需要创建业绩奖金标准表，为奖金的计算提供标准。创建奖金标准表后，可根据奖金标准表中的分段统计各分段的人数，首先需要创建员工业绩表。创建好后，将数据透视表中的数据复制到员工业绩表中，以统计各分段的人数。

原始文件： 下载资源\实例文件\第15章\原始文件\统计各销售额分段的销售员人数.xlsx
最终文件： 下载资源\实例文件\第15章\最终文件\统计各销售额分段的销售员人数.xlsx

扫码看视频

步骤01 创建奖金标准表。打开原始文件，❶插入一个新工作表，将其重命名为"奖金标准表"，❷在单元格区域A1:F4中输入数据，将标题居中显示，如右图所示。

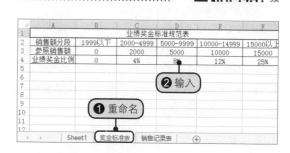

步骤02 单击"行高"选项。选择要设置行高的单元格区域，在"格式"下拉列表中选择"行高"选项，如下图所示。

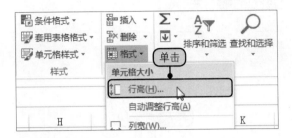

步骤04 显示调整行高后的效果。随后可以看到调整行高后的效果，如下图所示。

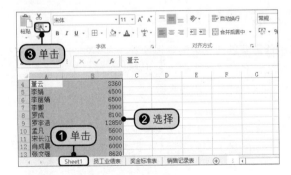

步骤06 复制数据。❶切换至"Sheet1"工作表中，❷选中单元格区域A4:B13，❸在"开始"选项卡的"剪贴板"组中单击"复制"按钮，如下图所示。

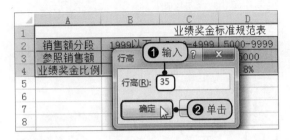

步骤03 设置行高。❶弹出"行高"对话框，在"行高"文本框中输入数值，❷单击"确定"按钮，如下图所示。

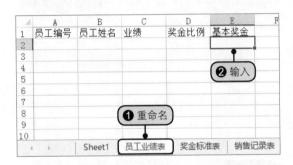

步骤05 创建员工业绩表。❶在"奖金标准表"的前面插入一个新工作表，将其重命名为"员工业绩表"，❷在该工作表中输入需要的数据，如下图所示。

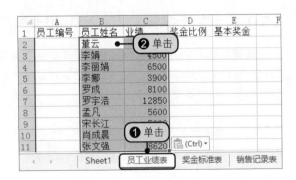

步骤07 粘贴数据。❶切换至"员工业绩表"工作表中，❷选中单元格B2，按【Ctrl+V】组合键，粘贴内容，粘贴后的效果如下图所示。

步骤08 获取员工编号。在单元格A2中输入公式"=INDEX(销售记录表!$D$3:$D$30,MATCH(B3,销售记录表!$E$3:$E$30,0))"，获取单元格B2中的姓名对应的编号，并将公式填充到其他单元格区域中，如右图所示。

步骤09 创建各分段员工人数。在"员工业绩表"后面的空白单元格中创建"各分段员工人数"表格，如下图所示。

步骤10 统计各分段人数。选择单元格区域I4:I8，输入公式"=FREQUENCY(C2:C11,H4:H8)"，按【Ctrl+Shift+Enter】组合键获取各分段的人数，如下图所示。

F	G	H	I	J
	各分段员工人数			
	分段含义	分段	人数	
	1999以下			
	2000-4999	1999		
	5000-9999	4999		
	10000-14999	9999		
	15000以上	14999		

I4　{=FREQUENCY(C2:C11,H4:H8)}

D	E	F	G	H	I
奖金比例	基本奖金				
			各分段员工人数		输入
			分段含义	分段	人数
			1999以下		0
			2000-4999	1999	3
			5000-9999	4999	6
			10000-14999	9999	1
			15000以上	14999	0

15.3.2　计算各员工本月基本业绩奖金

创建了员工业绩表和奖金标准表后，根据员工的业绩和奖金标准，使用公式可快速计算出各员工本月基本业绩奖金。

原始文件： 下载资源\实例文件\第15章\原始文件\计算各员工本月基本业绩奖金.xlsx
最终文件： 下载资源\实例文件\第15章\最终文件\计算各员工本月基本业绩奖金.xlsx

扫码看视频

步骤01 获取奖金比例。打开原始文件，❶在单元格D2中输入公式"=LOOKUP(C2,奖金标准表!$B$3:$F$3,奖金标准表!$B$4:$F$4)"，按【Enter】键显示结果，❷将公式填充到单元格区域D3:D11中，如下图所示。

步骤02 计算基本奖金。❶在单元格E2中输入公式"=C2*D2"，计算基本奖金，❷按【Enter】键显示结果，并将公式填充到其他单元格区域中，如下图所示。

15.3.3　计算各员工本月累积业绩奖金

将员工每月的业绩进行累积，累积到3万元，公司一次性给予5000元的奖励，相应扣除累积的业绩3万元。要计算累积业绩奖金，首先要导入累积业绩。

原始文件： 下载资源\实例文件\第15章\原始文件\计算各员工本月累积业绩奖金.xlsx
最终文件： 下载资源\实例文件\第15章\最终文件\计算各员工本月累积业绩奖金.xlsx

扫码看视频

步骤01 插入函数。打开原始文件，❶选中"员工业绩表"工作表中的单元格F2，❷单击"插入函数"按钮，如下图所示。

步骤02 选择函数。❶弹出"插入函数"对话框，从"或选择类别"下拉列表中选择"查找与引用"选项，❷在"选择函数"列表框中，双击"VLOOKUP"选项，如下图所示。

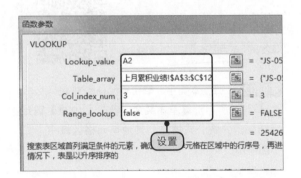

步骤03 设置函数参数。弹出"函数参数"对话框，设置好各个函数参数，如下图所示，然后单击"确定"按钮。

步骤04 填充公式。返回工作表中，将鼠标指针移动到单元格F2的右下角，当其变成十字形状时向下拖动，拖动到所需计算的单元格后释放鼠标，如下图所示。

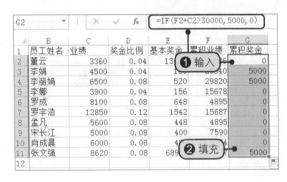

步骤05 计算累积奖金。❶在单元格G2中输入公式"=IF(F2+C2>30000,5000,0)"，计算该员工的累积奖金，按【Enter】键显示计算结果，❷将公式填充到其他单元格区域中，可以获取其他员工的累积奖金，如右图所示。

15.3.4 计算奖金总额

计算出本月各员工的基本业绩奖金和累积业绩奖金后，就可以使用基本业绩奖金＋累积业绩奖金计算奖金总额了。

扫码看视频

步骤01 根据所选内容创建名称。打开原始文件，❶选中单元格区域E1:E11和G1:G11，❷切换至"公式"选项卡，单击"定义的名称"组中的"根据所选内容创建"按钮，如下图所示。

步骤02 设置参数。弹出"以选定区域创建名称"对话框，❶勾选"首行"复选框，❷单击"确定"按钮，如下图所示。

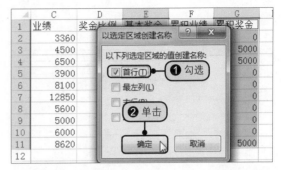

步骤03 输入公式。❶选中单元格区域H2:H11，❷输入"=基本奖金+累积奖金"，如下图所示。

步骤04 显示计算结果。按【Ctrl+Enter】组合键，在单元格区域中显示了计算结果，即奖金总额，如下图所示。

	C	D	E	F	G	H
1	业绩	奖金比例	基本奖金	累积业绩	累积奖金	奖金总额
2	3360	0.04	134.4	25426	0	134.4
3	4500	0.04	180	29540	5000	5180
4	6500	0.08	520	29820	5000	5520
5	3900	0.04	156	15678	0	156
6	8100	0.08	648	4895	0	648
7	12850	0.12	1542	15687	0	1542
8	5600	0.08	448	4895	0	448
9	5000	0.08	400	7590	0	400
10	6000	0.08	480	2654	0	480
11	8620	0.08	689.6	25987	5000	5689.6
12						

💡知识补充

除了使用创建名称的方法输入公式外，还可以在单元格 H2 中输入"=E2+G2"，并将公式填充到其他单元格区域中。

15.4　在图表中查看业绩最高的员工的销售量

Excel 的图表功能可以直观地显示销售趋势，以分析销售情况。

15.4.1　查看业绩最高与最低的员工

汇总各业务员销售额后，可使用函数从汇总的销售额透视表中获取业绩最高与最低的员工姓名。

原始文件： 下载资源\实例文件\第15章\原始文件\查看业绩最高与最低的员工.xlsx

最终文件： 下载资源\实例文件\第15章\最终文件\查看业绩最高与最低的员工.xlsx

步骤01 查看业绩最高的员工。打开原始文件，在单元格B16中输入公式"=INDEX(A4:A13,MATCH(MAX(B4:B13),B4:B13,0))"，按【Enter】键显示计算结果，即销售额最高的员工的姓名，如下图所示。

步骤02 查看业绩最低的员工。在单元格B17中输入公式"=INDEX(A4:A13,MATCH(MIN(B4:B13),B4:B13,0))"，使用MIN函数获取最小值，使用MATCH函数返回其在单元格区域B4:B13中的相对位置，再返回单元格区域A4:A13对应位置的值，按【Enter】键显示计算结果，如下图所示。

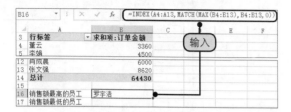

💡 **知识补充**

若姓名在 B 列，销售额在 A 列，还可以使用以下公式计算销售额最高和销售额最低的员工：

=VLOOKUP(MAX(A4:A13),A4:B13,2,FALSE)

查找单元格区域 A4:A13 中的最大值，返回对应行第 2 列的内容，即姓名。

=VLOOKUP(MIN(A4:A13),A4:B13,2,FALSE)

查找单元格区域 A4:A13 中的最小值，返回对应行第 2 列的内容，即姓名。

15.4.2　在数据透视表中显示业绩最高的员工的销售记录

在数据透视表中调整字段，便可轻松获取业绩最高的员工的销售记录。这里为了保留之前的分析记录，重新创建数据透视表进行调整。

原始文件： 下载资源\实例文件\第15章\原始文件\在数据透视表中显示业绩最高的员工的销售记录.xlsx

最终文件： 下载资源\实例文件\第15章\最终文件\在数据透视表中显示业绩最高的员工的销售记录.xlsx

扫码看视频

步骤01 添加到行标签。打开原始文件，❶在"Sheet2"的"数据透视表字段"任务窗格中右击"订单编号"字段，❷在弹出的快捷菜单中单击"添加到行标签"命令，如下图所示。

步骤02 添加到报表筛选。❶右击"姓名"字段，❷在弹出的快捷菜单中单击"添加到报表筛选"命令，如下图所示。

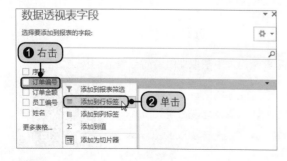

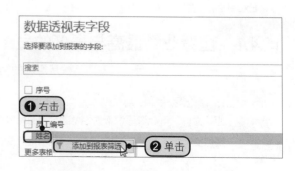

步骤03 添加到值。❶右击"订单金额"字段，❷在弹出的快捷菜单中单击"添加到值"命令，如下图所示。

步骤04 添加字段效果。随后，在左侧工作表中可以看到添加字段后的效果，如下图所示。

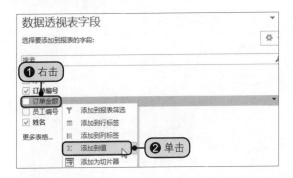

步骤05 筛选字段。❶单击"姓名"筛选按钮，❷在展开的下拉列表中勾选"选择多项"复选框，❸取消勾选"全部"复选框，❹勾选最高销售额姓名前的复选框，即"罗宇浩"复选框，❺单击"确定"按钮，如下图所示。

步骤06 显示最高销售额的销售记录。随后，在数据透视表中只显示该员工的销售记录，如下图所示。

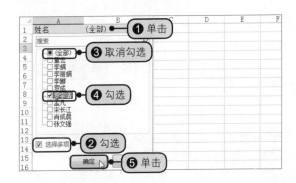

15.4.3　创建图表分析员工销售情况

在数据透视表中创建数据后，可根据创建的数据创建数据透视图，以分析最高销售额的员工的销售情况。

原始文件：下载资源\实例文件\第15章\原始文件\创建图表分析员工销售情况.xlsx
最终文件：下载资源\实例文件\第15章\最终文件\创建图表分析员工销售情况.xlsx

扫码看视频

步骤01 启用数据透视图工具。打开原始文件，在"插入"选项卡下的"图表"组中单击"数据透视图"下拉列表中的"数据透视图"选项，如右图所示。

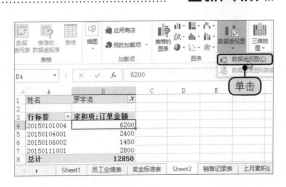

步骤02 选择合适的图表类型。弹出"插入图表"对话框，❶选择合适的图表类型，❷在右侧单击"带数据标记的折线图"类型，如下图所示，然后单击"确定"按钮。

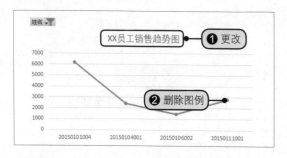

步骤03 显示创建的图表。随后返回工作表中，可看到工作表中创建的数据透视图，如下图所示。

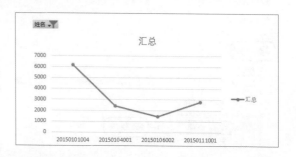

步骤04 更改图表标题。❶删除原有的标题，重新输入新的标题，❷选择图例，按【Delete】键将其删除，如下图所示。

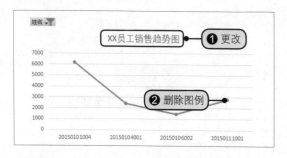

步骤05 显示数据标签。❶单击"图表元素"按钮，❷在展开的列表中单击"数据标签>上方"命令，如下图所示。

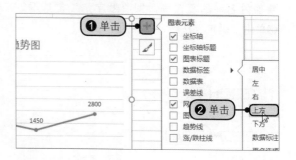

步骤06 显示添加的标签效果。随后可以看到删除图例、添加数据标签后的效果，如下图所示。

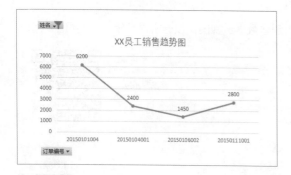

步骤07 更改员工姓名。❶单击图表中"姓名"字段右侧的筛选按钮，❷在展开的下拉列表中取消勾选"罗宇浩"，❸勾选"张文强"，❹单击"确定"按钮，如下图所示。

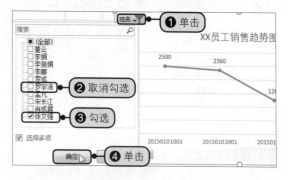

步骤08 显示更改姓名后的员工趋势图效果。此时可以看到更改后的员工在各个订单中的销售趋势效果，如右图所示。

第16章 生产管理系统

生产管理系统能帮助用户预计产量、选择最优的生产方案、分析生产成本、选择合适的贷款方式以及购进原料等。本章将运用前面所学知识制作一个生产管理系统。

16.1 创建企业产销预算分析表

在生产产品之前需要根据已有的数据对未来的数据进行预测，避免浪费或供不应求的情况发生，因此首先需要创建产销表，对未来的产量进行预算。

16.1.1 建立基本表格

首先需要建立基本表格，并在表格中输入产量、销售量相关数据。

原始文件：无

最终文件：下载资源\实例文件\第16章\最终文件\建立基本表格.xlsx

步骤01 输入数据。打开一个空白工作簿，❶将工作表重命名为"产销表"，❷在表格中输入基本数据，如下图所示。

步骤02 设置数据格式。为表格中的数据添加边框和设置字体格式，设置后的效果如下图所示。

16.1.2 计算预计生产量

产销表创建好后，可使用 Excel 中的"指数平滑"功能对未来的数据进行预测，可通过一次平滑、两次平滑、三次平滑预测出未来 3 个月的数据。这里只介绍推算未来 1 个月的预测值，若要推算第 2 个月的预测值，需要获取两次平滑的数据后，根据两次的数据创建线性公式，将值代入其中计算。

阻尼系数是影响预测值的最关键的因素之一，选择合适的阻尼系数能使预测值更加准确。可使用"规划求解"工具选择最优的阻尼系数，以预测值误差最小、精度最大为优。一般情况下，当数据呈现较水平的趋势时，选择较小的平滑系数，一般在 0.05 到 0.2 之间取值；当数据有波动但长期趋势变化不大时，可选择稍大的平滑系数，一般在 0.1 到 0.4 之间取值；当数据波动很多，长期趋势变化幅度较大且呈现明显而迅速的上升或下降趋势时，选择较大的平滑系数，一般在 0.6 到 1 之间取值。

已知阻尼系数＝1－平滑系数，以及预测值的计算公式：下一期预测值＝本期实际值 × 平滑系数＋本期预测值 × 阻尼系数，可使用 Excel 的"规划求解"工具和"指数平滑"工具，预测 2015 年第 1 个月的产量。这里首先假设阻尼系数为 0.2 进行计算，最后再进行调整。

原始文件：下载资源\实例文件\第16章\原始文件\计算预计生产量.xlsx
最终文件：下载资源\实例文件\第16章\最终文件\计算预计生产量.xlsx

扫码看视频

步骤01 显示表格数据。打开原始文件，可看到产销表中的数据内容，如下图所示。

步骤02 启用数据分析工具。在"数据"选项卡下单击"分析"组中的"数据分析"按钮，如下图所示。

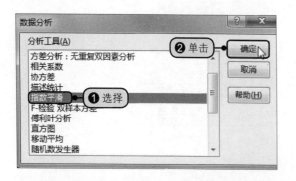

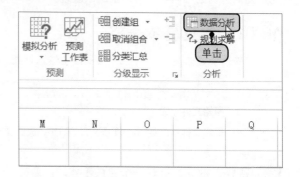

步骤03 选择数据分析工具。弹出"数据分析"对话框，❶单击"指数平滑"选项，❷单击"确定"按钮，如下图所示。

步骤04 设置指数平滑。在弹出的"指数平滑"对话框中，❶设置"输入区域""阻尼系数"和"输出区域"参数，❷勾选"标准误差"复选框，❸单击"确定"按钮，如下图所示。

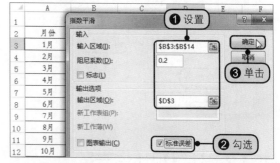

💡 **知识补充**

可直接在单元格中输入包含阻尼系数和平滑系数在内的公式计算预测值。当实际值较多时，可直接把实际值的第 1 个值作为预测值的第 1 个值。

步骤05 显示预测公式。❶在单元格区域D3:D14中显示了产量的预测值，在单元格区域E3:E14中显示了标准误差，❷选中单元格D12，可看到该单元格中的公式，如下图所示。

步骤06 计算预测值。在单元格D15中输入公式"=0.8*B14+0.2*D14"，按【Enter】键显示计算结果，如下图所示。

16.2　求解企业最优生产方案

材料的选择是生产企业最关键的环节之一，在 Excel 中可使用"规划求解"功能根据需要的化学成分比例得到最优生产方案。

16.2.1　建立约束条件与求解模型

要使用规划求解，需要建立约束条件与求解模型。这里假设有四种原材料，并且知道各原材料的价格、原料中化学成分的比例以及生产产品需要的化学成分的比例，需要根据价格最低的原则求解最优方案。

原始文件： 下载资源\实例文件\第16章\原始文件\建立约束条件与求解模型.xlsx
最终文件： 下载资源\实例文件\第16章\最终文件\建立约束条件与求解模型.xlsx

扫码看视频

步骤01 输入基本数据。打开原始文件，❶插入一个新工作表，重命名为"生产方案"，❷在单元格中录入各原料的名称、价格和各原料中各化学成分所占的比例，如下图所示。

步骤02 输入约束条件。继续在单元格的下方空白处输入约束条件，即生产产品各化学成分所占比例，如下图所示。

步骤03 计算各原料的金额。❶在单元格B11中输入公式"=B2*B3"，计算原料甲需要的金额，按【Enter】键显示计算结果，❷向右复制公式，如下图所示。

步骤04 计算目标金额值。在单元格B12中输入公式"=SUM(B11:E11)"，计算需要的总金额，结果如下图所示。

B11	▼ : × ✓ fx	=B2*B3			
▲	A	B	C	D	E	F
1	原料名称	甲	乙	丙	丁
2	金额/每公斤	76	30	75	82
3	所需数量（公斤）				
4					
5	化学成分	甲	乙	丙	丁
6	A	25%	16%	23%	11%
7	B	1%	4%	17%	4%
8	C			3%	
9	D		49%	2%	
10					
11	各个原料所需金额	0	0	0	0
12	目标值				

❶输入 ❷填充

B12	▼ : × ✓ fx	=SUM(B11:E11)			
▲	A	B	C	D	E	F
2	金额/每公斤	76	30	75	82
3	所需数量（公斤）				
4					
5	化学成分	甲	乙	丙	丁
6	A	25%	16%	23%	11%
7	B	1%	4%	17%	4%
8	C	13%	6%	3%	47%
9	D	3%	49%	2%	11%
10					
11	各个原料所需金额	0	0	0	0
12	目标值	0			

输入

步骤05 计算各化学成分的组成。❶在单元格B15中输入公式"=SUMPRODUCT($B$3:$E$3,B6:E6)"，计算A化学成分的组成，按【Enter】键，❷将公式填充到其他单元格中，如右图所示。

B15	▼ : × ✓ fx	=SUMPRODUCT($B$3:$E$3,B6:E6)			
▲	A	B	C	D	E	F
7	B	1%	4%	17%	4%
8	C	13%	6%	3%	47%
9	D	3%	49%	2%	11%
10					
11	各个原料所需金额	0	0	0	
12	目标值	0			
13					
14	约束条件				
15	20%	0			
16	6%	0			
17	45%	0			
18	12%	0			
19					

❶输入 ❷填充

16.2.2 规划求解最优方案

创建好规划求解的约束条件和求解模型后，就可以使用"规划求解"工具求得最佳的方案。与使用"数据分析"相同，用户需要在"加载项"中加载"规划求解"功能。

原始文件：下载资源\实例文件\第16章\原始文件\规划求解最优方案.xlsx
最终文件：下载资源\实例文件\第16章\最终文件\规划求解最优方案.xlsx

扫码看视频

步骤01 启用规划求解。打开原始文件，在"数据"选项卡下的"分析"组中单击"规划求解"按钮，如下图所示。

步骤02 设置规划求解参数。弹出"规划求解参数"对话框，❶设置"设置目标"为"$B$12"，❷单击"最小值"单选按钮，❸设置"通过更改可变单元格"为"$B$3:$E$3"，❹单击"添加"按钮，如下图所示。

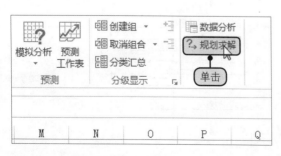

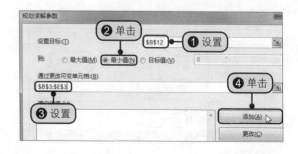

步骤03 设置第1个约束条件。弹出"添加约束"对话框，❶设置"$B$15""＞=""$A$15"，❷单击"添加"按钮，如下图所示。

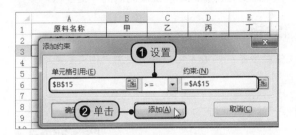

步骤04 设置第2个约束条件。❶设置"$B$16""＞=""$A$16"，❷单击"添加"按钮，如下图所示。

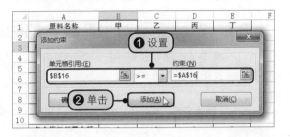

步骤05 设置第3个约束条件。❶设置"$B$17""＞=""$A$17"，❷单击"添加"按钮，如下图所示。

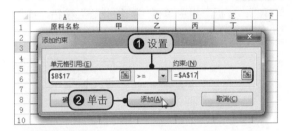

步骤06 设置第4个约束条件。❶设置"$B$18""＞=""$A$18"，❷单击"确定"按钮，如下图所示。

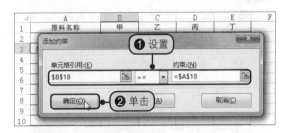

步骤07 选择求解方法。❶返回"规划求解参数"对话框，在列表框中可以看到设置的约束，❷单击"选择求解方法"右侧的下三角按钮，在展开的下拉列表中单击"单纯线性规划"选项，如下图所示。

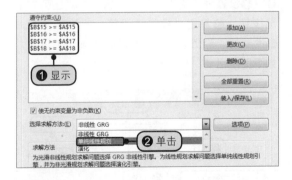

步骤08 获取规划求解结果。单击"求解"按钮，弹出"规划求解结果"对话框，显示"规划求解找到一解，可满足所有的约束及最优状况"字样，然后单击"确定"按钮，如下图所示。

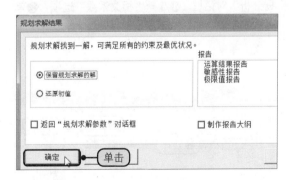

步骤09 显示规划求解结果。返回工作表中，可看到各原料需要的数量和需要的最优成本，如右图所示。

A	B	C	D	E	F	G
原料名称	甲	乙	丙	丁		
金额/每公斤	76	30	75	82		
所需数量（公斤）	0	0.648688	0	0.8746356		
化学成分	甲	乙	丙	丁		
A	25%	16%	23%	11%		
B	1%	4%	17%	4%		
C	13%	6%	3%	47%		
D	3%	49%	2%	11%		
各个原料所需金额	0	19.460641	0	71.720117		
目标值		91.18075802				
约束条件						
20%	0.2					
6%	0.0609329					
45%	0.45					
12%	0.4140671					

16.3 企业生产成本分析

分析生产成本的变动对产量的影响和生产成本的变动趋势是降低成本、提高利润的关键步骤之一。

16.3.1 产量变动对生产成本的影响分析

只有确定了产量变动对生产成本的影响，才能使生产成本利用最大化。这里使用"相关系数"分析工具计算两个因素的相关系数。

原始文件： 下载资源\实例文件\第16章\原始文件\产量变动对生产成本的影响分析.xlsx

最终文件： 下载资源\实例文件\第16章\最终文件\产量变动对生产成本的影响分析.xlsx

扫码看视频

步骤01 插入产量和成本关系表。打开原始文件，❶插入空白工作表，将其重命名为"产量和成本关系"，❷输入相关数据，如下图所示。

步骤02 启用数据分析工具。在"数据"选项卡下的"分析"组中单击"数据分析"按钮，如下图所示。

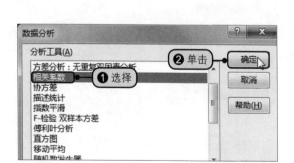

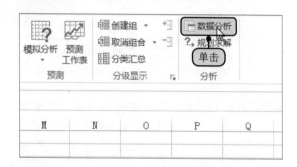

步骤03 选择"相关系数"分析工具。弹出"数据分析"对话框，❶选择"相关系数"选项，❷单击"确定"按钮，如下图所示。

步骤04 设置相关系数。弹出"相关系数"对话框，❶设置好"输入区域"，❷单击"逐列"单选按钮，❸勾选"标志位于第一行"复选框，❹设置好"输出区域"，❺单击"确定"按钮，如下图所示。

步骤05 显示相关系数结果。返回工作表中，可以看到单元格区域E2:G4中显示了相关系数，其中，成本和产量的相关系数为0.903256，如右图所示。结果接近1，表示产量和成本呈正相关，即产量增加，成本增加。

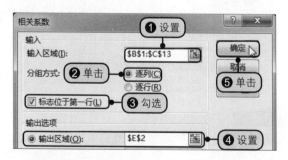

> **知识补充**
>
> 在 Excel 中还可以使用 CORREL 函数计算相关系数，其结果与"相关系数"数据分析工具的结果相同。例如，这里可输入公式"=CORREL(A2:A13,B2:B13)"，同样会返回结果 0.903256。

16.3.2　使用趋势线分析生产成本变动趋势

在这里需要分析上一年的成本变动趋势，可以通过创建图表并向图表中添加趋势线来实现。

原始文件： 下载资源\实例文件\第16章\原始文件\使用趋势线分析生产成本变动趋势.xlsx

最终文件： 下载资源\实例文件\第16章\最终文件\使用趋势线分析生产成本变动趋势.xlsx

扫码看视频

步骤01 插入图表。打开原始文件，❶选中单元格区域B2:B13，❷在"插入"选项卡下单击"推荐的图表"按钮，如下图所示。

步骤02 选择图表。弹出"插入图表"对话框，选择合适的图表类型，如下图所示，然后单击"确定"按钮。

步骤03 查看创建的成本图。随后可以看到创建的图表效果，如下图所示。图表中显示了各月份的成本数据。

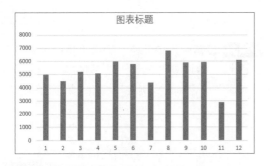

步骤04 添加趋势线。❶单击"添加图表元素"按钮，❷在展开的列表中单击"趋势线"级联列表中的"双周期移动平均"命令，如下图所示。

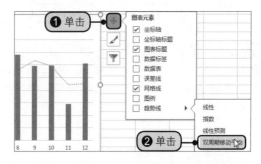

步骤05 显示图表最终效果。随后可以看到添加趋势线后的效果，然后修改图表标题和趋势线填充色，可以得到最终的效果图，如右图所示。

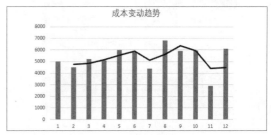

16.4 企业贷款购进材料设计

很多因素都会导致企业流动资金一时不足，此时可能需要通过贷款购进材料。不同的企业还款的承受能力并不相同，需要根据实际情况选择月还款额或贷款期限。

16.4.1 月还款额的单变量模拟运算求法

假设在贷款5年内的贷款年利率都相同，需要计算在贷款时间改变的情况下，即分别为3、4、5年的情况下，每月的月还款额，可使用模拟运算表的单变量求解，计算在贷款期限单个元素改变的情况下的月还款额。

原始文件：下载资源\实例文件\第16章\原始文件\月还款额的单变量模拟运算求法.xlsx

最终文件：下载资源\实例文件\第16章\最终文件\月还款额的单变量模拟运算求法.xlsx

扫码看视频

步骤01 创建单变量模拟表数据。打开原始文件，❶插入一个新工作表，将其重命名为"单变量模拟"，❷输入基本数据，如下图所示。

步骤02 计算月还款额。在单元格B6中输入公式"=PMT(B2/12,B3*12,B1,0)"，计算固定年利率和贷款期限下的月还款额，按【Enter】键显示计算结果，如下图所示。

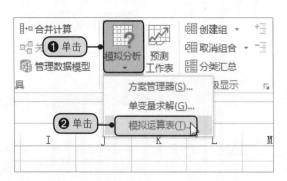

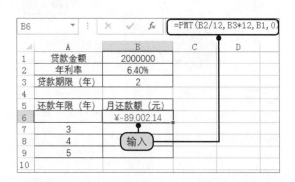

步骤03 启用模拟运算。选中单元格区域A6:B9，❶单击"模拟分析"下三角按钮，❷在展开的下拉列表中单击"模拟运算表"选项，如下图所示。

步骤04 设置引用单元格。弹出"模拟运算表"对话框，❶设置"输入引用列的单元格"为"$B$3"，❷单击"确定"按钮，如下图所示。

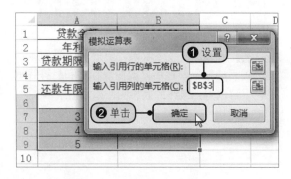

步骤05 显示计算出的月还款额。随后返回工作表中，可看到单元格区域中所显示的不同还款期限下的月还款额，如右图所示。

B9	▼	⋮	×	✓	fx	{=TABLE(,B3)}

	A	B	C	D
1	贷款金额	2000000		
2	年利率	6.40%		
3	贷款期限（年）	2		
4				
5	还款年限（年）	月还款额（元）		
6		¥-89,002.14		
7	3	¥-61,207.01		显示计算结果
8	4	¥-47,337.72		
9	5	¥-39,038.68		

16.4.2　月还款额的双变量模拟运算求法

固定数额的贷款，不同的还款期数和年利率会导致月还款额不同。如果需要计算出不同年利率和不同还款期数下的月还款额，以根据实际情况进行选择，就可以使用双变量模拟运算表求解。

原始文件： 下载资源\实例文件\第16章\原始文件\月还款额的双变量模拟运算求法.xlsx

最终文件： 下载资源\实例文件\第16章\最终文件\月还款额的双变量模拟运算求法.xlsx

扫码看视频

步骤01 插入工作表。打开原始文件，❶插入一个新工作表，将其重命名为"双变量模拟"，❷输入基本数据，如下图所示。

	A	B	C	D	E
1	贷款金额	2000000			
2	年利率	6.40%	❷ 输入		
3	贷款期限（年）	2			
4				年利率	
5			3.50%	4.50%	5.60%
6		10			
7	贷款期限（年）	5	❶ 重命名		
8		3			
9					
10					

◀ ▶ … 产量和成本关系 │ 单变量模拟 │ 双变量模拟 ⊕

就绪

步骤03 设置模拟参数。选择单元格区域B5:E8，打开"模拟运算表"对话框，❶设置输入引用行和列的单元格，❷单击"确定"按钮，如下图所示。

	A	B	C	D	E
1	贷款金额	2000000			
2	年利率	6.40%			
3	贷款期限（年）	2			
4			❶ 设置		
5					5.60%
6	贷款期限				
7					
8					
9					
10	❷ 单击	确定	取消		
11					

模拟运算表
输入引用行的单元格(R): $B$2
输入引用列的单元格(C): $B$3

步骤02 计算月还款额。在单元格B5中输入公式"=PMT(B2/12,B3*12,B1,0)"，计算固定年利率和贷款期限下的月还款额，按【Enter】键显示计算结果，如下图所示。

B5	▼	⋮	×	✓	fx	=PMT(B2/12,B3*12,B1,0)

	A	B	C	D	E
1	贷款金额	2000000			
2	年利率	6.40%			
3	贷款期限（年）	2			
4				年利率	
5		¥-89,002.14	3.50%	4.50%	5.60%
6		10			
7	贷款期限（年）	输入			
8					
9					
10					
11					

步骤04 显示月还款额。在单元格区域C6:E8中显示不同利率和不同还款期限下的月还款额，如下图所示。

	A	B	C	D	E
1	贷款金额	2000000			
2	年利率	6.40%			
3	贷款期限（年）	2			
4				年利率	
5		¥-89,002.14	3.50%	4.50%	5.60%
6		10	¥-19,777.17	¥-20,727.68	¥-21,804.49
7	贷款期限（年）	5	¥-36,383.49	¥-37,286.04	¥-38,294.71
8		3	¥-58,604.16	¥-59,493.85	¥-60,482.05
9					
10					
11					
12					

16.4.3 单变量求解贷款期限

贷款利率固定、每月还款额固定的情况下，需要根据贷款总额，计算还款期限，可使用"单变量求解"功能求解。

原始文件： 下载资源\实例文件\第16章\原始文件\单变量求解贷款期限.xlsx
最终文件： 下载资源\实例文件\第16章\最终文件\单变量求解贷款期限.xlsx

扫
码
看
视
频

步骤01 计算贷款金额。打开原始文件，❶插入一个工作表，将其重命名为"单变量求解"，❷在单元格B4中输入公式"=PV(B1/12,B3,-B2,,1)"，计算贷款金额，如下图所示。

步骤02 启用单变量求解工具。❶切换至"数据"选项卡，单击"模拟分析"按钮，❷在展开的列表中单击"单变量求解"选项，如下图所示。

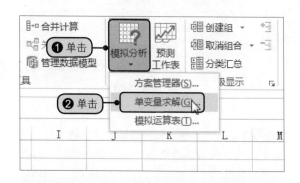

步骤03 设置单变量求解。弹出"单变量求解"对话框，❶设置"目标单元格"为"$B$4"，设置"目标值"为"200000"，设置"可变单元格"为"$B$3"，❷单击"确定"按钮，如下图所示。

步骤04 获取结果。在"单变量求解状态"中显示求解过程，经过一段时间后，若有值，显示"求得一个解"的字样，单击"确定"按钮，如下图所示。

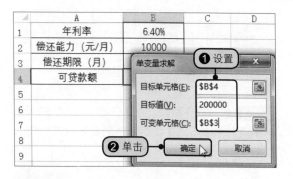

步骤05 显示单变量求解结果。返回工作表中，可在单元格B3中看到偿还期限，在单元格B4中看到目标值，如右图所示。

16.5 创建企业原料采购登记表

当库存的原材料低于一定的数量时，企业就需要采购原材料。在采购之前，需要预算采购的数量和采购金额。

16.5.1 对低于安全库存的存货预警

根据企业的实际情况，应设置安全库存，当库存的数量小于安全库存时，突出显示数据，对用户做出提醒。

原始文件：下载资源\实例文件\第16章\原始文件\对低于安全库存的存货预警.xlsx
最终文件：下载资源\实例文件\第16章\最终文件\对低于安全库存的存货预警.xlsx

步骤01 选择单元格区域。打开原始文件，❶切换至"库存登记表"工作表，❷选中单元格区域D3:D12，如下图所示。

步骤02 选择条件格式。❶单击"条件格式"按钮，❷在展开的列表中选择"突出显示单元格规则>小于"选项，如下图所示。

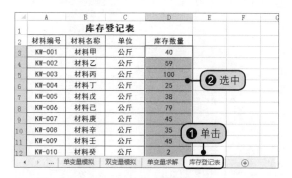

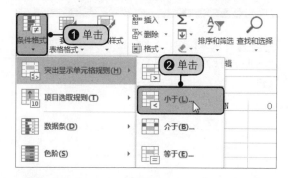

步骤03 设置规则。❶弹出"小于"对话框，设置小于的值为"40"，设置格式为"浅红填充色深红色文本"，❷单击"确定"按钮，如下图所示。

步骤04 突出显示单元格规则。返回工作表中，可以看到小于40的数据以浅红填充色深红文本显示，如下图所示。

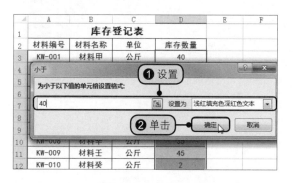

16.5.2 计算最低采购量和采购合计金额

当库存的数据小于安全库存时，至少需要将原材料采购到安全库存数量以上。计算出最低采购数量后，就可以使用SUMPROUCT函数进一步计算出采购金额。

扫
码
看
视
频

步骤01 输入公式。打开原始文件，❶切换至
"采购登记表"工作表，❷在单元格D3中输
入公式"=IF(库存登记表!D3<40,40-库存登记
表!D3,0)"，计算最低采购量，如下图所示。

步骤02 填充公式。拖动鼠标将公式填充到其他
单元格区域中，可计算出其他原料的最低采购数
量，结果如下图所示。

步骤03 计算采购合计金额。在单元格E13中输入
"=SUMPRODUCT(D3:D12,E3:E12)"公式，按
【Enter】键，计算采购合计金额，如右图所示。

读书
笔记